SOMNOLOGIE MAGNÉTIQUE.

SOMNOLOGIE

MAGNÉTIQUE,

OU

RECUEIL DE FAITS ET OPINIONS SOMNAMBULIQUES,

pour servir à l'histoire du magnétisme humain,

PAR

LOISSON DE GUINAUMONT,

Ancien député de la Marne, Membre correspondant de l'académie de Reims,
et de plusieurs Sociétés savantes et magnétiques,
Auteur de plusieurs ouvrages pour la propagation des bons livres.

Quod vidimus, quod audivimus, testamur.
Nous attestons ce que nous avons vu et entendu.

PARIS,

GERMER BAILLIÈRE, libraire, || SAGNIER ET BRAY, libraires,
17, r. de l'École de-Médecine. 64, r. des Saints-Pères.

RHEIMS,

L. JACQUET, libraire, 11, place Royale.

1846

Épernay. — Imp. VALENTIN-LEGÉE.

PRÉFACE.

Si la société marche à grands pas dans la carrière du progrès, c'est spécialement dans ce qui
concerne les sciences naturelles, on ne peut lui
contester ce succès ; à mesure qu'elle avance, un
nouvel horison se découvre, le nombre des connaissances s'accroît, leur cercle s'agrandit, et on
voit se dissiper peu à peu le brouillard qui mas-
quait certains points de vue ; parmi ceux-là j'en
citerai un qui ne tardera pas à fixer l'attention
d'une manière toute particulière : c'est le magnétisme humain. Il fut long-temps repoussé par les
préjugés, dédaigné de ceux qui avaient des préten-
tions à l'esprit et aux connaissances, souvent tour-

né en ridicule ; naguères encore quiconque s'en occupait devait s'attendre à passer pour un jongleur ou un fou ; aujourd'hui sa position commence à changer, et bientôt il occupera parmi les sciences naturelles la place qui lui appartient.

Le développement des connaissances utiles a lieu principalement lorsque ceux qui les cultivent rapportent à un centre commun ce qu'ils ont recueilli : ainsi s'élève la tige d'un arbre que chacune de ses racines alimente de la sève qu'elle a reçue. Cette analogie entre les divers genres de progrès nous indique les rapports qui doivent exister entre nous et la société. C'est pour m'acquitter de ce genre de devoir envers elle, que je viens, sur la fin de ma carrière, déposer dans son sein ce que j'ai pu recueillir de plus intéressant sur le magnétisme humain depuis un demi-siècle que je m'en occupe.

SOMNOLOGIE

MAGNÉTIQUE.

CHAPITRE Ier.

IDÉE GÉNÉRALE DU MAGNÉTISME HUMAIN.

Quand on donne un nom à une nouvelle découverte avant qu'elle soit bien connue, l'expression
doit être souvent mal appropriée : c'est ce qui est
arrivé à l'égard du magnétisme. D'abord on ne
l'avait considéré que dans ses effets les plus matériels, et on les avait confondus avec ceux de l'aimant, sous la même dénomination de magnétisme ;
ensuite, pour indiquer qu'ils se réalisaient sur des
êtres animés, et non sur des substances métalliques,
on y joignit l'adjectif *animal* ; du rapprochement
accidentel de ces deux mots est résulté l'expression
de *magnétisme animal*, bien incomplète et bien peu

relevée, pour désigner le plus noble exercice du pouvoir de l'homme. Afin d'éviter cette inconvenance, je lui substituerai celle de magnétisme humain qu'il a déjà reçue (1).

Le magnétisme humain est une influence directe et particulière dirigée par l'homme sur son semblable.

Le chapitre des influences est très-étendu et renferme bien des variétés, car en raison du caractère de sociabilité dont nous avons été doués à l'effet de former un vaste et admirable ensemble, il existe entre nous une multitude de rapports : ainsi, outre ceux qui nous associent au monde matériel par les sens, d'autres sont destinés à nous identifier à un ordre plus élevé ; de là tous les divers genres d'influence qui établissent les relations sociales.

Cette action d'une âme sur une autre s'exerce par tout ce qui manifeste la pensée, la volonté, les sentiments, les opinions ; par la parole, par le regard, par les traits du visage à travers lesquels une âme en aperçoit une autre ; par le silence même ; influence donnée, influence reçue, voilà ce qui constitue les rapports, c'est par là que l'éducation commence, que la société s'établit, que l'opinion

---

(1) Particulièrement dans un ouvrage excellent récemment publié, intitulé : *le Magnétisme humain en cour de Rome et en cour de cassation*, par Ferdinand Barreau.

exerce son empire, c'est de sa bonne ou de sa mauvaise direction que dépendent le bonheur ou le malheur de la vie.

Il n'est personne dont on ne ressente l'influence au premier abord, pour peu que le sens moral soit développé; elle est agréable ou pénible, elle attire ou repousse, suivant sa nature, et dans les communications qui existent entre les êtres intelligents, ses effets sont toujours plus ou moins sensibles.

La bonne influence est le premier besoin de la société, c'est d'elle que dépendent l'ordre qui doit y régner, et l'harmonie entre les membres qui la composent; c'est à l'exercer que l'homme de bien s'applique, et cette disposition qui porte à soulager tous les genres de misères, est le plus pur des éléments de la sociabilité. Cet esprit de bonté fait disparaître des rapports sociaux tout ce qui pourrait s'y rencontrer d'âpre et de dur; il agit sur le moral pour le guérir quand il souffre, pour le redresser doucement quand il a dévié; il console et fortifie l'âme abattue par l'adversité, y répand les douceurs vivifiantes de l'amitié, et parsème de fleurs les pénibles sentiers de la vie; il guérit souvent le physique en soulageant le moral, car c'est du moral que viennent la plupart des causes qui altèrent le physique, et sous ce rapport la bienveillance est le premier des spécifiques. Pour se faire une idée juste du magnétisme humain, il faut se bien persuader qu'il ne doit être autre chose que l'exercice de cette influence *bienfaisante*, rendue efficace par l'application des procédés. Cette condition est essentielle, tout autre genre d'influence ne serait plus du magnétisme, et devrait recevoir une autre dénomination. Ainsi, le magnétisme humain, tel que je l'entends, tel qu'il doit être pour qu'il soit utile à la société, pour que son emploi mérite d'être recommandé, ne consiste pas dans toute action exercée par l'intermédiaire du fluide magnétique; il faut qu'elle ait pour moteurs la bonté, la sagesse, la raison; qu'elle ait pour objet de combattre un mal physique ou un mal moral, et de produire un effet salutaire. Il y a bien des gens qui ne le comprennent pas, parce qu'ils n'ont pas d'idée de ce qui est bon, de ce qui est saint, de ce qui est élevé; ils ne songent qu'à s'amuser avec ses effets comme avec ceux de l'aimant et de l'électricité, et ils le déconsidèrent en le présentant sous un faux jour.

Pour l'employer avec succès, il faut être animé d'un grand désir de faire le bien, ne point se laisser étourdir par les faits remarquables dont on peut être témoin, ne point chercher à les produire, mettre de côté toute espèce d'amour-propre et de recherche du merveilleux; il faut pouvoir inspirer de la confiance; car si dans les relations sociales elle est nécessaire pour que des rapports puissent s'établir, elle l'est surtout dans les relations magnétiques, pour que le magnétisé obtienne de l'action qui s'exerce sur lui tout le bien qu'elle peut opérer.

Toute influence s'établit par la communication ; il est dans la nature des êtres intelligents de se communiquer leurs idées, leurs sentiments, ce qui les intéresse ; c'est pour cela que l'on parle, que l'on écrit, et cet échange mutuel de pensées est l'élément principal de la sociabilité.

C'est ainsi, par la communication, que l'influence magnétique s'établit ; le fluide en est le moyen, et c'est à le bien diriger que consistent les procédés ; cependant cette action s'exerce quelquefois d'une manière bien réelle, par des personnes qui n'en ont aucune idée, et qui, sans le savoir, produisent aussi des effets curatifs. Ainsi, lorsqu'une mère tendre et affectionnée entend son enfant exprimer par ses cris le malaise ou la douleur, elle le retire de son berceau, le prend dans ses bras, le réchauffe contre son sein, le pénètre pour ainsi dire du baume de son affection ; les douleurs ne tardent pas à se calmer, et sont remplacées par ce sommeil bienfaisant qui développe et restaure le principe de vie chez tout ce qui respire ; si la mère le remet trop tôt dans son berceau, et avant que le bien-être produit par l'action magnétique ne soit consolidé, les souffrances reviennent, l'enfant fait de nouveau entendre ses cris ; on le calomnie en les attribuant à la méchanceté, à ce désir d'occuper de soi qu'on prétend remarquer dès le plus bas âge , et l'on ne voit pas que c'est la cessation d'un bien-être éprouvé qui lui en fait réclamer le renouvellement; car si l'enfant n'avait pas trouvé un soulagement réel, il ne solliciterait pas par ses cris d'être replacé dans la même situation, il aimerait à rester où il se trouve, et lorsque sa mère lui communique le fluide bienfaisant que sa tendresse fait émaner d'elle, on ne verrait aucune amélioration dans son état.

On peut dire encore que tout le monde emploie le magnétisme en mainte circonstance sans le savoir. Quand on s'est donné un coup , on porte instinctivement la main sur le point endolori comme pour y remédier à l'instant ; et cela parce que nos mains sont les principaux conducteurs du fluide qui circule dans nos nerfs, qui émane de nous, et dont nous pouvons toujours diriger l'action (1) ; cette direction est l'ob-

(1) Si l'on descend dans quelque auberge que ce soit avec un cheval , celui qui l'abreuvera ne manquera pas de magnétiser, sans le savoir, l'eau qu'il aura tirée du puits , en y passant la main jusqu'au milieu du bras. Si vous lui en demandez la raison, il vous dira que c'est pour ôter la crudité de l'eau et que sans cela le cheval aurait des tranchées ; mais en faisant ainsi dans le seau plusieurs passes avec sa main , il n'a fait autre chose que de donner à l'eau le fluide qui lui manquait, et dont l'absence était ce qu'il appelait crudité, laquelle n'a point lieu lorsque l'eau est saturée de fluide ambiant, comme celle d'une rivière ou celle qui a été tirée d'avance et qui s'est trouvée exposée à l'air pendant quelque temps.

jet des procédés du magnétisme appropriés à chaque situation ; c'est par leur emploi que l'on peut rétablir l'harmonie quand elle a souffert quelque altération, calmer les douleurs, combattre un principe morbide. Quoique ce remède ne soit pas toujours d'une efficacité absolue, il est cependant utile en bien des circonstances, et sous ce rapport c'est un spécifique qui augmente les moyens de soulagement que la médecine possède.

Il y a deux sortes d'effets, les effets sensibles et les effets curatifs, ou plutôt c'est la même action qui agit d'une manière plus ou moins sensible, plus ou moins efficace ; ainsi on peut guérir sans éprouver des effets bien sensibles, et on peut éprouver des effets sensibles sans guérir, quoique généralement il se manifeste un soulagement plus ou moins durable ; les effets sensibles disparaissent ordinairement quand on est guéri, l'équilibre étant rétabli, on ne doit plus en éprouver. Les exceptions à cette règle sont très-rares, et n'ont lieu que pour des personnes très-impressionnables comme les somnambules, encore cette susceptibilité provient-elle d'un défaut d'équilibre permanent, car la disposition au somnambulisme cesse ou devient plus difficile à produire quand l'état normal est rétabli.

Toute restauration s'opère par le calme, c'est le sommeil de la nuit qui répare les fatigues du jour et renouvelle le principe de vie ; de même, c'est par

le calme que le magnétisme exerce son action bienfaisante. Cette situation produit un état de quiétude
plus ou moins rapproché de la somnolence; chez
quelques-uns c'est un sommeil profond, chez un
petit nombre on voit se développer le somnambulisme magnétique dans ses divers degrés; les mêmes procédés produisent cette variété d'effets, en
raison des dispositions naturelles des sujets, et avec
une multitude de nuances.

Lorsque les somnambules parviennent à un degré
de lucidité assez élevé, ce qui arrive particulièrement chez ceux qui ont des dispositions au somnambulisme naturel, ils présentent le plus haut intérêt,
et si le magnétisme par lui-même donne de puissants moyens de soulager l'humanité, ces moyens
sont encore accrus par les prescriptions instinctives
des somnambules, soit pour eux-mêmes, soit pour
les malades avec lesquels on les met en rapport,
dont ils pénètrent la situation avec une admirable
sagacité; on voit chez eux dans cette circonstance
l'effet d'un sens qui se développe, et dont nous ne
pouvons avoir plus d'idée que les aveugles n'en ont
de celui de la vue; nous pouvons seulement nous
figurer que les somnambules, étant en rapport avec
le fluide magnétique, comme nous le sommes avec
celui de la lumière, en obtiennent des perceptions qui nous sont aussi étrangères que celles des
couleurs pour les aveugles.

Mais lorsqu'on se sera familiarisé avec la multitude de faits que l'on verra surgir de toutes parts, il se formera sur cette science comme sur toutes les autres, des convictions telles qu'on ne cherchera plus à se rendre compte des phénomènes, on les acceptera purement et simplement comme ceux de la nature sur lesquels nous sommes blasés. Nous n'avons donc autre chose à faire maintenant qu'à les recueillir; c'est par l'observation des faits que commencent tous les genres de connaissances, et c'est souvent tout ce qu'on peut en obtenir. Nous voyons dans celle-ci le développement des plus hautes facultés de notre âme, et leur manifestation a eu lieu à l'époque où cet antidote des erreurs du matérialisme était le plus nécessaire au genre humain. « Le magnétisme, disait un somnambule dont je vais exposer les enseignements, a été permis, a été révélé à l'homme pour mettre un frein à son irréligion, car il est impossible que celui qui a été témoin des effets qu'il produit, ne reconnaisse pas le doigt de Dieu. Il a été posé dans notre vie comme la borne au milieu du stade romain, contre laquelle ceux qui s'écartaient venaient briser leur char; de même ceux qui sont témoins du magnétisme et qui ne reconnaissent pas la puissance de Dieu, brisent leur âme pour l'éternité. »

Le somnambulisme magnétique n'est pas le seul état où l'âme se trouve dégagée des nuages qui l'enveloppent dans l'état de veille ; on en a vu quelques exemples chez des somnambules naturels, et de plus frappants encore chez les cataleptiques, et chez ceux qui se trouvent doués de ce qu'on appelle la seconde vue (1). Isolés des sens, c'est par un autre moyen que celui de leur organe naturel qu'ils voient, entendent et sentent les odeurs ; le siége de leurs sens est ordinairement transporté à l'épigastre, sans doute à cause de la plus grande réunion de nerfs qui s'y trouve, et où le fluide circule plus abondamment ; ces faits sont constatés dans un grand nombre d'ouvrages ; on peut lire à ce sujet les mémoires du docteur Petelin sur la catalepsie et l'électricité animale ; la relation de la maladie de Mlle Adelaïde Lefèvre adressée à M. Pinel, par M. Guéritault, pharmacien de Mer-sur-Loire (*Moniteur* du 27 mars 1812) ; les observations de M. Delpit, médecin à Barèges ; l'histoire de la guérison naturelle d'une jeune personne, accompagnée des phénomènes que présente

(1) Un ecclésiastique mort à Meaux en 1813, possédait naturellement le sens intuitif, connaissait au toucher les maladies et leurs remèdes ; il les guérissait aussi par une espèce de magnétisme et de massage ; on venait le voir de tous côtés et se faire traiter par lui ; il guérissait beaucoup de monde et en était excédé de fatigue. Cette faculté étant chez lui l'effet d'une grande susceptibilité, devait être l'effet d'un genre de maladie qui l'a emporté très-jeune. Je n'ai pu le voir, à cause de sa mort prématurée, mais j'en ai beaucoup entendu parler ; je ne sais si l'on a recueilli les faits remarquables qui le concernaient et dont j'ai bien regretté de n'avoir pu juger par moi-même.

le somnambulisme magnétique rapportée par le ba=
ron de Strombeck, et constatée par des médecins,
une relation de M. Despine, médecin, directeur des
eaux d'Aix-les-Bains, une autre de M. Barrier, médecin à Privas, etc.

Lorsque les crises qui amènent la lucidité, sont
produites par des maladies, elles sont ordinairement
irrégulières, douloureuses et convulsives ; mais lorsqu'elles sont l'effet du somnambulisme magnétique,
elles ont un caractère tout différent ; dans le premier
cas, c'est un effet de la nature qui lutte péniblement
contre un principe morbide, sans être ni aidé ni ré-
gularisé ; dans le second, c'est un état produit et
réglé par une influence bienfaisante, accompagné
d'un état de calme et de bonheur.

Je ne parle pas ici des pressentiments ni de cette
impression de tristesse subite et profonde, qu'ont
ressentie des parents, des amis, au moment de la
mort de personnes qui leur étaient chères, bien que
souvent ils ignorassent leur maladie, et en fussent à
des distances très-éloignées. Si on voulait se donner
la peine de recueillir ces faits, on aurait une multitude d'exemples de l'extension du rapport qui existe
entre les âmes.

Enfin, pour avoir une idée aussi juste que complète
de tout ce qui concerne le magnétisme, nous ne pouvons puiser nos connaissances à une meilleure source
qu'à celle des somnambules magnétiques ; eux seuls

en effet, peuvent nous rendre compte de leur situation, des facultés dont ils jouissent, de la manière dont elles s'acquièrent et se développent, de leur principe, de la nature du fluide, de son action, de ses fonctions, en un mot de ce qu'ils sentent, de ce qu'ils perçoivent, et qui échappe à nos sens ; de même, il n'y a que les voyageurs qui puissent nous faire le narré de ce qu'ils ont vu, du climat, des sites et des produits des lieux qu'ils ont parcourus, et c'est sur l'accord de leurs récits que sont fondées toutes les notions de géographie et d'histoire naturelle, qui sont devenues la base de l'enseignement. J'ai tâché de tirer le plus de lumières que j'ai pu des somnambules lucides que j'ai rencontrés, et c'est pour faire connaître ce que j'en ai recueilli de plus intéressant, que je publie cet ouvrage.

C'est une question qu'il faudra du temps encore pour résoudre, que celle de savoir quel est le degré de précision de leurs énoncés ; mais quand même tous ne seraient pas de la plus parfaite exactitude, on ne pourrait s'empêcher de les considérer comme des autorités d'un grand poids, à quelques nuances près, qui proviendraient du caractère de chacun, et d'une certaine infiltration de l'état de veille dans l'état magnétique ; dans tous les cas, comme ce n'est que par des autorités que l'on constitue les doctrines, on ne peut établir celles du magnétisme avec de meilleurs éléments.

CHAPITRE II.

—

CONCERNANT M. P., SON TRAITÉ, ET LES SUJETS DIVERS DONT IL S'EST
OCCUPÉ DANS L'ÉTAT DE SOMNAMBULISME.

M. P. a été un des somnambules les plus distingués que j'aie vus. Il n'était nullement partisan du magnétisme avant d'en avoir éprouvé les effets; mais sa santé étant altérée depuis long-temps, et un premier essai lui ayant procuré un sommeil bienfaisant et réparateur, il consentit à recourir au même moyen de soulagement; au bout de quelques épreuves de ce genre, répétées pendant une dixaine de jours, les facultés somnambuliques se développèrent chez lui d'une manière très-remarquable. Dès le second jour de cette nouvelle situation, il indiqua la nature de son mal et se prescrivit des pilules de feuilles d'acanthe branc-ursine, en indiquant le moyen de les confectionner; son magnétiseur, qui lui avait gardé le secret de son somnambulisme (ainsi que cela doit toujours se pratiquer), lui parla ensuite de ce remède comme de lui-même, et lui demanda s'il connaissait les excellentes propriétés de l'acanthe; — Comment voulez-vous, répondit-il, que je les connaisse, je n'ai pas étudié la botanique.

Le surlendemain, dans sa crise magnétique, il dit que Gallien avait prescrit ce remède pour les maux d'estomac. Vous avez donc lu Gallien? lui dit son magnétiseur. — Non, jamais. — Comment donc le savez-vous? — *Je le sais par l'intuition attachée au magnétisme.* Il demanda ensuite à boire de l'eau magnétisée, sur laquelle on aurait fait cent vingt injections de fluide. Son magnétiseur n'en fit exprès que cent quatorze, et lui adressa les questions suivantes : — Voyez-vous votre eau? — Je la vois. — Comment la trouvez-vous? — Très-limpide. — Y remarquez-vous autre chose? — J'y vois les bluettes que vous avez introduites au moyen des injections. — La trouvez-vous assez magnétisée? — Non, il y manque six injections. Le lendemain son magnétiseur lui dit : — Lorsque vous avez remarqué hier qu'il manquait six injections à l'eau que j'avais magnétisée, est-ce que vous les aviez comptées? — Non, *je l'ai su par l'intuition attachée au magnétisme.* (M. P. avait d'ailleurs sur les yeux un bandeau qu'il s'était fait mettre pour les préserver de l'action de la lumière qui l'incommodait.) Il fut magnétisé exactement tous les jours à la même heure ; on lui faisait des questions auxquelles il se contentait de répondre d'une manière précise et laconique (1). Le dixième

(1) Voici quelques-unes des questions qu'on lui adressa durant cette période, et les réponses qu'il y fit : — Voyez-vous le moyen par lequel le magnétiseur peut remplacer le fluide qu'il perd ? — En faisant de fréquentes promenades au soleil, en prenant de l'exercice à cheval, à pied, ou en voiture. — Ne voyez-vous pas une autre manière ? — Oui, il pourrait se fortifier au baquet pendant une heure. — Les corps étrangers qui se trouvent dans le baquet ne pourraient-ils pas donner des crises nerveuses au magnétiseur ? — Non. Mais s'il magnétisait quelques instants après, le magnétisé éprouverait les crises dont nous venons de parler. — Le pouvoir d'un magnétiseur sur un somnambule pourrait-il s'étendre jusqu'à lui faire dire ou faire des choses qui ne seraient pas convenables, comme de révéler un secret, de concourir à une mauvaise action ? — Non. — L'influence d'une volonté dépravée sur le magnétisé n'aurait-elle pas pour résultat de produire le réveil, d'occasionner une grande perturbation et de briser la faculté somnambulique ? — Si la volonté du magnétiseur était extrêmement forte, elle ne réveillerait pas pour cela le somnambule, mais elle pourrait occasionner de violentes attaques de nerfs. Dans tous les cas, le somnambule ne pourrait dire que les secrets qui lui sont personnels ; pour ceux d'autrui, la volonté du magnétiseur serait impuissante. — N'est-il pas à propos, pour laisser à votre lucidité le temps de se développer, de lui donner un peu de repos ? — Oui, et de ne pas autant presser les questions. — N'est-il pas utile aussi que, pendant ce temps de repos, je pense à vous, que je sois calme, et que je parle le moins qu'il sera possible à un autre qu'à vous ? — Lorsque vous parlez à une autre per-

jour il s'étendit davantage, et dit de lui-même :
« Lorsque vous m'avez demandé l'autre jour par

sonne, cela me fatigue ; vous devez constamment vous occuper de moi et avec beaucoup de calme.— Indiquez-moi les moyens de profiter des lumières que vous avez acquises et de vous faire des questions sans vous fatiguer.—M'adresser les questions relatives à mon état. — Quel intervalle faut-il mettre entre les questions ? — Trois ou quatre minutes. — Pourrez-vous plus tard vous occuper de celles qui exigeraient de vous maintenant une trop grande tension d'esprit? — Oui. — Quel moyen faut-il employer pour vous mettre en rapport avec quelqu'un? —Me faire toucher par cette personne.— Croyez-vous que vous pourriez juger de l'état d'une personne malade et indiquer les remèdes ? — Je le crois, dans quelque temps. — Pourriez-vous juger si une personne est susceptible de somnambulisme? — Oui, il faudrait me mettre en rapport avec cette personne. — Y a-t-il des moyens pour le procurer, et du danger à les employer ? — On pourrait occasionner des crises nerveuses en chargeant trop. — Y a-t-il des magnétiseurs dont le fluide ou la puissance magnétique procure plus souvent le somnambulisme ? — Oui. — Quelle en est la cause? — La puissance de leur volonté, leur forte constitution physique.— D'autres pourraient-ils obtenir la même puissance en se faisant magnétiser ou renforcer? — Cette puissance est inhérente à l'individu, il ne peut l'acquérir quand elle lui manque. — Faut-il vous laisser familiariser long-temps avec le nouvel état de lucidité dont vous jouissez, avant que vous puissiez nous rendre compte de sa nature? — Il est des secrets qu'il ne nous est jamais donné de pénétrer. — Dois-je magnétiser votre eau pendant votre sommeil? — Oui, l'action magnétique est plus développée pendant le sommeil qu'après le réveil. — Un changement de magnétiseur ne pourrait-il pas altérer la lucidité d'un somnambule? — Oui, si le magnétiseur qui lui succéderait avait la vertu magnétique moins développée. — Une interruption dans les séances ne pourrait-elle pas lui faire du mal?— Oui, beaucoup. — Quand faudra-t-il vous dire que vous êtes som-

quel moyen je pouvais connaître avec précision le
nombre d'injections qu'avait reçues un verre d'eau,

nambule? — Quand vous le voudrez. Il n'est pas nécessaire
que vous me le disiez, veuillez seulement que je le sache, et
je le saurai à mon réveil. (C'est ce qui a été fait, et à son réveil il s'est souvenu de tout ce qui s'était passé dans la séance;
il y avait près de huit jours qu'il était somnambule et jusqu'alors il avait désiré l'ignorer.) Comment peut-on savoir
qu'un traitement magnétique est terminé, lorsque la personne
que l'on traite n'est pas somnambule et ne peut l'indiquer? —
Lorsque l'équilibre chez la personne malade est rétabli, le
sommeil magnétique devient de moins en moins prolongé; c'est
un indice de toute l'amélioration que la personne est susceptible d'obtenir. — Ne peut-on pas éloigner les séances et ne
les donner que tous les deux ou trois jours? — On peut les
éloigner sans inconvénient et peu à peu. — Que faut-il faire
quand une personne, ayant été chargée de trop de fluide, éprouve
une irritation nerveuse ou fébrile? — La calmer au moyen des
grands courans. — Y a-t-il des moyens de modifier l'action du
magnétisme sur des personnes très-irritables, de manière à la
rendre très-douce et très-légère? — Moins le magnétiseur emploie de force pour magnétiser, moins les effets sont sensibles.
— Que faut-il faire pour enlever la migraine? — Cela dépend
de la constitution et du tempérament des malades. — Et pour
une douleur rhumatismale? — Ce sont des généralités auxc-
quelles il est impossible de répondre sans être en rapport avec
les malades. — Lorsqu'on a procuré un sommeil magnétique
simple, est-il nécessaire que l'attention et la volonté soient toujours fixées sur le sujet, comme si on lui avait procuré le sommeil somnambulique? — Il faut que l'attention du magnétiseur
soit en raison de la force du sujet; si le sujet s'endort facilement, son attention n'a pas besoin d'être constante. S'il résiste,
il doit employer la force. Cela dépend de l'organisation du magnétisé; il en est qu'il serait dangereux d'abandonner, mais
dans aucun cas il ne faudrait pas que l'attention du magnétiseur fût entièrement distraite.

la définition que je vous ai donnée ne vous aura pas satisfait, n'étant pas assez développée; je vais aujourd'hui vous donner une explication qui vous satisfera davantage. Le somnambulisme en procurant l'intuition, et l'intuition étant la faculté qu'acquiert l'âme ou notre esprit de nous transporter dans les espaces qui nous sont très-bien connus, que nous apprécions, mais que nous ne pouvons pas révéler, et où nous acquérons la connaissance intime des faits, des choses qui sont en rapport avec notre individu, au corps qui sert d'enveloppe à notre âme, ou aux individus avec lesquels nous sommes en rapport, nous sommes à même, par suite de cette intuition, de savoir, de connaître tout ce qui a rapport à nous, tout ce qui peut nous être bon ou contraire. »

M. P. n'avait pas encore parlé ainsi de lui-même et aussi long-temps; jusqu'alors il n'avait répondu qu'aux questions qui lui avaient été adressées; comme on n'avait pu transcrire ce qu'il avait dit, le magnétiseur lui demanda de le répéter, et le fit dans les mêmes termes, en s'arrêtant à sa volonté, pour que son frère, qui écrivait sous sa dictée, eût le temps de tout transcrire exactement.

Quelque temps après, comme il se portait naturellement vers des questions qui pouvaient le fatiguer, il fut convenu avec lui qu'on le magnétiserait tous les jours pour sa santé tant que cela lui serait

nécessaire, mais qu'on ne le mettrait en crise complète que tous les quatre jours; dans les autres
séances, on lui procurait seulement le repos magnétique; celles de crise parfaite pendant lesquelles il
s'occupait d'un travail quelconque, étaient ainsi assez
distantes les unes des autres ; à l'époque où il fit son
traité, il ne dictait que tous les huit jours, parce que
la séance intermédiaire était employée à préparer les
matières pendant une demi-heure environ de silence
parfait et de concentration; c'était ainsi que, tout prêt
pour la séance suivante, et lors même qu'elle se
trouvait reculée par d'autres occupations, il dictait
avec la même facilité. Les facultés qui se développèrent chez lui dès les premiers jours, furent celles
qu'il a signalées sous les noms d'intuition, lucidité,
intelligence ; il ne jouit de la clairvoyance et de la
vue à distance que quelques mois plus tard ; il les
possédait toutes à l'époque où il commença son traité;
j'étais alors devenu depuis quelque temps son seul
magnétiseur; auparavant j'avais assisté à ses séances;
tout ce qu'il a dit de plus intéressant, a été recucilli
avec soin, et ses dictées transcrites avec la plus
grande exactitude. Lorsqu'il s'occupa de son traité,
il me recommanda instamment de ne pas lui en parler dans son état de veille, jusqu'à ce qu'il l'eût fini,
ne voulant pas qu'aucune idée étrangère à celles de
l'état magnétique vînt s'y mêler. Il y replaça des matières qu'il avait traitées isolément, et en fit un en-

semble; il n'avait même pas encore fini de tout coordonner, lorsque sa lucidité cessa par l'effet de l'amélioration de sa santé, à la suite d'un voyage aux eaux qu'il s'était prescrit. Je publie le tout dans l'état où il l'a laissé.

La nature de l'esprit de M. P., la pénétration dont il était doué, la facilité qu'il avait de rendre ses idées avec précision, m'avaient inspiré le désir de profiter de ces heureuses et rares dispositions, pour étendre le cercle des connaissances; mais il y était aussi très-porté, et bien avant l'époque où je commençai à le magnétiser, lorsqu'il n'en était pas détourné par des questions de santé, il aimait à s'occuper, dans l'état magnétique, des sujets les plus relevés; il est donc entré de lui-même dans cette carrière, et il n'y a suivi que ses seules inspirations.

Traité sur le Magnétisme, dicté dans l'état de somnambulisme magnétique, par M. P. (1).

22 février 1840. — Il y a long-temps que vous m'avez témoigné le désir de revenir sur la science du Magnétisme. Nous allons nous en occuper un peu.

De tous les problèmes que les sciences sont appelées à résoudre, et pour la solution desquels elles

(1) Ce commencement, qui est comme le discours préliminaire de l'ouvrage, n'a pas été, ainsi que l'exposé des doctrines, l'objet d'un travail préparatoire.

sont impuissantes, un des plus difficiles est, sans contredit, celui des effets produits par cet agent retrouvé par Mesmer, déclaré, reconnu indispensable à la vie de l'homme, et de l'équilibre de l'harmonie duquel dépend la santé. C'est cette perfection atteinte à la fois, dans presque toutes les branches des connaissances humaines, par ceux chez lesquels cet agent (le fluide magnétique) développe le plus étonnant des problèmes (le somnambulisme.) C'est l'étude de ce problème que nous allons reprendre ensemble.

Frappé d'abord de l'immensité de cette tâche, j'aurais voulu n'en aborder que des parties séparées; mais ramené sur l'ensemble de cette science par une volonté à laquelle je veux complaire, j'ai dû reconnaître combien de cet ensemble si achevé, si parfait, il était impossible de rien retrancher.

Dans le monde du Magnétisme, plus encore que dans celui de l'intelligence humaine, rien n'est isolé; éclose au milieu des circonstances que l'histoire de l'humanité ne verra plus se renouveler, cette fleur délicate s'est épanouie d'un seul jet. N'essayons pas de morceler l'ensemble le plus complet, le plus harmonieux qui ait jamais existé. Seulement comme il est impossible d'embrasser d'un coup d'œil et dans quelques pages l'immense développement de cette science, nous n'en étudierons qu'un seul point à la fois, mais sans oublier, s'il se peut, aucun des éléments dont il se compose. L'ordre à suivre dans cette vaste et laborieuse étude, ne peut être entièrement arbitraire; à défaut de jalons pour nous guider, c'est un ordre logique que nous allons suivre.

De tous les éléments fondamentaux, s'il en est un qui, par son importance, domine tous les autres, à coup sûr c'est celui-là qu'il nous faudra étudier le premier, et la connaissance de l'agent que nous devons analyser, est ce qui doit d'abord fixer toute notre attention; tout ce que nous pourrons, tout ce qu'il nous sera permis de vous révéler, nous le mettrons à votre portée, et ce sera assez pour éclairer ceux qui ne désirent qu'une chose, *comprendre ce qu'il leur est donné de pouvoir comprendre*. Quand aux incrédules par système, quand à ceux dont la devise pourrait être celle de ce vieillard de la comédie grecque : *Tu ne me persuaderas pas quand même tu m'aurais persuadé*, nous ne chercherons pas et nous ne désirons pas de les convaincre. Une des lois que nous devons nous imposer, c'est de nous contenter des images que peuvent nous présenter la parole et notre langue si incomplète, même dans une forme indécise et abstraite, et de nous arrêter pour ainsi dire à la surface de l'idée divine, sans jamais songer à creuser jusqu'au fond.

Une question (1) qui a été soulevée bien des fois,

(1) Cette question par cela seul, qu'elle a été soulevée bien

est celle de savoir si le magnétisme, si ses effets ont été connus de quelques peuples de l'antiquité, et sous quel nom ils peuvent l'avoir été ; sans nous perdre dans les confuses origines du paganisme, abordons en passant une question d'un puissant intérêt, celle des oracles, et ne craignons pas d'affirmer que les transports, que les inspirations auxquels les Sibylles et les (1) Pythonisses paraissaient s'abandonner lors-

des fois, n'étant pas restée étrangère à **M. P.** dans son état de veille comme les autres qu'il traite, ne me semble pas être tout-à-fait de la nature de celles dont la solution appartient uniquement à l'intuition magnétique ; c'est une opinion qui peut être vraie si elle est le produit de la lucidité, et qui peut ne l'être pas si elle est celui des préoccupations.

(1) Il y a une grande différence entre la pythie et la sibylle : la pythie, à Delphes, était excitée par les vapeurs de la terre, la sibylle l'était par la nature, dit Cicéron (*de div.*, lib. 1.).

Martin Capella prétend que les sibylles avaient apporté en naissant la faculté de prévoir l'avenir.

Saint Jérôme dit que les sibylles disaient avec justesse et vérité beaucoup de grandes choses, et que lorsque l'instinct qui les animait venait à s'éteindre, elles perdaient la mémoire de ce qu'elles avaient avancé.

Saint Hilaire les regardait comme inspirées du démon.

Saint Athenagore est du même avis que saint Justin : «Quant à cette faculté, dit-il, de prévoir l'avenir et de guérir les maladies, elle est étrangère aux démons, elle est propre à l'âme. L'âme, attendu sa qualité d'immortelle, peut par elle-même et par sa propre vertu, percer dans l'avenir et guérir les infirmités et les maladies ; pourquoi donc en attribuer la gloire aux démons» (saint Justin, *admonitio ad græcos*, fol. 30 et 31). Le bréviaire romain, dans le *Dies iræ*, a placé la sibylle à côté de

qu'elles rendaient leurs oracles, n'étaient souvent autre chose que des crises, que des extases

David : *Dies iræ dies illa, solvet seclum in favilla, teste David cum sibyllá.*

La mémoire des sibylles était très-considérée dans les premiers siècles de l'église ; elle l'est encore en Italie, où M. Digby, dans ses voyages, a vu leurs prophéties consignées dans plusieurs églises et conservées avec respect. « J'ai vu, dit-il, dans ces temples la sibylle d'Erythée, dont parlent Varron et Apollodore, et dont Cicéron a traduit les acrostiches : elle est ici représentée disant : « Dieu a regardé ses humbles du haut »des cieux, et il leur naîtra bientôt un sauveur d'une vierge hé- »breuse. » Là est aussi la sibylle de Cumes, que nomme Pison dans ses annales, et qui dit : « L'arrêt de mort finira au bout » de trois jours de sommeil. » Venait ensuite celle de Delphes, dont parle Chrysippe, et elle dit : « Connais ton Dieu, c'est »lui, le fils de Dieu même. » Après la sibylle de Delphes, c'était celle de Lybie, disant : « Il tombera dans des mains iniques, »de leurs mains impures ils lui donneront des soufflets ; misé- »rable et couvert d'ignominie il sera l'espoir des malheureux. » Puis c'était la sibylle de l'Hellespont, née dans la plaine de Troie et redisant l'agonie et les ténèbres de trois heures ; puis celle de Phrygie disant : « Une trompette fera entendre des »cieux une voix lamentable, la terre s'ouvrant laissera voir le »chaos du Tartare, et tous les rois viendront au tribunal de »Dieu. Dieu lui-même jugera tous les justes et les impies. Alors »enfin il enverra les impies dans le feu et dans les ténèbres ; mais » ceux qui auront pratiqué la vertu revivront. » Plus loin c'était celle de Samos, disant : « C'est toi, folle Judée, qui méconnus »ton Dieu, qui brillait à l'esprit et aux yeux de tous les autres »mortels, mais tu l'as couronné d'épines et abreuvé de fiel. » C'était en dernier lieu la sibylle Tiburtine, ainsi appelée par ceux qui l'adoraient comme une divinité sur le Tibre, et elle dit : « Le Christ naît à Béthléem, il sera annoncé à Nazareth » sous le règne du taureau pacifique, fondateur du repos. Heu-

magnétiques produites chez elles par les prêtres des
temples auxquels elles étaient attachées. De là et de
cette manière seulement peut s'expliquer ce fait
arrivé quelquefois et bien capable d'agir sur l'imagination du peuple crédule et superstitieux, la concordance des prédictions avec les faits prédits. Si
nous nous rappellons qu'on n'était initié aux mystères des religions païennes, qu'après de longues et
pénibles épreuves, qu'on était lié par des serments
terribles, et qu'il y allait de la vie de les révéler;
nous ne serons pas surpris que cette science n'ait
pas franchi l'enceinte des temples, et que ceux qui
la possédaient au moment de la chute du paganisme,
aient enfoui leur secret sous les ruines de leurs
temples.

Arrivons maintenant au moment de la propagation de cette science, et abordons l'étude des phénomènes qu'elle produit.

Nous reprendrons l'étude point par point, fait par
fait, de tout ce qui peut avoir rapport au magnétisme.

25 février. — Notre intention n'étant pas de faire
l'histoire complète du magnétisme, depuis l'instant
où Mesmer a retrouvé l'agent produisant l'effet ma-

reuse la mère qui l'allaitera, » (*Mœurs chrétiennes du moyen
âge, ou les âges de foi*, par M. Digby; traduit par M. Danie-
lo, tome I, p. 71 et 72.)

nous nous bornons à relever quelques-unes des erreurs qui ont été avancées par lui dans l'établissement de quelques propositions tendant à prouver l'existence du fluide.

1. — La première est que « il existe une influence mutuelle entre les corps célestes et les corps animés (1). »

La seule influence directe existant entre les corps célestes et les corps animés, eu égard au fluide magnétique, est celle dérivant du soleil, ainsi que je l'ai établi dans l'analyse (2).

Dans l'analyse que j'ai faite des différentes espèces d'influences magnétiques, le fluide magnétique solaire est le seul où il existe analogie avec le fluide magnétique humain. Le fluide magnétique terrestre est hétérogène avec le fluide magnétique humain.

2. — Selon lui, il existe « un fluide universellement repandu et continué de manière à ne souffrir aucun vide, dont la subtilité ne permet aucune comparaison, qui, de sa nature, est susceptible de

(1) Ces propositions se trouvent insérées dans le deuxième numéro du *Journal du Magnétisme* de M. Ricard, de décembre 1839, page 95 et suivantes. M. P. se l'était fait remettre, il tenait à sa main ce cahier, lisait les propositions de Mesmer et y faisait ses observations après les avoir méditées. Cet exercice ne lui ayant pas demandé de travail préparatoire, il n'y eut que trois jours d'intervalle entre la dictée précédente et celle-ci.

(2) Cette analyse se trouvera annexée au traité. (*Voir* pag. 47 et suiv.).

recevoir, de propager, et de communiquer toutes les impressions du mouvement et qui est le moyen de cette *influence.* »

Le fluide magnétique n'existe pas répandu dans toutes les parties de l'atmosphère. Par suite des lois de l'attraction, le fluide magnétique solaire est absorbé par les corps, et forme à une certaine distance de ces mêmes corps une espace de fluide ambiant, duquel nous sommes toujours entourés, mais à une distance peu étendue. La subtilité de ce fluide, comme il le dit, ne peut être comparée à celle d'aucun autre fluide existant, et bien qu'il soit susceptible de recevoir, de propager et communiquer les impressions du mouvement, il ne peut être considéré comme étant la base et le moteur des lois du mouvement.

Il ajoute, 3. — « Cette action réciproque est soumise à des lois mécaniques inconnues jusqu'à présent. »

Il n'y a pas réciprocité, puisque nous n'avons et ne pouvons avoir aucune action sur les corps célestes. La seule action qu'il nous soit possible d'exercer est celle d'individu à individu, et en tant seulement que nous et la personne sur laquelle nous voulons exercer cette action se trouve dans les conditions données.

4. — « Il résulte, dit-il encore, de cette action, des effets alternatifs, qui peuvent être considérés comme un flux et un reflux. »

La quantité de ce fluide magnétique existant naturellement chez l'homme est, comme tous les autres
principes existants chez lui, soumise à une loi invariable, et ne peut être augmentée ou diminuée que
par l'action produite par un autre individu, pour
augmenter ou diminuer cette quantité de fluide plus
considérable que celle nécessaire à la conservation
de notre existence.

5. — « Ce flux et reflux est plus ou moins général, plus ou moins particulier, plus ou moins composé, selon la nature des causes qui le déterminent. »

Comme je viens de le dire, le seul mouvement
qui puisse être imprimé au fluide magnétique, ne
peut l'être que par la volonté d'un individu agissant
sur un autre; dans ce cas alors il peut y avoir effectivement déplacement général ou déplacement sur
un point quelconque; mais la nature du fluide magnétique étant une, il ne peut pas y avoir de flux
plus ou moins composé; je ne comprends pas ce
qu'il a voulu dire en ajoutant : selon la nature des
causes qui le déterminent.

6. — « C'est par cette opération (la plus universelle de celle que la nature nous offre) que les relations d'activité s'exercent entre les corps célestes, la
terre et ses parties constitutives. »

Cette proposition contient une loi de physique
généralement reconnue et adoptée pour l'influence

que les planètes peuvent exercer sur certains des
éléments constitutifs de la terre, mais est fausse encore eu égard à l'influence de ces corps sur le fluide
magnétique.

7. — « Les propriétés de la matière et du corps
organisé dépendent de cette opération. »

Je voudrais bien qu'on pût m'expliquer cette
phrase-là.

8. — « Le corps animal éprouve les effets alternatifs de cet agent, et c'est en s'insinuant dans la
substance des nerfs qu'il les affecte immédiatement. »

Comme je l'ai dit, il existe en nous naturellement
un fluide auquel on a donné le nom de fluide magnétique à une époque où on n'admettait pas l'existence du fluide nerveux; ce fluide nerveux peut
être, comme je l'ai dit encore, considéré comme
l'esprit du sang; c'est entre ce fluide et le fluide
émanant du soleil qu'il y a homogénéité, et que par
la similitude de leur nature il y a tendance à leur
union; mais une partie (et c'est la plus considérable)
de ce fluide se forme naturellement en nous, et les
nerfs ne sont pas uniquement affectés ni mis en
mouvement par l'introduction du fluide solaire dans
notre corps.

9. — « Il se manifeste particulièrement dans le
corps humain des propriétés analogues à celles de
l'aimant; on y distingue des pôles également divers
et opposés, qui peuvent être communiqués, chan-

gés, détruits et renforcés; le phénomène même de l'inclinaison y est observé. »

L'erreur dans laquelle Mesmer est tombé en établissant cette proposition, a été reconnue depuis long-temps. Si par pôles il entend les divers effets qui peuvent se produire en faisant dans certains cas imposition des mains sur les parties opposées du corps, sans doute alors il résulte des effets qui peuvent avoir quelque analogie avec ceux produits par les pôles des aimants. Mais il n'existe point chez l'homme de pôles fixes et invariables; une fois que le fluide magnétique agit dans le fer, une fois que ses pôles sont fixés et déterminés, ils ne peuvent être changés.

10. — « La propriété du corps animal qui le rend susceptible de l'influence des corps célestes, et de l'action réciproque de ceux qui l'environnent, manifestée par son analogie avec l'aimant, m'a déterminé à la nommer magnétisme animal. »

L'action réciproque des corps qui environnent le nôtre est sensible, et n'a d'effet qu'autant qu'une volonté dirige sur nous le fluide magnétique. Quand à l'influence des corps célestes sur le corps animal, j'ai déjà dit qu'il n'en existait aucune, eu égard à l'action magnétique, que celle de l'émission du fluide magnétique solaire. Il n'y a de l'analogie, ni dans les effets ni dans les causes du magnétisme animal, avec les effets et les causes du magnétisme terrestre ou dérivant de l'aimant. Cette considération n'aurait donc pas dû déterminer Mesmer à donner le nom de fluide magnétique à l'agent qu'il avait découvert.

11. — « L'action et la vertu du fluide magnétique animal, ainsi caractérisées, peuvent être communiquées à d'autres corps animés, les uns et les autres en sont plus ou moins susceptibles. »

Observation juste.

12. — « Cette action et cette vertu peuvent être renforcées et propagées par ces mêmes corps. »

C'est juste.

13. — « On observe à l'expérience l'écoulement d'une matière dont la subtilité pénètre tous les corps sans perdre notablement de son activité. »

C'est encore juste.

14. — « Son action a lieu à une distance éloignée sans le secours d'aucun corps intermédiaire. »

C'est juste encore.

15. — « Elle est augmentée et réfléchie par les glaces comme la lumière. »

C'est faux. La vertu, l'action du fluide magnétique peuvent être communiquées et même augmentées l'interposition et l'application de certains disques en cristal, mais son action ne peut se faire sentir par suite de la réflexion du fluide dans une glace.

16. — « Elle est communiquée. propagée, et augmentée par le son. »

Oui.

17. — « Cette vertu magnétique peut être accumulée, concentrée, transportée. »

C'est juste.

18. — « J'ai dit que les corps animés n'en étaient pas également susceptibles : il en est même, quoique très-rares, qui ont une propriété si opposée, que leur seule présence détruit tous les effets du magnétisme dans les autres corps. »

Si on a remarqué quelquefois que la présence de certains individus contrariait, neutralisait les effets magnétiques produits par un autre, il n'en résulte pas que ces individus possèdent un fluide d'une nature opposée au fluide magnétique ; tout ce qu'on peut admettre, est qu'un individu, ayant une manière de voir opposée au système du magnétisme, et possédant une action de volonté plus considérable que celle du magnétiseur, soit parvenu à neutraliser chez le sujet magnétisé, les effets que la volonté du magnétiseur aurait dû y développer.

19. — « Cette vertu opposée pénètre aussi tous les corps ; elle peut être également communiquée, propagée, accumulée, concentrée et transportée, réfléchie par les glaces, et propagée par le son, ce qui constitue non seulement une privation, mais une vertu opposée positive. »

De ce que j'ai dit précédemment, ceci s'écroule naturellement.

20. — « L'aimant, soit naturel, soit artificiel, est,
ainsi que les autres corps, susceptible du magnétisme animal, et même de la vertu opposée, sans
que ni dans l'un ni dans l'autre cas, son action sur
le fer et sur l'aiguille souffre aucune altération : ce
qui prouve que le principe du magnétisme diffère essentiellement de celui du fluide minéral. »

Ceci est en opposition directe avec l'article 10.

21. — « Ce système fournira de nouveaux éclair-
cissements sur la nature du feu et de la lumière,
ainsi que dans la théorie de l'attraction, du flux et
reflux, de l'aimant et de l'électricité. »

Ces questions nous détourneraient pour le moment
de notre objet principal; j'y reviendrai plus tard.

22. — « Il fera connaître que l'aimant et l'électricité artificielles n'ont, à l'égard des maladies, que
des propriétés communes avec plusieurs autres
agens que la nature nous offre ; et que s'il est résulté
quelques effets utiles de l'administration de ceux-là,
ils sont dus au magnétisme animal. »

Cela n'est pas exact, on ne peut attribuer au magnétisme ce qui lui est étranger, par exemple, les
effets de l'électricité dont le fluide diffère essentiellement de celui du magnétisme, et dont on ne peut
contester les effets particuliers.

23. — « On reconnaîtra par les faits, d'après les
règles pratiques que j'établirai, que ce principe peut

guérir immédiatement les maladies de nerfs, et médiatement les autres. »

C'est le contraire que l'expérience a démontré ; il faut même pour se faire magnétiser dans les maladies de nerfs, employer des personnes plus faibles que soi.

24. — « Qu'avec son secours, le médecin est éclairé sur l'usage des médicaments, qu'il perfectionne leur action, et qu'il provoque et dirige les crises salutaires, de manière à s'en rendre maître. »

Qui veut trop prouver ne prouve rien ; beaucoup de médicaments produiront d'excellents effets étant magnétisés ; l'eau, par exemple, qui par elle-même est sans vertu, en acquiert par celle du magnétisme. Mais quand on songe qu'à l'époque où Mesmer écrivait ceci, le somnambulisme n'était pas encore connu, et que c'est par la lucidité des somnambules magnétiques que la médecine peut s'éclairer sur l'usage des médicaments, on reconnaît davantage l'exagération de tout ceci.

Cette observation s'applique aussi aux articles suivants, qui sont la conséquence et le développement de celui-ci.

Dictée du 14 mars, préparée dans la séance précédente.

Après avoir reconnu les erreurs dans lesquelles Mesmer était tombé, en établissant les propositions qu'il considérait comme les points fondamentaux du magnétisme, nous allons poser les maximes, véritables bases de cette science (1).

1° Il existe chez l'homme un fluide plus subtil qu'aucun de ceux connus, invisible, inodore, impalpable, élastique, compressible et dilatable, inhérent à notre formation, indispensable à l'entretien de la vie et aux fonctions de tous les organes, répandu par tout le corps, de manière à ne souffrir aucun vide, susceptible par sa nature de recevoir, communiquer et propager toutes les impressions du mouvement, moteur de toute action physique, servant de véhicule à notre volonté, en tant qu'elle a pour but l'accomplissement d'une de ses actions, soumis lui-même à cette volonté, et transmissible par elle, d'un corps dans un autre.

2° La base de ce fluide étant le calorique, il y a homogénéité entre sa nature et celle du fluide, universellement répandu dans l'espace, émanant du soleil; et comme deux corps de même nature tendent à se réunir par cette loi reconnue, mais inexplicable, de l'attraction, il en résulte que le fluide étant incessamment sollicité, attiré par le fluide humain, vient s'accumuler autour de chaque corps, et forme à chacun de nous une atmosphère individuelle, qui l'en-

(1) Ces propositions sont un chef-d'œuvre de précision, et valent à elles seules un traité tout entier.

vironne entièrement, c'est ce que, nous appellerons fluide ambiant.

3° Il existe une influence mutuelle et réciproque entre ces deux fluides; l'action du fluide humain peut être diminuée et atténuée, augmentée et renforcée par suite de l'influence du fluide ambiant. Le fluide ambiant peut être mis en mouvement et déplacé par l'action du fluide humain.

4° Les nerfs sont, chez l'homme, conducteurs de ce fluide, qui leur communique l'élasticité, la souplesse, la force, la sensibilité; le véritable nom de ce fluide doit être fluide magnético-nervi-moteur, c'est-à-dire, puissance motrice des nerfs, et c'est en s'insinuant à travers les pores de notre corps, dans la substance des nerfs, qu'il les affecte immédiatement, lorqu'on le transmet chez un autre individu.

5° Les corps inanimés, bien que dépourvus d'organes apparents, sont néanmoins tous traversés par des canaux qui contiennent un fluide possédant quelque analogie avec le fluide solaire, et par suite avec le fluide humain, mais qui étant moins épuré ou altéré par le contact des corps qui le contiennent, rend ces mêmes corps susceptibles de recevoir et de sentir l'impression des deux autres fluides, sans pouvoir généralement agir en retour sur eux.

6° L'action et la vertu du fluide humain peuvent donc être communiquées à d'autres corps, animés ou inanimés; les uns et les autres en sont cependant plus ou moins susceptibles.

7° L'action et la vertu du fluide humain peuvent être quelquefois augmentées et renforcées par ces mêmes corps.

8° On observe à l'expérience l'écoulement d'une matière dont la subtilité pénètre tous les corps sans perdre notablement de son activité.

9° Elle peut être communiquée, propagée et renforcée, accumulée, concentrée et transportée.

10° Concentrée chez quelques individus chez lesquels se rencontrent naturellement certaines dispotions physiques et morales particulières, elle développe le phénomène du somnambulisme.

11° C'est donc en agissant sur les nerfs, qui, comme vous le savez, reportent leur impression au cerveau, en affectant la glande pinéale et le corps calleux, en centralisant les facultés morales et annihilant les facultés physiques, que l'infiltration du fluide humain, dirigée par la volonté, développe chez un magnétisé le somnambulisme.

12° Le sujet sur lequel cette faculté se développe, doit posséder l'intuition, la lucidité, l'intelligence, la clairvoyance et la vue à distance.

13° Les facultés somnambuliques ne se développent pas toujours toutes à la fois, au même degré et de la même manière; certains sujets en sont plus ou moins susceptibles.

14° Par suite de la concentration des facultés morales et de l'anéantissement presque complet des
facultés physiques, l'âme du somnambule se trouvant pour ainsi dire dégagée de son enveloppe terrestre, recouvre à un degré assez élevé quelques-unes
des facultés attachées à l'immortalité, c'est-à-dire,
l'intuition qui lui fait découvrir, pénétrer, approfon-
dir ce qu'il peut y avoir de plus caché dans les choses qu'elle cherche ; lui fait voir et distinguer nettement ce qu'il y a de plus confus et de plus obscur,
lui fait acquérir à l'instant même (mais momentanément), la connaissance la plus parfaite des choses
les plus abstraites, les plus incompréhensibles, les
plus impénétrables.

15° La lucidité, qui lui fait voir, sentir, connaître,
apprécier, ce qui chez lui ou chez les personnes avec
lesquelles il est mis en rapport, peut avoir subi quelque lésion ou altération, lui fait découvrir en même
temps les moyens propres à y remédier, lui fait pénétrer les secrets de la nature ou les découvertes
humaines, lorsqu'ils peuvent avoir quelque utilité
pour eux ou pour les autres, ou qu'ils ont un rapport direct avec quelques-unes des questions qu'il
cherche à expliquer.

16° L'intelligence, qui est la perception intérieure
par laquelle ils comprennent les choses dont ils acquièrent la connaissance par l'intuition et la lucidité,
la faculté de coordonner, d'agencer, d'exprimer les

idées résultantes de cette perception, la sagacité qui leur fait apprécier les choses qu'il leur est donné, qu'il leur est permis de porter à notre connaissance, et les fait s'arrêter à de certaines limites ; la prudence qui leur fait sentir les choses qui, vous étant personnelles, pourraient, si elles vous étaient révélées, vous impressionner trop vivement, et les empêche de vous les communiquer ; la discrétion, qui les empêchera de répondre à des questions personnelles qui pourraient intéresser d'autres personnes que celles qui les leur adresseraient.

17° La clairvoyance, qui est la pénétration qui leur fait voir distinctement, quoique les yeux fermés et même bandés, les choses qui les entourent ou qui peuvent leur être présentées, bien que ces objets ne soient pas toujours placés vis-à-vis de l'organe naturel de la vue ; le plus souvent c'est par l'épigastre qu'ils exercent cette faculté.

18° La vue à distance, qui leur permet de se transporter en esprit dans les endroits qu'ils cherchent ou qui leur sont désignés, et de les voir comme s'ils étaient présents ; de voir à travers un meuble ou un mur, un objet qui peut y être placé, et sur lequel on fixe leur attention ; de voir et de savoir ce que font, à des distances éloignées, des personnes qui peuvent leur être indiquées, et qu'ils ne connaissent nullement.

16° Le somnambule doit être entièrement isolé, et en rapport direct avec son magnétiseur seulement.

Il doit lui être soumis, et obéir à l'impulsion qui le dirige, plutôt par l'effet de sa volonté que par celui des paroles ou des actions.

20° Il peut, par la volonté seule de son magnétiseur ou par le contact, être mis en rapport avec une ou plusieurs personnes.

Une chose dont la certitude doit vous être acquise maintenant, est l'existence chez l'homme d'un fluide, d'une substance dont vous connaissez sommairement les propriétés, les effets et l'action ; mais dont la nature, le mode d'action et les attributions vous sont encore à peu près inconnues, c'est ce que nous allons étudier dans ce chapitre. (M. P. rattacha ici ce qu'il avait dicté l'année précédente. *Voir* pag. 32).

Jusqu'à présent, la plupart des médecins ont méconnu la présence d'un fluide qui traverse les nerfs. Ce fluide est le fluide magnétique qui circule dans les nerfs, les nerfs qui prennent naissance au cerveau, pour, après avoir porté leurs branches principales dans les membres, se subdiviser en une infinité de rameaux, qui tapissent toute la surface extérieure du corps, et dans toutes les parties, quelque tenues qu'elles soient ; les nerfs, qui sont en un mot le siége du sens, du toucher et de la sensation, sont traversés continuellement par ce fluide inaperçu, que l'on nomme fluide magnétique ; et comme nos nerfs ont un rapport direct avec le cerveau, puisqu'ils y prennent naissance, notre volonté, qui part également du

cerveau , a une action directe sur ces nerfs et sur le
fluide qu'ils contiennent, c'est pourquoi le fluide magnétique prend la direction que notre volonté lui imprime et s'échappe à travers tous les pores de notre
corps , et pénètre également par ces mêmes pores ,
dans le corps de l'individu sur lequel nous le dirigeons.....

Le fluide nerveux ou magnétique est , si je puis
m'exprimer ainsi, l'esprit du sang. Lorsque le sang
est porté du cœur au cerveau, pour ensuite redescendre et se distribuer dans tout le corps, il y subit
l'action que produit, sur les spiritueux, l'effet du ser-
pentin. La glande pinéale, dont jusqu'à présent les
anatomistes ont en vain cherché les fonctions ; est
affectée spécialement à l'élaboration de la partie la
plus spiritueuse du sang, réservée par le cerveau
pour en former le fluide magnétique. Cette glande
est située dans la partie inférieure du cerveau ; elle
est en relation tant avec la partie supérieure qu'a-
vec la moëlle épinière, qui n'est autre chose que le
prolongement du troisième ventricule dans lequel
la glande pinéale est placée. Elle est recouverte su-
périeurement par la substance membraneuse qui
unit les plexus chéroïdes , deux plis formés par la
pie-mère interne; elle est soutenue postérieurement
par les tubercules quadrijumaux , et sa pointe repose
sur la commissure postérieure. On appelle commis-

sure du cerveau, la séparation formée par les deux hémisphères du cerveau.

Il existe entre les molécules qui composent la masse du cerveau, un double appareil de circulation destiné, l'un à la concentration du fluide, l'autre à son émission. Par le premier de ces appareils, au moment où le sang traverse le cerveau, la partie, je dirai, éthérée du sang, qui est destinée à former le fluide, est conduite dans la cavité qu'occupe la glande pinéale. Un fait bien constaté en physique, est la propriété inhérente aux corps, terminés en pointe, d'attirer le fluide. Par sa forme conique, la glande pinéale possède cette propriété aussi : c'est par sa pointe, qui est tournée vers le centre de la cavité qu'elle occupe, et en contact avec la masse du cerveau, qu'elle absorbe le fluide qui est venu se condenser dans cette même cavité : c'est par sa base qui est adhérente au cervelet, que le second appareil de circulation destiné au fluide, reçoit le fluide sécrété et le transmet aux nerfs.

Quand des philosophes et des anatomistes ont placé le siége de l'âme dans la glande pinéale, ils étaient sans doute dans l'erreur, mais ils n'étaient cependant pas bien loin de la vérité.

Quel est le siége de l'âme dans notre corps? de l'âme qui est à notre corps ce que Dieu est à l'univers? notre âme est partout, mais elle n'est nulle part, il est impossible de déterminer où est son siége. Nous sentons sa présence, mais nous ne la comprenons pas. Ils ont pris, les philosophes, l'action de la volonté pour celle de l'âme ; c'est effectivement de ce centre occupé par la glande pinéale que part notre volonté. La principale attribution du fluide est de servir de véhicule, de transmettre notre volonté à toutes les parties de notre corps, qui ne sont que les serviteurs de cette volonté. Ainsi quand je veux exécuter un mouvement, si le fluide qui traverse mes nerfs, qui leur donne la souplesse dont ils ont besoin, ne transmettait pas aussi à ces mêmes nerfs la volonté que j'ai d'exécuter ce mouvement, je resterais cloué à ma place.

Nous savons comment le fluide magnétique se forme dans le corps de l'homme, comment il circule, comment il se transmet, comment il agit ; mais ce fluide, que nous possédons, existe, dit-on, dans toutes les autres parties de la création. Sans doute, il existe un fluide que je nommerai fluide ambiant. Ce fluide qui émane du soleil, circule dans toutes les parties de la terre et de tout ce qu'elle produit. Mais s'en suit-il qu'il soit le même que le nôtre ? Non, il y a corrélation, il y a rapport, mais il n'y a pas similitude, il n'y a pas parité. La pierre et tous les corps les plus solides, sont cependant traversés par les canaux qui contiennent le fluide qui leur est trans-

mis par la terre , qui, elle-même le reçoit du soleil.
Sans doute, c'est une chose incompréhensible que
l'action du fluide magnétique humain, mais les effets
produits par le fluide magnétique solaire, sont encore
peut-être plus extraordinaires. Comment comprendre en effet que ce soit à la présence , à l'action de
ce fluide qu'il faut attribuer pour les végétaux l'action par laquelle ils absorbent les sucs terrestres nécessaires à leur développement? Comment comprendre que ce soit à l'action de ce fluide que l'aimant doit sa propriété d'attirer le fer? Si vous
présentez à un objet quelconque, soit à un arbre,
soit à un rocher, soit à la terre elle-même, votre
doigt allongé, ou une baguette de fer ou de mé-
tal, un somnambule clairvoyant verra se réunir à
l'extrémité de l'objet que vous présentez une ai-
grette lumineuse formée par la réunion des bluettes
magnétiques, qui s'échapperont de l'objet vers lequel vous aurez dirigé votre doigt ou votre baguette.
Mais aussi ce même somnambule découvrira une
grande différence entre la nature de votre fluide et
celle du fluide qui s'échappera des autres corps.
Votre fluide sera lumineux, brillant, ressemblera
pour l'effet à celui que produit une bûche enflammée
que l'on frotterait avec une pincette ; les étincelles
se succèdent avec une grande vivacité, et paraissent
même ne faire qu'un jet de flammes. Celui au con-

traire qui s'échappera des corps inanimés sera pâle et bleuâtre. De ce qu'il y a rapport, de ce qu'il y a corrélation entre ces deux fluides, d'espèces cependant différentes, on ne peut pas déduire que les effets produits par eux seront les mêmes : autant vaudrait dire que notre âme et l'instinct auquel obéissent les animaux sont aussi de même nature.

Les effets du fluide magnétique, à quelques espèces qu'ils appartiennent, sont admirables et incompréhensibles ; car, c'est véritablement le fluide magnétique que l'on peut considérer comme le moteur universel. Nous avons vu que c'était le fluide magnétique qui servait de véhicule à notre volonté et dirigeait presque toutes nos actions. Nous avons vu que c'était au fluide magnétique qu'il fallait attribuer aux végétaux l'instinct, si je puis dire, qui fait distinguer à chacun les sucs terrestres qui leur sont propres et les leur fait absorber ; que c'était au fluide magnétique que l'aimant devait la propriété d'attirer le fer ; que d'effets analogues à ceux-ci seraient encore à observer dans la nature entière ! c'est à l'action du fluide magnétique que l'aigle doit cette puissance qui attire sur lui l'oiseau sur lequel il veut fondre. C'est au fluide magnétique que quelques serpents doivent la puissance par laquelle ils fascinent leur proie. C'est au fluide magnétique qu'il faut attribuer cet instinct souvent irrésistible qui nous porte à aimer, souvent au premier regard, une personne que nous rencontrons. C'est encore à ce même fluide que les corps inanimés qui ne paraissent avoir aucune végétation , que la pierre elle-même enfin, doit ce système , je dirai presque d'attraction , qui réside en elle et lui fait absorber les parties contenues dans les terres qui l'environnent, et lui fait acquérir un développement que nous ne pouvons apprécier (car notre vie est trop courte), mais qui n'en est pas moins réel. Car quoi qu'en aient dit bien des naturalistes, la pierre végète.

Nous avons dit que le fluide ambiant pouvait être mis en mouvement et déplacé par l'action du fluide magnétique humain , et pouvait concourir aux effets produits par ce fluide ; nous avons dit encore que le fluide ambiant étant attiré par le fluide contenu chez nous , formait autour de nous une atmosphère particulière nous environnant entièrement. Nous devons donc examiner comment ce fluide, d'une nature différente du nôtre , peut cependant concourir à des effets communs et augmenter dans certains cas la puissance d'action de notre fluide.

Ce fluide condensé autour de nous peut s'étendre ordinairement à une distance de deux ou trois pieds, et c'est à sa présence que le magnétiseur doit le pouvoir de magnétiser sans toucher les individus sur lesquels il dirige son action.

Les corps sont, vous le savez, criblés d'une infinité de vacuolles auxquelles on a donné le nom de pores; nous pouvons même assurer qu'il y a dans les corps beaucoup plus de vide que de plein. Les vides contiennent diverses espèces de fluide propres à chaque espèce de corps, ils y sont tous en équilibre par les lois, soit de l'action soit de la répulsion.

L'observation de ce qui se passe dans la nature, nous offre une multitude de phénomènes dans lesquels il suffit que deux corps soient en présence pour, qu'étant abandonnés à eux-mêmes, ils s'approchent l'un de l'autre sans qu'il existe entre eux ou autour d'eux aucune cause de ce mouvement.

Nous avons considéré le fluide magnétique comme un fluide très-subtile, éminemment élastique, qui pénètre tous les corps dans lesquels il est contenu plus ou moins abondamment. La quantité de fluide que renferme un corps, n'y jouit pas de toute sa force expansive naturelle, mais il en conserve une partie plus ou moins considérable en vertu de laquelle il tend constamment à s'échapper de ce même corps; en sorte qu'il ne peut y être maintenu que par la résistance que lui fait éprouver le fluide contenu dans les corps environnants, et qui a une égale tendance à s'en échapper. Ainsi chez l'homme le fluide humain s'échapperait continuellement de nos corps, s'il n'y était maintenu par la résistance que lui fait éprouver le fluide contenu dans l'air, et qui tendant à venir s'unir au fluide humain, vient s'accumuler autour de nous et le refoule à l'intérieur de notre corps. Mais lorsque notre volonté vient mettre en mouvement le fluide humain et lui imprime une force expansive suffisante, il s'échappe de notre corps par les points que nous indiquons, et se dirige en ligne droite vers le but que nous lui assignons.

C'est alors que si le corps sur lequel nous dirigeons son action, n'est pas en contact immédiat avec nous, il s'empare d'une partie de fluide ambiant qui alors concourt avec le fluide humain aux effets que nous voulons produire.

La manière dont le fluide humain exerce sa force expansive est un mouvement rapide qui se fait en ligne droite jusqu'à ce qu'il rencontre un obstacle qui l'arrête. Les particules en s'élançant comme à la file, laissent entre elles des intervalles incomparablement plus grands que leur diamètre, d'où il arrive que si les différentes files viennent à se croiser, leurs molécules trouvent toujours un espace libre pour traverser les routes suivies par les autres. Il est bien entendu qu'en disant que le mouvement du fluide se fait en ligne droite jusqu'à ce qu'il trouve un obstacle qui l'arrête, nous n'entendons ici par obstacle que le corps sur lequel notre volonté a dirigé l'action du fluide. Car si d'autres corps se trouvaient interposés entre ce but et nous, le fluide les traverserait, sans perdre de sa force d'action, pour aller la porter tout entière sur le corps que notre volonté a indiqué. Tant que le fluide conserve ce que nous appelons la force rayonnante et qu'il traverse librement un corps, il ne modifie en rien les propriétés de ce corps. L'émission et l'absorption du fluide nous fournit deux principes sur lesquels repose en grande partie l'explication des phénomènes dans lesquels les corps sont placés hors du contact. C'est l'explication de ces deux principes qui nous fournira le sujet de notre séance prochaine (1).

23 mai. — L'un consiste en ce que le pouvoir d'émettre le fluide et que nous nommerons pouvoir émissif, et celui d'absorber le fluide qui vient du dehors, que nous nommerons pouvoir absorbant, s'accroissent et diminuent par des degrés égaux dans un même corps. Ainsi la quantité de fluide purement néces-

(1) M. P. avait recommandé qu'on ne l'interrompît pas pendant ses dictées. Lorsque celle-ci fut terminée, je lui fis la question suivante : Si, comme vous venez de le dire, le fluide ambiant se mêle au fluide humain dans l'action magnétique, lorsque ce dernier n'étant pas appliqué par un contact immédiat est obligé de traverser le premier, l'infusion du fluide humain devrait être plus pure et par conséquent plus énergique dans le contact immédiat que dans le magnétisme à distance où le fluide ambiant se trouve mêlé.

R. — Non, et même les magnétiseurs qui ne sont pas abondamment pourvus de fluide, exercent plus d'action à distance que par le contact, parce qu'à distance leur fluide est plus abondant en ce qu'il se trouve accru par l'accession d'une certaine quantité de fluide ambiant qui, s'y joignant, augmente la puissance du moteur.

saire aux fonctions purement vitales du magnétiseur n'éprouvent jamais de diminution bien sensible,
parce qu'au fur et à mesure que le fluide humain s'é-
chappe de son corps, il y est remplacé par une
quantité égale de fluide ambiant car la force ré-
pulsive qui maintenait le fluide émanant du corps
humain, et maintenait le fluide ambiant, en suspen-
sion autour de son corps, se trouvant diminuée de
toute la quantité de fluide qu'il a perdu, et la force
compressive du fluide ambiant, se trouvant par contre augmentée d'autant, celui-ci pénètre par les pores
restés vides par l'émission du fluide humain et y
séjourne jusqu'à ce qu'il en soit chassé naturellement
par les sécrétions vasculaires et par le nouveau
fluide qui se forme incessamment en lui.

Le second principe est que le pouvoir d'absorber
le fluide à mesure qu'il détermine certaines variations
dans un corps, fait éprouver à ce même corps des
variations égales, mais en sens contraire, dans le
pouvoir d'émettre le fluide humain ; autant l'un augmente, autant l'autre diminue, en sorte que tout ce
qu'un corps absorbe de plus de fluide ambiant est la
mesure exacte de ce qu'il peut émettre en moins de
fluide humain ; c'est pourquoi nous conseillerons à
ceux qui s'occupent de magnétisme, de ne jamais
magnétiser de suite deux personnes, car ils ne pourraient le faire avec un égal avantage pour elles, et
sans une fatigue excessive pour eux.

Reprenons maintenant les cas où les corps sont séparés, et examinons de plus près la marche du phénomène pendant les instants qui précèdent l'effet. D'une part, l'absorption à la surface d'un corps dépend du rapport entre le pouvoir émissif; d'une autre part, l'effet du fluide qui pénètre à l'intérieur d'un corps, y est soumis à l'influence particulière de la nature de ce corps, ce qui apporte de grandes modifications dans les quantités de fluide qui doivent être émises et absorbées pour que l'action magnétique s'établisse.

Une autre cause influe encore beaucoup sur le passage des corps à l'état magnétique, cette cause est la faculté conductrice des corps, c'est-à-dire, la facilité ou la promptitude plus ou moins grande avec laquelle une quantité égale de fluide est absorbée par les corps de constitution différente; enfin nous avons encore à considérer l'air, dont vous connaissez les propriétés, comme servant de véhicule au fluide. Lorsque le fluide est mis en mouvement par la volonté, toutes les particules qui composent la masse du fluide, se meuvent et s'éloignent plus ou moins de la position qu'elles occupaient auparavant, pour venir se réunir à un point donné; c'est alors que le jet rayonnant s'échappe de notre corps; ce jet venant à traverser la masse du fluide ambiant, avec lequel, sans être homogène, il y a analogie, entraîne avec lui une partie de ce fluide; alors les molécules d'air, qui sont mélangées au fluide ambiant et qui sont en contact avec les différents points du fluide rayonnant, prennent un mouvement semblable à ceux de ces points; cela communique le mouvement à celle qui est derrière elle, celle-ci à la troisième et ainsi de suite jusqu'à celles qui sont en contact avec le point de vue sur lequel le jet est dirigé ; ainsi l'air, qui est mis en mouvement par le fluide, entraîne avec lui ce même fluide et le voiture, pour ainsi dire, jusqu'au point donné. C'est ainsi qu'une locomotive, par exemple, entraîne avec elle la vapeur, principe de son mouvement.

Ainsi, maintenant vous connaissez tous les moyens et tous les faits qui se présentent dans l'émission et l'absorption des divers fluides; il nous resterait à établir une série de faits que nous pourrions expliquer physiquement ou mathématiquement pour rendre encore plus claire l'application de cette théorie.

C'est au concours encore de ce fluide que le magnétiseur doit la puissance d'agir à des distances plus éloignées, et souvent même à travers des corps qui pourraient être un obstacle à tout autre agent. Ainsi quand le rapport a été une fois établi entre deux personnes, si celui qui magnétise est placé dans un autre local que celui qu'occupait le magnétisé, celui-ci pourra encore sentir les effets de la volonté qui agit sur lui, parce que, de même que deux aimants qui seront opposés l'un à l'autre, et entre lesquels cependant on interposerait un corps opaque, agiraient encore l'un sur l'autre ; de même aussi les deux fluides qui ont déjà été mêlés, s'attireront l'un l'autre, et le plus faible ressentira l'effet produit par le plus fort. Il s'agira seulement de donner au fluide une force d'impulsion suffisante pour le faire arriver sur l'individu vers lequel on le dirige. Le meilleur moyen pour y parvenir est de concentrer fortement sa volonté pendant trois ou quatre minutes en appuyant les mains sur l'épigastre, puis au bout de ce temps de les réunir et de donner, par une extension rapide des bras, le mouvement de chasse, puis reportant la main gauche en pointe vers la même région, tenir le bras droit plus tendu dans la direction où l'on présume qu'est placé l'individu sur lequel on veut agir.

Quelquefois cependant une partie du fluide que nous dirigeons sur une personne éloignée, ou même avec laquelle nous sommes en rapport immédiat, peut être dérobée par un tiers sur lequel nous n'avons nullement la volonté d'agir. Ainsi une personne, avec laquelle nous aurons été en rapport intime, soit de magnétisme, soit de corps seulement (1), pourra, si elle se trouve à une distance même éloignée de nous, ressentir des effets magnétiques ana-

_____

(1) C'est ce qui arriva à M. E. P., qui ne pouvait magnétiser personne sans que sa femme n'en éprouvât les effets.

logues à ceux que nous cherchons à produire sur un autre individu , mais pour cela il faut qu'il y ait rapport, analogie et homogénéité parfaite entre la nature de notre fluide et celui de cette personne, alors par suite des lois naturelles de l'attraction, d'après lesquelles il suffit que deux corps soient contenus dans un même espace pour qu'ils tendent à s'unir ; une partie de notre fluide ira se porter, malgré nous et contre notre volonté, dans la direction où il sera sollicité par l'action d'un fluide entièrement analogue à lui.

5 juin. — Dans notre dernier entretien nous avons fini de vous expliquer le principe ou la théorie du fluide magnétique ; nous allons reprendre maintenant les diverses propositions que nous avons avancées, et vous indiquer les moyens par lesquels vous pourrez vous assurer de la vérité de ces propositions.

Quelque extraordinaires, quelque invraisemblables que puissent vous paraître les faits dont nous avons encore à vous entretenir, souvenez-vous que pour magnétiser, pour obtenir de bons effets du magnétisme, il faut croire ; quant aux personnes qui doutent encore, nous leur rappellerons ces paroles de Montaigne : « Considérer comme impossible des » faits peu vraisemblables, attestés par des person- » nes dignes de foi, c'est se faire fort, par une té- » méraire présomption, de savoir quelles sont les » bornes de la possibilité. »

Nous avons dit que le fluide magnétique pouvait être concentré, accumulé, transporté, communiqué par les corps mêmes inanimés qui ont été d'abord magnétisés. Le fluide magnétique humain pénètre dans tous les corps, et sous ce rapport ne peut être comparé en rien aux fluides impondérables existant dans la nature, et connus des physiciens, comme les odeurs et comme le fluide électrique même. Il ne s'attache pas seulement à l'extérieur des corps, mais il les pénètre entièrement.

Nous allons vous indiquer une série d'expériences par lesquelles vous pouvez vous assurer de la vérité de cette assertion.

Aucun agent chimique ni physique ne peut chasser d'un corps le fluide magnétique qui y a été accumulé ; une secousse électrique même est impuissante. Lorsque vous avez un somnambule susceptible à un haut degré de l'action magnétique, et auquel vous vous garderez bien de parler des diverses expériences que vous voulez faire, vous pourrez vous convaincre de ce que je vais avancer :

Magnétisez un corps vitreux pendant trois ou quatre jours de suite, et un quart d'heure chaque fois, attendez-le pendant huit jours si vous voulez, au bout de ce temps présentez-le à votre somnambule éveillé, et aussitôt qu'il l'aura entre les mains, il s'endormira du sommeil magnéique ; lavez ce même corps vitreux avec de l'eau, frottez-le bien, présentez-le le jour suivant à votre somnambule, et il s'endormira de nouveau. L'effet sera le même si vous lavez ce même corps avec de l'alcool, avec de l'acide nitrique, avec de l'acide sulfurique concentré. L'ignition même ne peut chasser d'un corps le fluide qui a été amoncelé. Ainsi, magnétisez un disque de fer, faites-le rougir à blanc, plongez-le dans l'eau froide ou laissez-le refroidir naturellement, l'effet sera encore le même.

Magnétisez un morceau de cire, de colophane ou d'étain, soumettez-les à la fusion, fondez-les dans quelque forme que vous voudrez, présentez-les encore à votre somnambule, et il s'endormira encore; bien plus, magnétisez une certaine quantité de feuilles de papier, brûlez-les sur une assiette, versez-en les cendres dans les mains de votre somnambule et il s'endormira. Voilà des expériences que toute personne, s'occupant du Magnétisme, peut vérifier, et qui sont propres à convaincre les plus incrédules.

Un corps magnétisé peut même être diminué de volume et conserver encore toute sa vertu magnétique. Ainsi, si vous magnétisez un piston de marbre d'une certaine dimension, dont vous aurez d'abord expérimenté la vertu, et qu'ensuite vous le laissiez plongé dans l'acide muriatique jusqu'à ce qu'il soit diminué de moitié ou des deux tiers, et que vous le présentiez à votre somnambule, l'effet sera encore le même. Ainsi le fluide magnétique est inaltérable.

(En préparant ce qui suit, M. P. dit que le sujet était plus difficile à traiter, parce qu'il lui était interdit de nous faire connaître beaucoup de choses qui auraient pu nous en faciliter l'intelligence).

Il existe donc un principe qui résiste à toutes les forces mécaniques, physiques et chimiques, qui s'attache aux corps par un lien indissoluble, qui pénètre leur substance comme un être spirituel, et triomphe même de l'action du feu; mais son existence (indubitable par les effets qu'il produit) ne se dévoile pas aux sens de l'homme dans son état actuel, *il n'y a que cet épanouissement de notre personalité*, effectué par le rapport magnétique, qui nous met à même de voir, d'entendre, de sentir ce principe de vie qui reçoit sa vigueur de la volonté de l'homme, et agit avec une énergie proportionnée à la force de cette volonté. Quand il agit avec une grande énergie sur un organe doué d'une force égale, mais négative (ce qui suppose toujours l'existence d'un contraste spécifique, comme lorsqu'un homme fort dirige son action sur un plus faible), alors ce principe agit comme l'éclair et paraît anéantir tout-à-fait la vie. Dans l'état de veille ordinaire, l'homme n'est que dans un rapport général avec les corps qui l'environnent, il défend dans cet état l'individualité de sa personne par la force de sa volonté contre toute influence qui attaque la partie spirituelle de son existence, et cette volonté tient plus ou moins l'équilibre avec la volonté et l'action des autres créatures, mais cette résistance ne subsiste qu'*autant que le corps et l'âme conservent leur union intime.* C'est dans cet état que nous jouissons de la connaissance parfaite de nous-mêmes ; et les actions, les sensations et la volonté en harmonie avec le bien-être du corps, conservent aussi entre elles la juste proportion ; dans cet état qui peut être considéré comme intermédiaire, entre celui purement spirituel et celui des animaux, l'homme a devant lui, d'un côté un monde idéal, de l'autre un monde corporel. Aussi long-temps que sa personnalité résiste et qu'il conserve la connaissance de lui-même, il ne peut réellement entrer ni dans l'un ni dans l'autre de ces mondes, il ne peut qu'abaisser son idée en donnant l'empreinte de la vérité, de la beauté et de la bonté à ses notions, à ses sentiments et à ses actions ; mais il n'est pas en état de se transporter *lui-même dans cette région où l'idée parvient à l'état de pureté et de clarté,* ce n'est que libre *des entraves du corps qu'elle y arrive.* Voilà les deux limites entre lesquelles se tient l'existence de l'homme dans l'état de veille ordinaire.

L'existence d'un nouveau rapport spécifique peut seule changer cet état ; une impulsion donnée par une volonté étrangère et énergique, peut pénétrer

dans le cercle d'indifférence que détermine l'état
ordinaire; elle en ouvre les barrières, et en écarte
es constrastes jusqu'à un certain degré; alors, d'un
côté, *la partie humaine* devient plus spirituelle, elle
ne part plus de son premier point de vue, elle ne se
contente plus de contempler la région de l'âme
comme une constellation éloignée, mais elle s'y
transporte elle-même, elle franchit les limites des
sens et acquiert des organes nouveaux. D'un autre
côté, la partie organique, devenue plus matérielle,
cesse d'agir sur la partie spirituelle; dans cet état de
contrastes exaltés, l'homme devient capable de recevoir objectivement le principe vital même, ou de le
voir, de l'entendre et de le sentir, ce qui est impossible dans l'état de veille, puisqu'alors ce même
principe est activement ce qui entend, voit et sent,
et ne peut par conséquent être entendu, vu et senti
passivement.

Dans l'état de somnambulisme (qu'on peut encore
appeler veille magnétique, par opposition au sommeil magnétique simple) où les contrastes se trouvent exaltés, la partie spirituelle est moins liée à la
partie organique, l'œil de l'homme devenu plus intelligent, se place au-dessus du principe vital et le
reçoit objectivement. Dans cet état d'isolement, la
partie spirituelle s'affranchit elle-même de l'empire
du principe vital, et le regarde comme un être

subordonné; c'est alors que les somnambules étant soumis à la volonté énergique du magnétiseur, peuvent envoyer leur propre principe vital comme un messager pour prendre connaissance des régions les plus lointaines; leur âme alors, plus rapide qu'un rayon de la lumière, s'élance à des distances immenses, suivant ordinairement la direction prescrite par le magnétiseur, mais s'en affranchissant aussi quelquefois. Ici le mystère est immense, l'esprit s'y confond, et il ne nous est pas permis de le dévoiler.

C'est donc là ce principe vital qui s'attache aux corps par un lien indissoluble, sans y être aperçu dans l'état de veille ordinaire, parce que cet état n'admet aucun rapport spécifique, mais s'oppose plutôt à toutes les influences.

Nous avons admis que l'âme est un être simple, une émanation de la divinité (1), souverainement in-

(1) Il nous est difficile de nous faire une idée bien nette de cette émanation de la divinité que M. P. avait précédemment comparée à l'odeur qui émane de la rose, que l'Écriture Sainte appelle souffle de vie inspiré par Dieu même (*inspiravit in faciem ejus spiraculum vitæ*. Genèse, ch. 2, v. 7.); cette double expression de la même idée, en nous faisant connaître la sommité divine de laquelle notre âme est descendue, nous fait pressentir les éminentes facultés attachées à sa nature et sa céleste destination. Nous savons seulement que cette émanation n'est pas une portion de la divinité qui est essentiellement indivisible dans son unité. M. P. a réprouvé le panthéisme qui professe cette absurdité. Notre âme, a-t-il dit, ne possède de la

telligente et active, qu'elle connaît tout, car du moment qu'elle est séparée de notre corps, rien ne lui est plus caché, et ses facultés ne se trouvent bornées que par l'imperfection des sens matériels dont elle est enveloppée, et dont la surcharge la domine presque entièrement; que les âmes ont la faculté d'agir les unes sur les autres, ce qui est prouvé par la sympathie, l'antipathie, la communication des idées et toutes les affections morales; ceci posé, du point de vue moral, qu'est-ce que le somnambulisme?

L'action d'une âme sur une autre âme causant l'absorption plus ou moins complète des facultés physiques, et qui, réduisant le corps à un état purement végétatif, amène l'âme sur laquelle l'action a lieu, assez hors des sens pour voir, sentir et agir par elle-même, mais sans la mettre assez loin des sens pour opérer la désunion totale, ce qui serait la mort, et sans l'empêcher de conserver la communi-

nature de Dieu que l'immortalité, elle ne participe pas à la nature de Dieu, elle ne procède pas de Dieu, elle en émane... Dieu, l'être infini, tout puissant, a voulu un jour que l'homme fût et l'homme a été; puis l'homme a dit : Dieu m'a fait à son image! Sans doute, c'est surtout de son âme qu'il a voulu parler. Mais cependant quelle différence de cette âme avec Dieu dont elle émane, Dieu qui remplit tout! que l'espace ne peut contenir...: (Après quelques instants de silence, il dit :) J'ai cru qu'il me serait possible de vous dire ce que je voyais, je ne le puis pas.

cation nécessaire à la vie, à la parole, aux actions, su-
bordonnées à la volonté du magnétiseur; dans cet état
le somnambule peut parler de choses dont il n'avait
aucune notion préliminaire dans son état de veille,
puisque l'âme est douée à un degré éminent de toutes les connaissances, qu'elle a été en harmonie avec
l'universalité des êtres (1), qu'elle a reçu toutes les
impressions possibles, qu'elle se les rappelle toutes
du moment qu'elle n'est plus hébétée par la domination des sens physiques. Les souvenirs sont plus ou
moins parfaits suivant qu'on est plus ou moins libre;
il peut parler du passé et de l'avenir, puisque le
passé et l'avenir sont des connaissances, que l'âme
les a toutes, et que, quand elle est libre, elle les développe.

Les facultés somnambuliques ne se rencontrent
que rarement : car un petit nombre d'individus possèdent des sens assez souples pour permettre ainsi
à l'âme de s'échapper à moitié, ou pour ainsi dire
de rayonner comme à travers une légère tunique.

Ce que quelques somnambules ont désigné sous le
nom d'extase, n'est autre que le développement
complet de la faculté somnambulique qui, chez
beaucoup de somnambules, ne se développe qu'à
de courts et de rares intervalles; c'est alors que sor-

(1) Dans son état de préexistence, système que M. P. avait
exposé précédemment et dont il sera parlé ci-après.

tant de ces moments prétendus d'extase, ils font part au magnétiseur des choses dont ils ont acquis la connaissance pendant ces instants de parfaite lucidité ; mais chez le somnambule complétement lucide, on pourrait dire, en adoptant ce mot, que l'extase est continuelle, et les instants pendant lesquels il paraît le plus absorbé sont consacrés à régler ses idées, et à démêler ce qui doit être révélé ou caché.

Terminons par un court parallèle entre le somnambulisme naturel et le somnambulisme symptomatique ou artificiel. L'un est purement organique et individuel, et ne met le somnambule en communication qu'avec lui-même ; l'autre met le somnambule en communication directe avec le magnétiseur, et par suite de la volonté du magnétiseur avec l'universalité des êtres. Une portion seulement des facultés intellectuelles est éveillée chez le somnambule naturel, elles le sont toutes chez le somnambule magnétique ; pour qu'elles agissent, le magnétiseur n'a qu'à vouloir. Le somnambule naturel dépend de son imagination, de ses souvenirs et de certaines impressions corporelles ; le somnambule magnétique dépend de la volonté et des moyens du magnétiseur ; pour le somnambule magnétique le temple des merveilles éternelles et des secrets impénétrables est ouvert à son œil terrestre. Là est la digue contre laquelle vient se briser la volonté du magnétiseur ; quelle que soit sa puissance, il ne peut forcer le somnambule à révéler ce que seul il a la faculté de contempler.

Ici finit la dictée du traité de M. P., son départ immédiat pour les eaux, le rétablissement de sa santé qui s'en suivit, et la perte de sa lucidité qui en devint la conséquence, ne lui permirent pas de remettre la dernière main à cet ouvrage, et de faire un ensemble de plusieurs morceaux détachés qu'il avait dictés précédemment sur divers sujets. Je vais les transcrire ici : il y avait aussi quelques points qui auraient pû être éclaircis dans une revue générale qu'il a été impossible de faire.

Nous avons vu ce que M. P. avait dit sur l'intuition le premier jour où il commença à parler de ses facultés avec quelque étendue ; revenant plus tard sur ce qu'il avait dit, et voulant donner à son idée plus de développement, il fit ajouter ce qui suit :

1er juin 1839.—Un des effets de l'intuition est encore de nous faire connaître ce qui se passe intérieurement chez les malades avec lesquels nous sommes mis en rapport, d'une manière aussi certaine que ce qui se passe chez nous. Ainsi, lorsque je suis en rapport avec mon magnétiseur, ses pensées viennent se refléter chez moi, c'est là ce qu'on appelle le premier degré d'intuition. Lorsque je suis en rapport avec une autre personne, et que sa main est posée sur mon estomac, tout son corps, je dirai, passe dans

sa main, et vient se graver chez moi, comme dans
une chambre obscure les objets environnants viennent se dessiner sur le fond de la toile. Alors les yeux
de l'âme, je dirai, découvrent dans cette miniature
tout ce qui peut être vicié, et en même temps découvrent également les remèdes propres à guérir les
différentes affections dont elle peut être atteinte. Il
y a plus, je dirai même que lorsque le rapport est
établi, lorsque l'intuition est arrivée à son dernier
degré, il n'existerait pas la plus petite tache sur le
corps de l'individu avec lequel je suis en rapport, que
je ne puisse la deviner.

Je veux me servir des trois facultés que je possède (1) pour vous expliquer, pour vous faire comprendre autant que vous pourrez le faire, le premier,
le plus grand de nos mystères, celui de la Très-Sain-
te-Trinité.

L'intuition en se développant chez moi crée la
lucidité, la lucidité qui est la faculté de comprendre,
de sentir, de coordonner ses idées; de ces deux
facultés réunies procède la troisième qui est l'intelligence, faculté d'exprimer et de sentir les impressions produites par l'intuition et la lucidité. Ces
trois facultés réunies forment un tout qui est le

----

(1) Ces facultés étaient alors, l'intuition, la lucidité, l'intelligence; il ne possédait pas encore la clairvoyance et la vue
à distance, qui se sont développées ensuite chez lui d'une manière très-remarquable.

somnambulisme. Vous pouvez maintenant comme moi en tirer la conclusion.

19 juin. — Un autre jour, revenant sur ce mystère, il dit : quel mérite aurait le chrétien à croire ce que l'église lui enseigne, s'il lui était démontré qu'il ne peut pas faire autrement que de croire ce qui lui paraît incompréhensible! Cependant rien n'est plus clair, rien n'est plus simple pour moi que le mystère de la Sainte-Trinité. Ce que je vous ai dit devrait suffire à lever bien des doutes. *Je ne dois pas vous l'expliquer plus clairement* (1). *Il faut que la foi nous reste* pour les choses qui nous paraissent les plus incompréhensibles. La foi est la pierre fondamentale de la religion catholique, et combien peu d'hommes la possèdent.

26 avril 1839. — Il y a chez nous deux principes de perceptions bien distincts, l'âme et le corps ; l'âme qui perçoit les impressions physiques du corps, et le corps qui à son tour reçoit les impressions morales de l'âme ; l'âme immortelle, émanation de la divinité qui avant d'être enfermée dans notre corps était en relation directe avec Dieu, le comprenait, et qui maintenant oublie si vite ce créateur pour s'adonner entièrement aux penchants qui lui viennent du corps. Notre âme jouissait alors du même bonheur que les anges,

(1) Il est des choses que Dieu ne permet pas aux somnambules de divulguer, parce que leur manifestation changerait la situation dans laquelle il veut que la société reste placée.

que les saints ; mais Dieu qui a voulu qu'elle mé-
ritât ce bonheur, a voulu aussi qu'elle fût enfermée dans notre corps pour y soutenir le combat
que les anges eux-mêmes ont eu à soutenir au moment de la séparation des méchants avec les bons,
et les saints pendant leur vie. Car de même qu'un
soldat qui ne se distingue pas sur un champ de
bataille n'obtiendra pas la récompense que lui aurait valu une conduite courageuse, de même notre
âme ne sera plus admise en la présence de Dieu si
elle ne supporte pas avec courage les adversités qui
lui sont réservées en cette vie. Notre âme alors, lorsqu'elle était en la présence de Dieu, avait presque
comme Dieu la perception, la connaissance intime
de ce qui était bon et juste ; cette perception qu'elle
a perdue au moment où elle animait notre corps, lui
est en partie rendue par le magnétisme. C'est pourquoi lorsque nous sommes dans l'état de somnambulisme, rien de ce qui peut être bon pour nous ou
pour les personnes avec lesquelles nous sommes mis
en rapport ne nous échappe.

Le magnétisme a été permis, a été révélé à l'homme pour mettre un frein à son irréligion, car il est
impossible que celui qui a été témoin des effets produits par le magnétisme ne reconnaisse pas le doigt
de Dieu.

Il a été posé dans notre vie comme la borne au
milieu du stade romain, contre laquelle ceux qui

s'écartaient de la voie venaient briser leur char; de même ceux qui sont témoins du magnétisme et qui ne reconnaissent point la puissance de Dieu, brisent leur âme pour l'éternité.

27 avril. — Interrogé sur le temps qu'avait pu durer cette préexistence de chaque âme un peu avant qu'elle fût enfermée dans le corps, il dit ne pouvoir répondre à cette question. Il était préoccupé de la même idée lorsqu'il dit plus tard :

20 mai. — Quand Dieu, essence d'amour, d'intelligence et de bonté, a créé notre âme, il la créa pour une fin de bonheur. Mais il a voulu laisser à notre âme le libre arbitre de sa destinée ; à côté des vertus il a voulu placer les vices et lui laisser la liberté du choix. Si nous suivons la première route nous retournerons près de Dieu ; mais de quelle nature sont donc les récompenses qui nous attendent? C'est ici que la faiblesse de l'imagination de l'homme et la pauvreté de sa langue trouvent un obstacle insurmontable. Comment se faire une idée des joies célestes? De quelle nature sont-elles? Comment les ressentons-nous ?

Il n'y a point d'images, il n'y a point de paroles qui puissent en donner la plus faible idée.

Supposons pourtant que sous le ciel brillant de l'Italie, au milieu de la ville de marbre, de Venise, un enfant appartenant à la classe la plus élevée des patriciens vient de naître. Cet enfant grandira en-

touré de l'amour de son père et de sa mère, d'une famille nombreuse, éprouvant toutes les jouissances, en
un mot, que peuvent donner une fortune considérable,
et l'amour des personnes qui l'entourent ; arrivé à
l'âge de l'adolescence, cet enfant sera tout-à-coup, et
sans transition, arraché des bras de ses parents et
transporté par la puissance d'une volonté à laquelle
rien n'aura pu s'opposer, au fond de la Laponie. Là, au
lieu de son ciel brillant, de toutes les jouissances du
luxe dont il était entouré auparavant, il n'aura plus
qu'un ciel neigeux, une hutte et des vêtements de
peaux ; en même temps qu'il aura éprouvé un changement dans sa condition, il aura perdu jusqu'au souvenir de ce qu'il était précédemment. Supposons encore
qu'une tradition confuse lui apprenne qu'il existe un
pays où, au lieu de ce ciel brumeux, un soleil brillant
et vivificateur se fait constamment sentir, qu'au lieu
de ces misérables huttes il existe des palais de marbre, ornés de tout ce que l'imagination peut offrir de
plus riche, qu'au lieu de ces misérables peaux qui le
couvrent, la soie, le velours, l'or, brillent de toutes
parts sur les vêtements des habitans de ce pays,
son imagination bornée ne pourra le concevoir.
Mais si par une nouvelle transition aussi rapide que
la première, il était rendu à sa première condition, à la différence seulement que cette fois il con-
serverait le souvenir de la vie misérable qu'il avait
menée pendant ce qu'il appellera son exil ; son âme

alors, n'est-ce pas, serait inondée de délices. La joie qu'il éprouverait en retrouvant tout ce qu'il aurait perdu, en retrouvant surtout des parents remplis d'affection, l'anéantirait, si je puis le dire, dans un océan de bonheur. Eh! bien, quel que soit ce bonheur qu'il éprouverait, il n'est pas plus comparable à la joie que nous ressentirons un jour en nous retrouvant en la présence de Dieu, que ne pourrait l'être la lumière répandue par une chandelle comparée à celle du soleil; notre joie, notre bonheur, seront encore augmentés par le bonheur qu'éprouve Dieu, si je puis le dire, en voyant revenir à lui une âme qui aurait pu se perdre, car la bonté de Dieu, sa tendresse pour nous est incommensurable.

23 septembre 1839.—On adressa un jour à M. P. la question suivante : Lorsque vous avez dit que l'âme ne siégeait pas dans la glande pinéale, mais la volonté, vous avez fait pressentir une différence entre l'âme et la volonté; ne serions-nous pas échelonnés de plusieurs substances, n'aurions-nous pas, outre notre âme immortelle, des facultés communes aux animaux, comme la mémoire, la volonté, l'instinct résultant des sensations, lesquels seraient les auxiliaires de notre âme? Ces facultés pouvant avoir chez nous différents siéges, n'a-t-on pas pu, en fixant son idée sur quelques-unes, les confondre avec l'âme et se méprendre sur sa nature?

Après quelques minutes de réflexion, M. P. répondit : Certainement les facultés qui existent en nous sont bien distinctes de l'âme, et ne peuvent être considérées comme émanant de l'âme immortelle qui nous anime. L'âme, comme je l'ai dit, étant une émanation de la divinité, conserve toujours, quoique placée chez nous, créature mortelle, un principe de son origine. Or, ce qui émane de Dieu, ce qui tient à son essence, ne peut être mauvais, et cependant que de vices résident en nous? S'il n'existait pas chez nous des instincts, des penchants de nature toute opposée, toute différente de la nature de notre âme, nous obéirions assurément à l'impulsion vers le bien que nous recevons d'elle, et on ne verrait certes pas les crimes et les vices que l'on rencontre dans la société. Mais d'où nous viennent ces instincts, d'où nous viennent ces penchants?... (Silence prolongé.) Cet instinct vers le mal est inhérent à la nature humaine.... pour que nous ayons le mérite de lutter contre lui, avec les inspirations du bien qui nous viennent de l'âme. L'âme! comment comprendre, comment définir l'âme! où siége-t-elle en nous? les philosophes n'ont pu ni la comprendre ni la définir. On a confondu l'âme avec les instincts, les penchants, les sentiments dont nous ressentons journellement les effets. Mais comment naissent en nous ces instincts, ces penchants, ces sentiments? d'où nous viennent-ils? beaucoup moins de nous-mêmes que des objets extérieurs qui nous environnent. Qu'est-ce qui développerait en moi, par exemple, le plus profond des sentiments que nous puissions ressentir, l'amour? Si je ne rencontrais dans le monde une femme réunissant les qualités, les attraits, dont à l'avance j'ai dit qu'une femme devait être ornée pour me plaire, ce sentiment ne naîtrait pas chez moi. Voilà un sentiment qui ne vient pas de l'âme, qui me vient de l'imagination ; mes yeux sont frappés d'un objet, les nerfs de ma rétine portent au cerveau le sentiment de ce qui a frappé ma vue, le *sensorium* reçoit l'impression de ce sentiment. La glande pinéale qui occupe le centre du *sensorium*, transmet à mes nerfs et à toutes les parties de mon individu cette même impression ; un travail interne qu'il est impossible de définir, s'opère en moi, et un sentiment qui n'est le produit ni de mon âme ni de ma volonté, se développe chez moi.

Il est impossible de déterminer de quelle substance est notre âme, c'est un être immatériel. Chez les animaux le principe de vie qui les anime ne peut être assimilé à la nature de notre âme, il y a chez eux un principe que l'on peut considérer comme émanant de la volonté de Dieu, mais qui ne possède rien de la nature de Dieu. Notre âme ne possède de cette nature que l'immortalité. Le principe qui anime les animaux n'est qu'une faculté émanant de la volonté de Dieu, mais n'en conservant aucune des attributions, aucun rapport avec lui..... Il me manque des expressions pour vous expliquer cela... Tout ce qu'on peut dire, en un mot, c'est que les animaux sont parce que Dieu veut qu'ils soient.

Analyse et parallèle du fluide magnétique et du fluide électrique.

Pour vous faire bien comprendre ce que j'aurai à vous expliquer, je devrai aborder quelques-unes des propositions de physique généralement adoptées. je ne ferai que les effleurer, de manière cependant à être clair mais concis. Je ne serai pas toujours d'accord avec les propositions adoptées, mais une théorie nouvelle pourrait être établie de ce que je vais dire. Si quelques observations vous paraissaient nécessaires pour l'intelligence de ce que j'avancerai, vous me les ferez après la séance, mais pas pendant que je dicterai.

Pour développer convenablement et donner les preuves de ce que j'avancerai, il nous faudrait peut-être un grand nombre de séances, j'espère cependant y parvenir en deux séances.

L'air atmosphérique, en prenant cent pour unité, est composé de 73 parties de gaz azote et de 27 parties d'oxygène. L'oxygène est dans l'air la partie nécessaire, indispensable à la conservation de la vie de tout ce qui existe : si cependant il se trouvait en plus grande abondance ou qu'il fût dégagé de l'azote, l'air deviendrait trop pénétrant, trop respirable, et consumerait la vie. Si au contraire l'azote existait seul, l'air serait irrespirable, mortel : les animaux que l'on plonge dans l'azote dégagé d'oxygène, sont aussitôt suffoqués. Unis, ces deux principes forment un tout invisible, impalpable, l'air. Séparés, décomposés, ils deviennent, je dirai, presque visibles et palpables et sont la base d'une infinité de préparations et de combinaisons chimiques et physiques. Les gaz peuvent être définis : des fluides aériformes, compressibles, élastiques, transparents, quelquefois invisibles, impalpables, inodores, toujours incolores, incondensables par le froid, miscibles à l'air en toute proportion, ayant toutes les apparences de l'air, mais ne pouvant jamais ni le remplacer ni en faire les fonctions. Une certaine quantité de l'air que nous respirons est absorbée et réservée par les poumons et mélangée avec le sang au moment où il traverse les poumons, aussi dans la décomposition de ce fluide, outre ses principes constitutifs, on trouve quelques parties d'azote et d'oxygène.

J'ai dit qu'il y avait quelque rapport, quelque analogie entre la nature et les effets des fluides électrique et magnétique. De même que j'ai établi qu'il existait deux espèces de fluide magnétique, le fluide magnétique solaire, et le fluide magnétique animal; de même aussi j'établirai l'existence de deux fluides électriques : le fluide électrique élémentaire, et le fluide électrique factice, obtenu soit par le frottement soit par la communication. Ni l'une ni l'autre de ces quatre espèces de fluide n'a pu encore être décomposée, échappant à l'analyse par la subtilité de leur nature. Maintenant j'avance que le fluide électrique élémentaire est composé de cyanogène 86 parties, hydrogène 14. Le cyanogène ou air inflammable est produit par la combinaison de l'azote avec le gaz carbonique qui existe en grande quantité dans les nuages. L'hydrogène n'est pas, ainsi que l'ont avancé presque tous les physiciens, le principe constitutif de l'eau, mais au contraire un fluide émanant de l'eau. Le fluide électrique factice est encore, suivant les physiciens, composé de deux fluides inconnus, de natures différentes, se neutralisant l'un l'autre, existant dans les corps sans se révéler par aucuns signes extérieurs, jusqu'à ce que des procédés physiques ou des circonstances fortuites viennent les en dégager. Par corps je n'entends pas seulement ce qui existe ou ce qui végète, mais même la matière morte. J'avance encore que le fluide électrique factice est composé de 62 parties de calorique, 24 de cyanogène, 14 d'azote pur entraîné et extrait de l'air par les deux premiers fluides. Le calorique est en termes généraux un fluide extrêmement subtil qui, obéissant aux lois de l'attraction, pénètre ou abandonne suivant les circonstances les pores des

corps pour y produire l'écartement ou le rapprochement des molécules, et dont la présence nous fait
éprouver la chaleur. Il y a diverses espèces de calo-
riques; celui qui entre dans la composition du fluide
électrique et que nous retrouvons aussi dans la composition du fluide magnétique, est le fluide calorique
rayonnant qui, en vertu de sa propention à être
constamment en équilibre, passe avec rapidité, mais
sans devenir lumineux, d'un corps où il abonde dans
un autre où il manque, ou dans lequel il est en trop
faible proportion. Il y a deux fluides électriques,
comme deux fluides magnétiques. Le globe terrestre est considéré comme la source inépuisable du
fluide électrique existant dans les corps. Le soleil
est considéré comme le réservoir universel, le grand
dispensateur du fluide magnétique existant dans les
corps. Le fluide électrique existant dans les corps y
réside sans se révéler jusqu'à ce que par des procédés physiques on l'extraie de ces mêmes corps;
mais pour extraire le fluide électrique il faut avoir
recours, comme je l'ai dit, à des procédés physiques, le condenser dans un récipient et au moyen
d'un conducteur le diriger sur un point donné. Le
fluide magnétique existant dans les corps n'a besoin
pour être mis en mouvement que de notre seule
volonté, qui suffit pour le diriger sur un point quelconque; tous deux produisent des effets visibles et
sensibles et agissent principalement sur le sys-

tème nerveux. Le fluide électrique, par suite de la quantité de cyanogène qu'il contient, se révèle à l'approche de certains corps par des étincelles brillantes et visibles pour tout le monde.; on peut même enflammer quelques-uns de ces corps ; le fluide magnétique au contraire ne contenant qu'une partie infiniment petite de cyanogène ne devient visible que pour quelques somnambules auxquels il se révèle par des étincelles ou bluettes magnétiques, mais qui dans aucun cas ne font sentir leur action ou enflammer aucun corps.

Je me bornerai à ces deux points de rapprochement et de comparaison des deux fluides.

M. P. répondit ainsi à une observation qui lui fut faite : « Il n'y a dans l'air ni gaz carbonique ni hydrogène, il est seulement composé d'oxygène et d'azote. L'hydrogène et le gaz carbonique sont seulement dans les nuages. »

Comme on lui observa ensuite que dans sa décomposition de l'air en 73 parties d'azote et 27 d'oxygène il était en désaccord avec les chimistes qui avaient trouvé 79 parties d'azote et 21 d'oxygène, il répondit qu'il était certain de ce qu'il avait avancé, que les différences trouvées dans les résultats venaient de ce que dans les premières expériences les appareils étaient en cuivre, et que le cuivre absorbant l'oxygène, on trouvait plus de gaz azote dans le résultat ; que Biot qui s'était servi d'appareils en verre et en platine avait trouvé le même résultat que lui.

21 janvier 1841.—Dans la première partie de cette analyse , nous avons vu que le fluide électrique était considéré comme composé de deux fluides de natures différentes combinés entre eux , jusqu'à ce que mis en action , ils donnassent chacun les phénomènes qui leur sont propres. Nous avons trouvé la composition de ce fluide, dans lequel les principes constitutifs de l'aimant occupent une place assez notable , et sans connaître encore parfaitement les différentes espèces de fluides magnétiques , nous avons établi un parallèle entre leurs effets et leur mode d'action; nous allons aujourd'hui nous occuper des fluides magnétiques ; nous examinerons d'abord les deux seuls admis en physique , celui émanant de l'aimant et celui émanant du globe terrestre. Nous ne reviendrons sur ce que nous avons déjà vu du fluide animal , sur ce que je vous ait dit de sa formation , de sa transmission et de ses effets, que pour confirmer nos premiers dires.

L'aimant a été considéré long-temps comme une simple pierre, possédant la propriété d'attirer le fer; mais les phénomènes qui dépendent de cette propriété et leur cause, étaient inconnus. Quoique le fluide magnétique soit soumis aux mêmes lois que le fluide électrique, l'expérience a démontré une grande différence entre les effets de l'un et de l'autre. De la correspondance entre les deux théories

on en est venu aussi à concevoir les fluides magnétiques comme composés de deux fluides de nature
différente, combinés entre eux dans les corps (dans
le fer, par exemple), qui ne donnent aucun signe de
magnétisme, et dégagés dans celui passé à l'état
d'aimant. Les molécules de chaque fluide se repoussent entre elles et attirent celles de l'autre fluide.

Tout fluide émanant d'un corps magnétique, même
après sa décomposition, reste dans l'intérieur de ce
corps; les deux fluides, dégagés de leur combinaisons primitive, se portent vers les extrémités opposées de ce corps et y produisent des effets relatifs à
ceux de l'électricité vitrée et à ceux de l'électricité
résineuse. Ces deux extrémités s'appellent pôles.
Chaque corps n'a jamais que sa quantité de fluide
qui est constante, de sorte qu'il ne peut ni recevoir
une quantité additionnelle de fluide, autre que celui
qu'il possède naturellement et par sa propre nature,
ni en céder aux corps avec lesquels il peut être mis
en contact, en sorte que le passage à l'état de magnétisme dépend uniquement du dégagement des
deux fluides qui composent le fluide magnétique
naturel, et de leur transport vers l'extrémité des
corps.

Dans l'aimant et le fer, le fluide magnétique reste
constamment dans les corps, sans augmentation ni
diminution, et sans jamais se produire au dehors.

L'action du magnétisme se transmet librement et

à travers tous les corps qui ne sont pas susceptibles de l'acquérir : que l'on interpose une glace, une planche, une plaque de cuivre entre deux aimants, on ne remarquera aucune altération sensible dans leur action réciproque.

Pour moins fatiguer votre attention, nous n'établirons pas le parallèle entre le fluide magnétique animal et celui que nous venons d'examiner. Vous pourrez comme nous, reconnaître les analogies et les inanalogies.

Les phénomènes naturels du magnétisme terrestre, comparés à ceux de l'électricité animale, présentent les différences les plus tranchées.

Ceux qui appartiennent à l'électricité ne sont sensibles que dans des circonstances locales et variables. Le magnétisme terrestre exerce une action invincible et durable. Le globe terrestre fait, à l'égard de l'aiguille aimantée, la même fonction qu'un aimant agissant sur un autre, c'est-à-dire, que l'aiguille abandonnée à la force de ce vaste corps magnétique, prend une direction qui va d'un pôle à l'autre.

Le fer, que la main bienfaisante de Dieu, qui a créé l'univers, a répandu dans le sein de la terre avec une profusion proportionnée au service qu'il nous rend, ne se trouve pas seulement réuni dans les mines d'où nous le tirons pour satisfaire à nos besoins, mais il s'introduit partout et remplit la nature entière de ses modifications.

C'est à l'abondance de ce minéral et à la quantité de fluide qu'il contient, et qui tend universellement, constamment, à une direction polaire, que l'on doit la constance de la tendance qu'a l'aiguille aimantée à se tourner vers des points fixes. C'est à sa présence et à sa combinaison avec diverses bases, que la plupart des minéraux doivent leur coloration; c'est par ce contact souvent invisible et inappréciable, que quelques cristaux, le nickel et le cobalt, doivent la vertu magnétique plus ou moins forte qu'ils possèdent. C'est à sa présence dans les nuages que l'on doit le cyanogène qui s'en échappe, et forme la base du fluide électrique élémentaire. Nous le retrouverons aussi dans la composition du sang.

J'ai dit qu'une certaine partie de l'air se mêlait au sang pendant son cours. J'ai dit que le fluide magnétique animal pouvait être considéré comme l'esprit du sang. De l'exactitude de ces deux propositions dérive la preuve de la formation du fluide magnétique animal.

Le sang se compose de deux parties apparentes, une partie aqueuse, et une partie colorée dite *crassamentum;* c'est à l'oxygène rouge de fer et au sulfate de fer que cette partie doit sa coloration. Nous y trouvons encore quelques parties de soufre, de chaux et de carbone; nous trouvons donc réunis en nous les principes nécessaires pour former un fluide analogue à celui que nous recevons du soleil. Nous y trouvons analogie avec le fluide électrique élémentaire. Le fluide magnétique du globe terrestre et celui de l'aimant sont homogènes ; les fluides magnétique et solaire sont homogènes entre eux, et hétérogènes avec le fluide magnétique terrestre et celui de l'aimant.

De cette inanalogie entre eux venaient les accidents que présentaient souvent les magnétisations avec le secours des baquets.

On a voulu admettre des pôles chez les hommes comme chez les aimants. De ce qu'on a vu que les fluides des aimants se repoussaient l'un et l'autre, lorsqu'on les présentait l'un à l'autre par les mêmes pôles, de même aussi, on a pensé qu'un magnétiseur ne refoulait la douleur qui se manifestait à la tête, par exemple, en imposant les mains, que parce qu'il introduisait un fluide de même nature que celui qui s'y portait avec trop de force. L'expérience détruit cette opinion, en montrant que dans toutes les parties de notre corps, le fluide magnétique est le même.

Nous savons depuis long-temps ce qu'est le fluide magnétique animal, comment il se forme et agit ; quant aux élements dont il est composé, j'avance qu'on y trouve, à des quantités presque inappréciables, gaz oxygène, azote, hydrogène, carbonique, cyanogène, qui, en prenant mille pour unité, se trouvaient (en prenant une chose connue et appréciable, le calorique, pour un inconnu et impondérable, la vapeur éthérée du sang) mêlés dans ce fluide, dans la proportion de 32 sur 968.

Déduisez les analogies et les inanalogies. Quant à nous, nous terminerons par une comparaison succincte des fluides électrique et magnétique.

Le fluide électrique étend son empire sur tous les corps de la nature, le fluide solaire également; mais le fluide magnétique humain et le fluide qui émane de l'aimant (et en cela seul ils ont quelque analogie), bornent leur action à un nombre très-restreint d'objets. Le fluide électrique tantôt se communique d'un corps à l'autre, tantôt reste engagé dans les corps où il s'est décomposé : toujours il faut la volonté pour transmettre le fluide magnétique animal, et jamais le fluide magnétique terrestre ne partage son fluide avec un autre corps, il reste constamment enchaîné sous les pores des corps où il existe.

L'électricité se manifeste aux yeux par des jets de lumière, par de bruyantes étincelles. Le magnétisme, quel qu'il soit, agit paisiblement et en silence, il ne se manifeste que par les mouvements et les effets qu'il inspire aux corps en prise avec son action. Les phénomènes électriques excitent un étonnement plus vif, les phénomènes magnétiques une admiraration plus tranquille.

1er juin 1839.—Comment se fait-il que la transmission du fluide d'un individu chez un autre, puisse opérer les effets dont nous sommes témoins tous les jours?

Je ne vous parlerai encore que d'effets physiques : une douleur, par exemple, un violent mal de tête se fait sentir chez un individu, c'est une accumulation du fluide nerveux qui quelquefois vient entraver la circulation du sang, le fait séjourner trop long-temps dans les vaisseaux qui traversent le cerveau, et occasionne cette douleur. Le magnétiseur survient, qui impose les mains et fait passer dans la tête du magnétisé une quantité de fluide encore plus grande que celle qui y était contenue. Si c'est à la trop grande quantité de fluide renfermé dans la tête que vous devez la douleur que vous éprouvez, cette douleur augmentera donc encore si vous augmentez la quantité du fluide? Non, car le fluide qui passe du magnétiseur chez le magnétisé, étant plus actif, plus vigoureux, je dirai, que celui contenu dans les vaisseaux du malade, comprimera ce fluide, et le forcera à reprendre son cours naturel, puis encore lorsque le rapport est bien établi, et que le magnétiseur fait ses passes en descendant, son fluide qui, comme je l'ai dit, est beaucoup plus fort que celui du malade, et qui suit le mouvement de ses mains, entraîne avec lui l'excédent du fluide qui était contenu dans la partie affectée, la circulation qui était entravée reprend son cours, et la douleur ne tarde pas à disparaître.

5 juin. — Un médecin avait donné cette question à résoudre à M. P. : Quelle est la somme d'action du fluide magnétique sur le grand sympathique, et quelle

est l'influence de ce fluide sur l'ensemble de nos organes ?

(M. P. regretta que le médecin n'ait pu venir lui proposer lui-même cette question qui, faite par celui qui la possédait, devait en réfléter sur lui l'intelligence, tandis qu'elle lui était transmise par un tiers, qui, ne sachant pas plus que lui ce que c'était que le grand sympathique, ne pouvait comprendre ce qu'il disait ; il lui fallut donc beaucoup de temps et de travail pour étudier et connaître le grand sympathique (1). Après toutes ces recherches, il dit :

C'est de la glande pinéale que part notre volonté, c'est de la cavité qu'elle occupe, que l'on pourrait appeler le palais de l'imagination. Il existe dans la même partie du cerveau, un organe que l'on peut considérer comme faisant la contre-partie, le complément de la glande pinéale, et que l'on nomme le *sensorium commune*; c'est sur cet organe que viennent se réfléchir, que viennent se graver toutes les impressions physiques que nous pouvons ressentir sur les différentes parties de notre corps. Les nerfs qui forment la base de l'organisation physique, par lesquels nous

(1) Lorsque le magnétiseur, dit-il plus tard en rendant compte de cette impression, est bien pénétré du sens de la question qu'il adresse au magnétisé, que son attention est constamment portée sur cet objet, l'attention du magnétisé lui-même se trouve plus concentrée, et il éprouve beaucoup moins de peine à résoudre la question soumise à sa lucidité.

percevons les sensations extérieures se subdivisent en trois classes : les nerfs encéphaliques qui sortent par le trou placé à la base du crâne ; les nerfs rachidiens qui prennent naissance à la moëlle épinière, et sortent par les trous placés le long de la colonne vertébrale ; les nerfs composés, mélangés des nerfs encéphaliques et des nerfs rachidiens, lorsqu'ils viennent se rencontrer à une certaine distance de leur point d'origine ; le grand sympathique, le premier des nerfs encéphaliques, après avoir porté ses branches principales dans les trois principales cavités du corps humain, la tête, la poitrine et l'abdomen, se subdivise en une infinité de rameaux et de fibriles que l'on retrouve dans toutes les parties de notre corps.

13 juin.— On distingue chez nous trois sympathies différentes : sympathie de sensibilité, sympathie d'irritabilité, sympathie de tonicité. Ainsi dans certaines affections, dans les affections d'entrailles par exemple, la sensibilité que vous y éprouvez, détermine l'irritation de la poitrine, parce que les branches du grand sympathique ou du trisplanchnique, si vous l'aimez mieux, portent de l'abdomen dans la poitrine les sensations douloureuses qu'il éprouve dans la première de ces cavités. Le fluide magnétique, étant considéré comme l'agent qui donne à nos nerfs la sensibilité, devra s'appeler agent nervi-moteur, c'est-à-dire, susceptible de transmettre au cerveau les

impressions, les sensations que nos nerfs peuvent recevoir dans les différentes parties de notre corps. L'action par laquelle nos nerfs opéreront cette fonction, s'appellera nervi-motion. Nos nerfs possèdent encore une autre faculté que j'appellerai nervi-motilité, c'est-à-dire, la faculté qu'ils possèdent, qui est inhérente à leur espèce, de se mouvoir et de transmettre au cerveau les modifications qu'ils peuvent recevoir par l'application d'un agent ou d'un corps étranger quelconque.

Lorsque pour développer chez moi le somnambulisme vous me faites des insufflations à la poitrine, vous avez alors la volonté de développer chez moi cette faculté, et d'augmenter par là ma lucidité. Le grand sympathique chez moi absorbe ces insufflations, les transmet au cerveau, et le résultat que vous cherchiez à obtenir se développe chez moi. Le grand sympathique est, de tous les nerfs, le plus sensible au fluide magnétique et à son action, mais il faut qu'il y ait entre les individus sympathie dans l'acception ordinaire de ce mot, c'est-à-dire, disposition qu'ont deux corps étrangers l'un à l'autre, mais cependant de même nature, à se confondre, à se mélanger d'une manière intime ; alors par suite de la nervi-motilité, les impressions que vous cherchez à faire naître chez moi, sont transmises au sensorium, et développent la faculté qui réside en moi.

Il y aurait encore là bien des choses à dire sur

cette question. Je n'ai pas besoin de vous expliquer la sympathie de sensibilité, d'irritabilité et de tonicité : elles sont connues de tous les médecins.

Quant à la seconde partie de la question (quelle est l'influence du fluide magnétique sur l'ensemble de nos organes?), j'y ai déjà répondu par avance (p. 90), en vous expliquant comment l'accumulation du fluide magnétique sur une partie quelconque, pouvait, en entravant les fonctions des autres vaisseaux qui traversent cette même partie, y déterminer une irritation, une inflammation, une douleur. Ce que je vous ai dit, relativement au mal de tête, peut s'appliquer aux autres affections.

2ᶜ QUESTION. Quel rôle joue ce nerf (le grand sympathique) dans les différentes maladies ou lésions auxquelles l'organisation de l'homme est exposée?

R. Suivant les anatomistes, notre chair est considérée comme la partie rouge des muscles, tandis que, effectivement, elle est un composé d'une partie de ces muscles, d'une infinité de fibrilles nerveuses, et aussi d'une grande quantité de vaisseaux capillaires sanguins, car quelle que soit la partie de notre corps où nous pouvons faire la plus légère piqûre, en même temps que nous rencontrons des vaisseaux sanguins; nous rencontrerons aussi des parties nerveuses. Si la chair était uniquement composée de la partie rouge des muscles, il existerait certaines parties où nous ne trouverions pas de sang, et où nous n'éprouverions aucune sensibilité. L'action des nerfs est donc immédiate dans toutes les douleurs et dans toutes les affections que nous pouvons éprouver, puisqu'en eux seuls réside le système de sensibilité de tout notre corps.

9 juin 1840. — Dans tout ce que je vous ai dit, je vous ai donné à comprendre que nos nerfs reportaient au cerveau les sensations physiques qu'ils ressentaient dans les différentes parties de notre corps. Le *sensorium* est le centre commun vers lequel se rapportent toutes ces sensations. A ce mode d'action de percevoir nos sensations, se rapporte une question qui m'a été posée, celle de savoir comment il se faisait qu'un malade crût encore ressentir à l'extrémité d'un membre coupé, la douleur qu'il ressentait avant l'amputation. J'ai répondu que cela tenait au mode de sensibilité des nerfs rachidiens composés. Prenons pour exemple un des quadrijumaux ; que si l'on coupe à un pouce environ de son attache, la face antérieure de ce nerf, le tronçon attaché au rachis ne conservera aucune sensibilité, tandis que la partie que ce nerf traverse, conservera toute la sienne. Voilà un fait qui a été constaté par des observations réitérées, et dont cependant on ne peut se rendre compte.

J'ai dit que le fluide magnétique était le principe qui donnait à nos nerfs leur flexibilité et leur sensibilité. Le tronçon coupé n'en conserve aucune, parce que, dans les nerfs comme dans les autres vaisseaux, comme dans les artères, par exemple, le fluide qui s'en échappe et que rien n'arrête, ne communique plus au tronçon le mode de sensibilité qui lui était propre, tandis que la partie qui a été séparée, reçoit encore de la partie postérieure du nerf, tout le fluide nerveux qui lui arrive par l'épine dorsale, et transmet par cette même voie, jusqu'au centre où nous recevons nos impressions, jusqu'au *sensorium*, les impressions qu'il reçoit. Ainsi, ce n'est pas véritablement au membre qui a été coupé, que le malade croit encore ressentir une douleur, mais c'est parce que la sensation, venant de l'extrémité des nerfs qui lui restent (et qu'il ne peut pas faire la différence de la perception de la douleur qu'il ressentait auparavant), il croit ressentir à l'extrémité du membre, la douleur qu'effectivement il ressent à l'extrémité du nerf qui lui reste.

Supplément donné quatre jours plus tard.

13 juin. — Dans la dernière séance, j'ai omis de vous expliquer quelque chose. J'ai dit que lorsque l'on avait coupé la face antérieure du nerf rachidien, la partie que ce nerf traversait, conservait encore sa sensibilité, tandis que le tronçon perdait la sienne; je vous ai expliqué comment il se faisait que cette partie pût encore conserver sa sensibilité, après la section de la première partie du nerf; mais je ne vous ai pas dit comment le tronçon conservait, lui, sa

sensibilité. Tant que la face postérieure du nerf communiquait avec la partie inférieure de ce nerf et lui transmettait le fluide magnétique, le tronçon de la partie antérieure n'avait pas de sensibilité, parce que le système d'attraction qui réside dans toutes les parties de notre corps, attirait vers la partie inférieure du nerf le fluide qui aurait dû passer par la partie antérieure; mais lorsque la solution de continuité a été complète, le nerf que rien ne maintenait plus dans la position qu'il occupait auparavant, se crispe, se ride, et par là empêche le fluide de s'échapper assez promptement pour qu'il perde entièrement sa sensibilité.

Un jour, le magnétiseur voulant exercer par sa volonté l'action du fluide sur le *sensorium* de M. P., voulut qu'il trouvât à de l'eau pure magnétisée avec cette intention, le goût de sirop de groseille framboisé, et il le lui fit trouver; il lui fit ensuite cette question : Si le magnétiseur peut faire trouver au somnambule, dans l'état de somnambulisme, le goût qu'il veut à l'eau qu'il vient de magnétiser, peut-il donner à cette eau la vertu des substances dont il fait trouver le goût?

R. Non. Si par l'effet de votre volonté, je trouve à de l'eau magnétisée le goût que vous voulez, le pouvoir de votre volonté, qui s'exerce sur moi dans cette circonstance, ne s'étend pas jusqu'à changer la nature de l'eau, qui reste toujours la même.

Un jour qu'un Allemand assistait à la séance, le magnétiseur demanda à M. P. s'il pourrait comprendre une langue étrangère.

R. Si vous, mon magnétiseur, me parliez allemand, je vous comprendrais, parce que, comme je vous l'ai dit, vos pensées viennent se réfléter chez moi, et que ce n'est pas seulement à vos paroles que je réponds, mais à vos pensées; les relations qui existent entre vous et moi sont bien plus intimes que celles qui résultent de la mise en rapport avec un autre individu. Si cependant, après un certain temps, j'étais en rapport fréquent avec une personne parlant une langue étrangère, par suite des rapports qui existeraient entre elle et moi, mon intelligence finirait par comprendre la question qu'elle m'adresserait.

12 janvier. — M. P. indiqua une manière de le magnétiser pour produire chez lui un somnambulisme plus complet. On met pendant quelques instants les deux mains sur la tête, et on fait des insufflations sur les deux pouces réunis au-dessus du nez, entre les deux yeux; laissant ensuite une main dans cette position, et descendant l'autre sur l'épigastre, on met le pouce sur le creux de l'estomac, et on y fait des insufflations. Si le calme augmente, on descend l'autre main, on les réunit toutes les deux, les pouces sur le plexus, et les autres doigts allongés sur les côtés; on fait encore des insufflations sur les pouces réunis.

Le plexus solaire, dit-il, est un entrelacement de nerfs très-près de la peau, et immédiatement après la région épigastrique. C'est l'endroit le plus susceptible d'impressions magnétiques et celui qui en absorbe davantage. Il semblerait que le plexus ne nous ait été donné que pour servir au magnétisme, car il ne sert à rien, et ne remplit aucune fonction.

C'est le plus grand entrelacement des nerfs ; il se trouve situé entre la région diaphragmatique et celle épigastrique. Il donne naissance à presque tous les plexus situés dans la partie abdominale. Le prolongement, la division la plus considérable du plexus solaire est le plexus ciliaque. Ce plexus suit la veine ciliaque et ses trois ramifications, et se subdivise comme elle en trois plexus différents. Le premier est le plexus coronaire stomachique qui entoure l'artère de ce nom et fournit de nombreux ganglions qui le recouvrent ; le plexus hépathique suit dans sa distribution l'artère de la veine porte et se subdivise en deux parties ; l'une inférieure forme le plexus de la veine de l'artère gastroépiploïque droite, et la partie supérieure forme le plexus plus considérable qui enveloppe la vésicule biliaire, et suit à travers la substance du foie le conduit systépatique, et tout l'appareil servant à la sécrétion de la bile (1).

M. P., particulièrement occupé des questions scien-

(1) M. P. dans son état de veille n'avait aucune connaissance de toutes ces choses et encore moins de leurs dénominations.

tifiques dont il sentait toute l'utilité, évitait le plus qu'il lui était possible de donner des consultations qui l'eussent détourné de ce travail ; il ne s'y prêtait que pour des personnes qui étaient dans son intimité, mais il y excellait comme dans tout ce dont il s'occupait. Pour en donner une idée, je me contenterai des deux citations suivantes.

Consultation donnée à Mme de C.

Toute l'attention doit se porter sur l'affection dont le foie est atteint. Cette affection est celle désignée sous le nom d'hépatocistique, c'est-à-dire, dans laquelle en même temps qu'il y a affection au foie, il y a également affection de la vésicule biliaire.

Le foie est composé d'une réunion assez considérable de petites glandes, qui, elles-mêmes, sont composées d'une infinité d'espèces de petites éponges, réunies par un tissu celluleux, et destinées à la sépation de la bile d'avec le sang. La bile, après sa séparation, est portée dans le vésicule biliaire ou cholochiste, qui se trouve placée sous le lobe droit du foie ; la bile s'épanche ensuite par le conduit cholédoque dans le duodenum, qui est le premier des intestins grêles. C'est sur le côté et à l'orifice du conduit cholédoque que s'est déclaré le kiste dont vous êtes atteinte. Par suite d'une obstruction survenue à un pouce et demi environ du conduit cholédoque, la bile ne pouvait plus arriver dans le duodenum, il y avait donc engorgement dans la vésicule biliaire et l'orifice du conduit. Le conduit cholédoque, étant composé de trois membranes superposées les unes sur les autres, et les deux membranes internes étant beaucoup plus sensibles, beaucoup plus délicates que la membrane extérieure, il y a eu lésion des deux premières membranes et épanchement biliaire dans la première, qui, étant d'une nature dilatable, a cédé à la pression qui lui venait de l'intérieur, et s'est arrondie en forme de poche, formant la grosseur que vous sentez d'un côté.

J'ai dit au commencement que le foie était atteint aussi d'une maladie qui lui était particulière. Cette maladie est celle désignée sous le nom d'hepathoparechtame, dans laquelle le foie acquiert un volume considérable ; par suite de ce développement, le foie vient à peser sur la vessie et sur les reins, et vous donne cette difficulté d'uriner et ces douleurs de reins que vous éprouvez.

M. P. indiqua ensuite les remèdes à suivre ; Mme de C... s'y conforma exactement, et fut guérie en peu de mois d'une maladie qui la faisait souffrir depuis quelques années, et lui donnait des inquiétudes fondées.

Dans une consultation pour Mlle N..., il indiqua le sirop suivant qui lui rendit la santé.

Sirop de véronique, ainsi qu'il a été conseillé par Zulbeger, Hoffman, et autres médecins allemands.

Je conseille de le faire soi-même.

Prendre des fleurs de veronica officinalis, deux poignées entre graine et fleur, quand la fleur est bien épanouie, feuilles de bugle, de scabieuse, de sanicle, de capillaire nommée ruta muraria, de consoude, de pulmonaire, de chaque une poignée. Cinq à six feuilles d'ache, fleurs de violettes, de pas d'âne, de buglosse, de bourrache, de chaque une demi-once.

Infuser dans quatre litres d'eau de rivière ou de moulin battue; faire réduire à moitié, passer dans un linge, y ajouter racine de réglisse, jujubes sibestres, raisins de damas, figues, dattes, de chaque une demi-once. Faites réduire de nouveau jusqu'à un litre. Préparer du sirop une livre étant clarifié, y verser la décoction de toutes ces plantes, y faire faire un bouillon, le passer de nouveau à travers un linge, et en prendre deux cuillerées à jeun tous les matins, à une heure d'intervalle; la deuxième, deux heures avant le repas.

Dissertation sur les vers.

Nous consacrerons une séance pour vous faire connaître les diverses espèces de vers qui vivent en nous, aujourd'hui nous ne nous occuperons que des vers dits intestins. Ils se subdivisent en trois grandes classes, les vers ronds, les vers plats, les vers vésiculaires.

Le ver plat et le ver vésiculaire, par leur structure anatomique, semblent tenir de la famille des zoophites ; les vers ronds, au contraire, semblent se rapprocher du ver proprement dit.

Les vers ronds forment deux familles, l'ascaride et le trichocéphale. Les ascarides se subdivisent en deux classes : l'ascaride vermiculaire, très-commun chez les enfants, long de trois à douze lignes ; les ascarides lombricoïdes, plus communs chez les adultes, longs de six à huit pouces, blancs, avec une raie sanguinolente, terminée par une tête qui se distingue à peine, et munie d'un appareil absorbant. Le trichocéphale, dont le corps, de la longueur à peu près d'une épingle, est conformé en massue et terminé par une queue à peu près aussi longue que le corps ; la tête de cette espèce de vers est également munie d'un appareil absorbant.

Les vers plats forment deux familles, les ténia qui se subdivisent en quatre classes, les fascicoles qui n'en forment qu'une seule. Les ténia prennent quelquefois un développement considérable de plusieurs mètres, sont plats, articulés ; l'extrémité du corps est terminée par une tête tuberculeuse armée de trois suçoirs, ils sont grisâtres, avec des stigmates noirs de chaque côté, aux articulations. Les quatre espèces sont, le *tenia vulgaris*, le *tenia solium*, le *tenia canina*, espèce commune à l'homme et au chien, le *tenia lata*. Les fascicoles sont longs de trois à six pouces, bruns, rayés de jaune ; les deux extrémités de ces vers sont armées d'une espèce de trompe, au moyen de laquelle ils s'attachent aux intestins, à peu près comme la sangsue s'attache après le corps.

Les vers vésiculaires ont été ainsi nommés, à cause d'une vessie ordinairement transparente, située à l'extrémité de leurs corps. Les différentes espèces sont les cysticerques; ils ont les caractères communs du tenia, plus la vessie à leur extrémité. Il y en a de trois espèces, le *cystercus finus*, le *cystercus lineatus*, le *cystercus discustus*. Une autre famille, le ditrachicéros, dont la tête est divisée en deux espèces de trompes en forme de corne, d'une apparence rugueuse à leur surface.

(La suite de cette dissertation n'a pu avoir lieu faute de temps).

Une dame à laquelle M. P. avait conseillé les eaux de Balaruc, avait entendu parler d'autres eaux, qu'elle croyait situées aussi dans le département de l'Isère, et voulait connaître ce qu'il en pensait; alors M. P., qui était tourné vers le nord, se retourna vers le midi, pour explorer ce pays par la vue, à distance; après un quart d'heure environ d'observation, il dit : je vois dans ce département plusieurs sources d'eaux minérales, mais je n'en vois pas qui conviennent aussi bien que celles de Balaruc, que j'ai indiquées, parce qu'elles contiennent de l'iode, tandis qu'il n'y en a pas dans les autres.

Dans la séance suivante, il demanda un diction-
naire ou étaient indiquées les différentes espèces
d'eaux minérales et leurs vertus, lut, les yeux fermés,
l'article des eaux de Balaruc, et d'autres encore avec
autant de facilité que s'il avait les yeux ouverts. Il
s'arrêta sur les eaux de Voghera, en Italie, auxquelles il trouva une grande affinité avec celles de
Balaruc, à cause de leur voisinage de la Méditerranée, et des infiltrations des eaux salées qu'elles recevaient; il entra dans le détail de leur formation, et
dit qu'elles communiquaient toutes deux, par un conduit souterrain, à un étang salé, qui tirait ses eaux
de la Méditerranée. Ces eaux étant de même nature,
M. P. conseilla toujours celles de Balaruc, comme
étant moins éloignées.

La même personne désirant savoir si les eaux de
Celles pourraient lui convenir, M. P. y fit un voyage
mental, et donna les plus grands détails sur ce qui
les concernait. Ce pays, dit-il, est assez vilain, il n'y
a que deux sources dont on fasse principalement
usage. Les eaux sont peu actives, elles ne contiennent guère qu'un centigramme de partie alcaline par
livre. Elles n'ont que 25 degrés de chaleur, tandis
que celles de Balaruc en ont 36. Il fit ensuite l'analyse et la comparaison de ces deux espèces d'eaux,
en indiquant la quantité de fer et de différents sels
que chacune contient.

M. P., ayant magnétisé et rendu somnambule

Mme C..., fit l'expérience suivante : il lui donna à sentir une feuille de chèvrefeuille, elle la reconnut ; il voulut ensuite que cette fleur fit sur elle l'impression d'une rose blanche, et lui dit : êtes-vous bien sûre que c'est du chèvrefeuille? regardez-bien. Pendant ce temps-là, l'influence de sa volonté s'exerçait, et la fleur devint pour Mme C... une rose blanche.

Un autre jour, M. P. mit entre les mains de Mme C... une fleur de lilas de Perse ; elle la sentit et lui dit ce que c'était : M. P. demanda ensuite à une dame de l'assistance, quels changements elle désirait voir s'opérer à l'égard de cette fleur ; elle dit : jasmin d'abord, réséda ensuite. M. P. présenta de nouveau la fleur à Mme C... Elle la repoussa en lui disant : vous savez bien que je n'aime pas le jasmin. Puis il lui donna le parfum du réséda ; alors Mme C... le prit avec plaisir, et le plaça devant elle en disant : j'aime bien le réséda.

M. P. fit encore une expérience plus difficile. Mme C... portait une branche de girofléc blanche, chargée de quatre fleurs. M. P. écrivit sur un morceau de papier le nom de quatre fleurs, *rose, jasmin, œillet, orange,* pour nous faire connaître les changements qu'il voulait opérer sur les différentes parties de cette giroflée. Il dit ensuite à Mme C... qu'est-ce que vous avez là ? — C'est une giroflée, répondit-elle ; puis posant quatre doigts, et dirigeant chacune de ses quatre intentions sur chacune des fleurs, il dit à Mme C... êtes-vous bien sûre que c'est une giroflée ?

regardez. — Vous la changez, dit-elle, cela porte à la tête, surtout la fleur d'orange, le jasmin est agréable, mais de loin : il n'y a de doux que la rose, parce que l'œillet est trop fort pour moi. Quelque temps après elle dit : C'est redevenu giroflée.

Ces exemples nous prouvent, comme M. P. l'avance dans sa théorie, que le fluide est le véhicule qui transmet les sensations au cerveau par le canal des nerfs, et que la volonté du magnétiseur agissant directement sur le fluide, dans l'état de somnambulisme, peut imprimer par son moyen sur les organes des sens, la même action que produirait sur eux tel ou tel objet extérieur. Cette fascination des sens peut avoir lieu aussi, à l'égard de l'eau magnétisée, à laquelle on donne la saveur que l'on veut; on peut également faire en sorte qu'une potion très-mauvaise, paraisse moins désagréable. Les somnambules très-sensibles aux impressions du fluide, peuvent seuls éprouver ces effets.

Conversations particulières.

Je demandais un jour à M. P. comment un somnambule pouvait connaître les noms des substances qu'il indiquait, n'en ayant aucune notion dans son état de veille ; il me répondit que c'était inhérent à la faculté somnambulique et son complément nécessaire, que l'un n'était pas plus difficile que l'autre.

Un autre jour, où nous nous entretenions du magnétisme, il me dit que pour bien magnétiser, il était inutile d'employer beaucoup de force ; la tension de l'esprit fatigue le magnétiseur, et par conséquent le magnétisé, les grands mouvements sont inutiles. Il faut, dans l'exercice du magnétisme, du calme, de l'attention et de l'aisance.

Lui ayant parlé de l'état d'extase, il me dit que ce n'était pas un état particulier, mais la sommité de l'état magnétique ; qu'il y avait atteint quelquefois, lorsqu'il était occupé de la considération de questions élevées ; que ces questions ne le fatiguaient pas, parce que, dans l'état d'intuition somnambulique, l'âme étant relevée presque jusqu'à son point de départ, à celui de sa création, elle avait pour ainsi dire à sa disposition le livre de la nature, et pouvait le feuilleter jusqu'à ce qu'elle eût trouvé ce qu'elle cherchait. Alors l'énoncé s'en présente à l'intelligence, non par l'effet d'un travail d'esprit qui, dans l'état de veille, est toujours pénible, mais par celui d'une intuition facile et simple, comme quand on lit quelque chose ; que, pour faciliter cette intuition, il ne fallait pas que le magnétiseur fît des efforts extraordinaires, mais seulement qu'il pensât à la question, afin de maintenir l'attention du somnambule sur le sujet, et d'en rendre la perception plus facile ; que cependant il ne fallait pas qu'il se mît dans la tête aucun système qui pourrait exercer de l'influence sur le somnambule et le faire tomber dans des erreurs ; qu'il fallait seulement le maintenir sur la voie de ce qu'il devait chercher. (1)

Si l'on occupait tous les jours un somnambule de questions abstraites, cela le fatiguerait; mais en ne le faisant que de temps en temps, environ deux fois par semaine, cela ne peut lui faire de mal.

Ce n'est pas du tout, dit-il, un travail du cerveau; je ne fais que répéter ce que je vois, ce que je lis, pour ainsi dire; je ne suis pas plus fatigué que lorsque, dans l'état de veille, on lit quelque chose d'un peu abstrait.

M. P. déplorait l'extravagance de ceux qui usent à des futilités, les admirables facultés des somnambules ou en arrêtent le développement, en les employant à des tours de force de volonté, de clairvoyance ou de vue à distance, qui n'ont aucun but d'utilité, et qui les fatiguent extrêmement. On ne doit les occuper que du soulagement des personnes souffrantes, ou du perfectionnement d'une science, qui a cet objet pour but spécial.

Il y a bien peu de personnes qui soient capables de conduire m agnétisme comme il convient.

(1) Cette disposition est bien simple, c'est un état de recueillement, de calme, accompagné d'un grand désir de s'instruire; c'est celui où l'on se trouve naturellement quand on a un somnambule duquel on espère tirer de grandes lumières.

CHAPIRE III.

—

Victor, âgé de seize ans et demi, peu développé alors au physique et au moral, était somnambule naturel, et se relevait souvent pendant la nuit pour aller faire quelque ouvrage dans le jardin. Cette disposition ayant fait présumer qu'il pourrait devenir somnambule magnétique, M. Florion, à qui j'avais appris à magnétiser, en fit l'épreuve; dès la première séance, nous pûmes remarquer chez lui le germe des facultés les plus distinguées; il parlait sans éprouver de gêne, s'occupait volontiers des malades, possédait la clairvoyance, et se portait vers la vue à distance pour les temps comme pour les lieux. Dès la seconde séance (c'était le 8 janvier 1840, et le thermomètre de Réaumur marquait alors sept degrés au-dessous de zéro), il avait très-froid aux pieds, M. Florion les lui a réchauffés en moins d'une minute par l'action de sa volonté.

Le 9, il ordonna une bonne consultation et prescrivit l'usage de plantes dont il ignorait la propriété dans son état de veille; ses connaissances étaient d'ailleurs très-bornées sur ce point, car, quelques mois plus tard, comme je lui demandais de la fumeterre dont le jardin était rempli, et dont il avait prescrit l'usage fort souvent, il me dit qu'il ne la connaissait pas.

Le 10, il répondit à la pensée de son magnétiseur qui lui avait demandé mentalement s'il dormait; sa lucidité croissait sensiblement, et on l'exerçait par des consultations qu'il donnait d'abord pour des incommodités peu graves. Après son réveil, on ne lui disait pas qu'il avait parlé pendant son sommeil; on lui demanda un jour s'il fallait le lui dire, il répondit : il vaut mieux que je ne sache pas; il ignora donc fort long-temps qu'il donnait des consultations; d'ailleurs, il ne tenait aucun compte du magnétisme dans son état de veille, cela le contrariait même d'être magnétisé, et il n'y consentait que par obéissance. Dès le quatrième jour, il dit qu'il avait des vers, entre autres un qui avait du poil à la tête et un pied de long.

Quelques jours après, on lui dit de chercher le moyen de se débarrasser de son ver solitaire ; il s'était ordonné pour les autres de la graine de tanaisie à prendre le matin à jeun dans de la pomme cuite, et ce remède avait réussi ; pour l'aider à en trouver un bon (1), nous nous servîmes du moyen que M. Tardi de Montruvel avait employé avec Mlle N., sa somnambule, qu'il traitait pour la même maladie (en avril 1785) ; il lui avait offert le choix des remèdes indiqués par M. Audri, médecin : c'était l'eau de plantain, l'eau de millepertuis, la racine de fougère ; Victor les trouva insuffisants, ainsi que l'avait jugé Mlle N. ; mais aussitôt qu'on leur eût nommé le quatrième, l'écorce d'oranges amères, et le lait de graine de chenevis, il s'écria : « Oh ! celui-là est un fameux remède. C'est un remède auquel je n'avais pas encore pensé, le mien est souverain, mais je crois que celui-là a encore quelque chose au-dessus. » Il fut en cela d'accord avec Mlle N. qui l'avait choisi. Mais comme dans l'ouvrage de M. de Montruvel, la manière dont fallait le préparer n'était pas indiquée, on la demanda à Victor. Il faut, dit-il, prendre un verre et demi de graine de chenevis, la faire bouillir seule dans l'eau pendant vingt-quatre heures ; faire bouillir séparé-

---

(1) Il en avait indiqué un de l'efficacité duquel il répondait, mais il était trop dégoûtant à employer.

ment pendant deux heures la peau d'une bonne orange amère ou de deux petites, réunir le tout, et le faire bouillir pendant une heure. La quantité d'eau n'ayant pas été désignée, on la lui demanda le lendemain, il dit qu'il faudrait qu'elle fût telle que celle du liquide à prendre soit réduite à deux verres (1).

Le lendemain jeudi, 16 janvier, il dit : Je couve une maladie.... des tranchées.... je vais être malade dimanche comme un pauvre malheureux. On lui demanda de chercher un moyen de prévenir le mal, mais Victor, toujours plus porté à penser aux maladies des autres qu'aux siennes, donna d'abord une consultation. On le ramena à s'occuper de lui, en lui disant qu'il fallait bien qu'il se traitât pour pouvoir être utile aux autres. Il dit alors : ah! c'est vrai.... Après demain cela me prendra dans la nuit, la grande souffrance sera à trois heures du matin, le dimanche; j'ai déjà eu une crise comme celle-là il y a six mois.... il faudra que je prenne une décoction de trente-trois feuilles de pervenche réduite à un verre après avoir bouilli pendant trois ou quatre heures. Cela n'empêchera pas le mal, mais cela l'adoucira. Demain je sentirai beaucoup de mal si je dois avoir ma crise samedi (il n'était pas encore bien

(1) Voyez le 1er volume du *Journal du traitement Magnétique de* Mlle N., par M. T. de M. (1786).

sûr alors de l'époque précise). Il fut convenu avec lui qu'il prendrait cette potion en crise, qu'il ne faudrait pas qu'il soupât auparavant, que dans sa crise du lendemain il déciderait s'il fallait la prendre de suite ou la remettre au jour suivant.

Le 17, il n'avait encore éprouvé aucune indisposition, il annonça définitivement sa crise de souffrances pour le surlendemain dimanche, à six heures du matin ; il dit qu'elle serait passée pour neuf heures, qu'alors il pourrait manger un peu de soupe. La potion de pervenche fut donc remise au lendemain où il la prit en crise, et en raison de tout cela, il différa jusqu'au mardi suivant celle qui était destinée à tuer le ver solitaire. Victor dit à l'occasion de quelqu'un qui avait les fibres du cerveau dérangées, et était sujet à l'influence de la lune, que celle du soleil était toujours la même, parce qu'il envoie toujours la même quantité de rayons, mais que celle de la lune était inégale, parce qu'elle réfléchissait inégalement les rayons du soleil, et que son influence dépendant de la plus ou moins grande quantité de rayons qu'elle repercute, elle n'était complète qu'en pleine lune.

Le 19, vers six heures du matin, Victor, comme il l'avait annoncé, commença à souffrir ; peu après il se leva, et eut une violente crise de nerfs ; il était couché sur le plancher, et s'y roulait en se contractant, lorsque M. Florion vint le trouver ; il eut de la peine à le mettre en crise magnétique, cependant il y parvint, le fit remettre dans son lit et le calma ; après un bon quart d'heure d'un sommeil tranquille, il le quitta pendant une heure environ, ayant su de lui auparavant qu'il ne se réveillerait pas avant ce temps-là, et qu'il pouvait le laisser seul, pourvu qu'on pensât toujours à lui. Il n'eut plus que des crises légères, et dit que sans sa potion et sans le magnétisme (qui lui avait été puissamment administré) sa crise eût été bien plus douloureuse et plus longue.

En raison de cette disposition nerveuse qui existait chez lui, il éprouvait avant son réveil trois commotions à une minute ou deux de distance, quelquefois en étendant les jambes il renversait la chaise qui se trouvait devant lui. On savait alors qu'il allait se réveiller, et quand il y avait plusieurs personnes à la séance, elles avaient soin de sortir pour qu'il ne fût pas intimidé par leur présence à son réveil ; il était en général très-impressionnable, le bruit que faisait la porte quand on l'ouvrait ou qu'on la fermait, lui était très-désagréable ; son magnétiseur neutralisait cependant cette impression par sa volonté quand il en était prévenu. Victor souffrait aussi beaucoup d'entendre rire ; toutes ces susceptibilités disparurent au bout d'environ quinze jours, et lorsqu'il fut guéri de sa maladie nerveuse, il n'éprouva plus que pendant quarante jours ses trois commotions nerveuses.

Le 24, au soir, il prit en crise sa potion vermi-
fuge, il n'avait rien mangé depuis son déjeuner. Le
lendemain à dix heures et demie du matin, on le
mit en crise pour savoir des nouvelles de son ver, il
dit qu'il était mort, et qu'il le rendrait par morceaux; on lui demanda si on ne pouvait pas le lui
faire rendre de suite en lui faisant prendre un vomitif, il dit que ce serait trop difficile. Son magnétiseur
tenait beaucoup à avoir le ver, mais Victor était
alors très-préoccupé du repas de Saint-Vincent qui
devait avoir lieu dans quelques heures, et comme il
comptait bien s'y dédommager de son jeûne de la
veille, l'idée de le faire vomir lui parut très-inop-
portune et il la rejeta.

Quelqu'un ayant eu un doigt écrasé, il dit à cette
occasion, que dans les contusions tout ce qu'il y
avait à faire était d'empêcher qu'il ne restât du sang
extravasé, et qu'il fallait le faire sortir en faisant
une piqûre à la partie affectée et en la mettant dans
l'eau; quand c'est à la tête il faut mettre une compresse d'eau fraîche sur l'ouverture qu'on s'est faite.

Comme Victor cherchait le nom d'une plante qu'il
ne pouvait trouver quoiqu'il l'eût presque sur les lè-
vres, il dit à son magnétiseur que pour le faire sortir il
fallait lui donner un coup de poing sur la tête; il lui
en donna un, mais avec ménagement, et cela ne
produisit rien, Victor aussitôt prit son élan et de
toute la force de son bras droit se donna un coup de

poing bien appliqué ; à l'instant et avec la prestesse de l'étincelle que le briquet fait sortir de la pierre, le mot se présente, et Victor dit bien haut : *la potentille.* Il indiqua ensuite deux autres plantes ; la scolopendre et la fougère femelle, ou polypode ; il dit que cette dernière poussait dans les bois ; on lui demanda à quel endroit de la forêt on pourrait en trouver ; comme il ne le voyait pas bien, il se donna encore un grand coup de poing à la tête sans prévenir, et aussitôt il indiqua le canton et dit que plus on avançait dans le bois de ce côté plus on en trouvait (il n'y avait jamais été).

Le **23**, à dix heures et demie du matin, il eut des envies de vomir lorsqu'il travaillait au jardin, et comme on ne l'avait pas prévenu qu'il fallait qu'il rendit son ver par cette voie, il s'efforça de les vaincre. Elles se passèrent et le ver prit une autre direction. A la séance du soir, on lui en demanda des nouvelles ; comme il ne voyait pas bien clairement ce qu'il était devenu, il se donna un grand coup de poing à la tête, et vit alors qu'il n'était plus dans l'estomac, qu'il ne pouvait plus le vomir, et que depuis la veille à dix heures du matin qu'il était mort, il n'était plus reconnaissable (1). Son magnétiseur le regretta beaucoup, quand à Victor, comme

(1) Pareil désappointement survint à M. Tardi de Montruvel, par rapport au ver de Mlle N. Voyez tome Ier, p. 112.

il n'en souffrait plus, il n'en demanda pas davantage. On lui défendit de se donner à l'avenir des coups de poing pour aider sa lucidité qui se développa de plus en plus sans ce moyen.

Le 25, Victor dit qu'on le faisait *rêver* trop souvent (c'est ainsi qu'il appelait ses crises magnétiques), qu'il ne fallait pas qu'il *rêvât* plus de deux fois par semaine (il est à remarquer que ce fut après un pareil nombre de séances que M. P. manifesta le désir de n'avoir plus de crises complètes que tous les quatre jours).

Comme il se relevait presque toutes les nuits pour faire des courses dans son état de somnambulisme naturel, on lui dit de chercher un moyen de s'en empêcher. Il me faut, dit-il, une plante qui vient sur le bord du bois, qui fleurit blanc comme des perce-neige. — N'est-ce pas de l'anémone sylvie? lui dit-on. — Oui, c'est cela, les feuilles sont persillées, la plante vient dans les bois, la tige pousse deux, trois, ou quatre fleurs bordées de rouge en dehors, les pétales sont petites, la plante n'est pas haute. Vous prendrez les feuilles, ou plutôt la racine, car elles ne sont pas encore poussées, il y a un petit cœur à présent, la racine est blanche, un peu jaune, fourchue, il en faudra prendre une poignée et la mettre cuire avec environ vingt feuilles de pervenche pendant trois ou quatre heures; il faudra mettre assez d'eau pour que la potion étant réduite, je puisse en prendre un verre et demi pendant trois jours en dormant, et recommencer ce remède tous les mois.

Comme on ne put trouver d'anémone sylvie, que rien ne caractérisait encore, il substitua un autre jour à ce remède, une décoction de racine de populage.

Le 1er février, il en prit une tasse dans sa crise ; son magnétiseur l'avait tenue dans ses mains pendant quelque temps avec l'intention de l'améliorer, car cette potion était très-mauvaise, et en effet Victor la but sans répugnance. Cette épreuve fut renouvelée en diverses circonstances. Ce jour là, à la fin de la séance, on lui donna un petit papier enveloppé ; avant de l'avoir touché, il dit : ce sont des cheveux; il les développa , les mit dans sa main, puis sur son épigastre ; il reconnut qu'ils venaient de quelqu'un de très-malade, et comme il était fatigué, il remit les cheveux dans le papier et le serra bien, pour s'en occuper le lendemain.

A ce second examen, il trouva le malade incurable. Il réfléchit ensuite long-temps, en parlant seul à voix basse, portant sa main sur sa poitrine, et s'arrêtant vers le cœur. Son magnétiseur l'entendant parler, voulut lui répondre, Victor le fit taire en lui disant : ce n'est pas à vous que je parle. Quand il eut fini, il dit de son ton de voix ordinaire : il a une grande inflammation au cœur, le cœur est enflé, je n'y vois pas de remède.

On l'engagea à en chercher un, il s'y appliqua, et comme cette recherche l'avait très-fatigué, et qu'il avait un vif désir de soulager le malade, il dit que le lendemain on pourrait l'endormir chez lui. Nous y allâmes, le malade n'avait presque plus de connaissance depuis plusieurs jours, et était au dernier période d'une maladie de cœur ; le médecin regardait sa fin comme très-prochaine, tout essai de remèdes ne pouvait avoir pour résultat que de prolonger un peu son existence. Victor, après l'avoir bien examiné, prescrivit différents remèdes, comme compresses et boissons douces ; mais il y en avait un qu'il cherchait et qu'il avait bien de la peine à trouver. — C'est le meilleur, dit-il, pour chasser l'inflammation du cœur tout de suite. On lui demanda si c'était une plante. — Non, reprit-il, c'est une eau, l'eau d'une fontaine. Il y en a plusieurs, il y en a une du côté de Château-Thierry, il y en a de meilleurs ailleurs. — Il faut chercher la meilleure. — L'eau du Mont.... — Est-ce du Mont-d'Or ? — Oui, c'est cela. Elle sort d'une grande montagne, je la vois, est-ce que vous ne la voyez pas ? tenez, par là (et il en indiquait la direction vers le sud sud-ouest), c'est une grande montagne.|

Le malade obtint, du traitement de Victor, tout le soulagement que sa position pouvait permettre, il eut une évacuation salutaire qu'on attendait en vain depuis plus de huit jours, sa connaissance lui revint, il n'avait conservé aucun souvenir de ce qui s'était passé depuis une quinzaine de jours.

Il y eut chez lui une amélioration progressive, pendant trois semaines. Le 26, il resta levé une grande partie de l'après-midi, ceux qui venaient le voir étaient étonnés de le trouver aussi bien, mais d'autres symptômes inquiétants s'étant manifestés ensuite, et la position s'étant aggravée, le malade crut devoir recourir à son médecin. Victor, qui d'ailleurs avait déclaré la maladie incurable, ne fut plus consulté ; ce mieux passager fut tout ce qu'il avait pu obtenir, et le malade succomba au bout de quelque temps.

Sur ces entrefaites, Victor avait éprouvé une secousse fâcheuse, il avait été maltraité toute la journée du 4 février par le jardinier avec lequel il travaillait, et à qui il avait trouvé le cerveau un peu dérangé ; le soir, il était tout démoralisé, son sommeil s'en ressentit ; ce qui l'affectait se développa chez lui avec force, il dit qu'il voulait retourner chez lui le lendemain, exprima cette volonté avec beaucoup de véhémence et de ténacité, et ne voulait plus donner de consultations, puisque, disait-il, il allait quitter la maison. Il consentit enfin à s'occuper de deux personnes qu'il avait déjà vues ; il avait perdu près d'une heure à parler de son départ, de ce qu'il ferait ensuite, et de mille divagations. M. Florion, pour le calmer, voulut le magnétiser à grands courants, Victor se révolta, mais enfin il fut obligé de céder à une grande puissance magnétique, devint calme, et passa dans un second sommeil; lorsqu'il en sortit pour rentrer dans l'état de veille magnétique, il prit le dernier verre de la potion de populage qu'il s'était ordonnée, et qu'il avait refusée jusqu'alors. Il regarda quelque temps les gravures de la bible, et en lut les titres. Après son réveil, il ne fut plus question des idées qui l'agitaient, son moral avait été guéri par le second sommeil qui lui avait été procuré à cet effet. Sa crise, en raison de tous ces incidents, dura près de deux heures et demie (1).

Le 8, Victor raconta qu'il ne courait plus la nuit, que les potions qu'il avait prises lui avait lié les jambes, mais qu'il faudrait qu'il en reprît dans trois semaines.

Le 14, on le mit en rapport avec M. H. Il trouva que le mal dont il était attaqué à la tête, était bien ancien et produisait un écoulement par les oreilles, dont la source était comme un abcès. On lui en demanda la cause, il la chercha long-temps, et dans la crainte de le trop fatiguer, on lui fit ajourner ce travail; il resta un quart d'heure à se reposer dans une

(1) Je cite cet exemple entre beaucoup d'autres pour donner une idée des impressions qui peuvent démolir un somnambule bien lucide, et de la puissance de l'action magnétique pour le réhabiliter.

espèce de sommeil pendant lequel il parlait tout bas. On comprit par son monologue qu'il l'avait vue, mais qu'il la trouvait trop étrange pour oser la dire. Le lendemain on le remit en crise pour achever sa recherche. Après une nouvelle étude du sujet, il dit qu'il voyait bien la cause du mal, mais qu'il ne voulait pas la dire, parce qu'on ne voudrait pas le croire. On lui fit bien des instances inutiles; enfin, quelqu'un lui ayant promis une belle image, il y consentit, à condition qu'il le confierait tout bas à son magnétiseur; il lui dit alors : *c'est une épingle*, et comme chacun prêtait l'oreille, on entendit la confidence. M. Florion lui dit : eh! bien, c'est précisément cela, et nous voulions savoir si tu saurais bien le trouver, et il lui raconta qu'il y avait environ quinze ans, M. H., âgé de cinq à six ans, avait avalé une épingle qui s'était logée dans ces régions-là, qu'on lui avait fait subir pour cela plusieurs traitements, que depuis ce temps-là il en avait toujours souffert, et qu'il s'était formé derrière la tête une espèce de dépôt qui s'écoulait de temps en temps par les oreilles; je n'osais pas le dire, reprit Victor, parce que je pensais que vous croiriez que c'était *une blague*. Il indiqua la position de l'épingle placée debout, la pointe en haut, à l'endroit d'où partait l'écoulement. On lui demanda comment l'épingle avait fait pour y arriver. Oh! dit-il, ce serait bien long à vous raconter. On lui dit de chercher le remède, il remit cela au lendemain. Le 16, il observa bien M. H., se leva, regarda sa tête, la mania et dit : l'épingle est presque mangée par la rouille... il faut trouver un moyen de la faire consommer un peu plus vite... Il ne souffre pas beaucoup, mais il est toujours bien gêné. Il indiqua le remède suivant : prenez 20 grammes de graisse humaine, 12 de graisse de blaireau, 35 de graisse d'ours blanc, 14 d'huile de serpent, 5 d'huile de fourmis. Faites cuire les trois graisses dans un vase, pendant trois quarts d'heure, versez-y ensuite les huiles en les battant, après avoir retiré le vase de dessus le feu, prenez de la ouatte, la plus fine qu'on pourra trouver, faites-la tremper dans cet onguent et mettez-là dans les deux oreilles : ce qui reste de l'épingle, sortira par l'une ou par l'autre. Il faut employer ce remède tous les jours, pendant deux mois. Comme M. H. souffrait peu, et que les ingrédients de l'onguent étaient difficiles à se procurer, le remède ne fut pas essayé. On était suffisamment satisfait de voir que Victor avait pu trouver la cause de la maladie. Il avait annoncé quelques jours d'avance, que le 1er mars à dix heures du matin, il aurait une crise de nerfs, et s'était prescrit le matin, la même potion de pervenche qu'il avait prise la dernière fois. A dix heures, comme il était dans le jardin, il lui prit une crise qui lui dura environ une minute. Son magnétiseur, qui le surveillait, le fit revenir dans sa chambre et l'endormit, il eut encore quelques mouments de nerfs, mais ce n'était rien, en comparaison de ce qu'il avait éprouvé le 19 janvier.

Le 19 mars, comme il fallait porter remède à ces sortes d'accidents, on lui prescrivit d'en chercher un. Il faudra, dit-il, après y avoir bien réfléchi, prendre un seau d'eau bien fraîche et me le jeter sur la tête dans le moment où cela me prendra. Il n'y a pas de moyen plus sûr que celui-là. Vous me renfermerez et vous m'arroserez deux ou trois minutes avant que la crise me prenne. Comme c'était difficile à exécuter, on lui proposa, comme moyen plus facile, de le jeter la tête la première dans le bassin du jardin ; il approuva beaucoup cet expédient et le préféra à l'autre ; eh ! bien, dit-il, c'est pourtant un fameux remède, il n'y en a peut-être pas encore de si souverain. Il ne faudra pas que je le sache. On lui demanda s'il serait long-temps à avoir une crise nerveuse, il dit qu'il ne pouvait encore le prévoir. — En auras-tu avant Pâques ? — Oh ! oui, plutôt deux qu'une.

Le 19, il annonça sa prochaine crise pour le jeudi 26, à trois heures cinq minutes du soir.

Le 23, il réitéra la même annonce. M. Florion lui lut les vingt propositions de M. P., sur le fluide magnétique et le somnambulisme (1) ; il les écouta avec beaucoup d'attention et sans interrompre, sinon

(1) Voyez ci-dessus, page 41 et suivantes.

pour dire qu'il ne fallait pas rire en lisant cela. Ce qui avait porté à rire, c'était l'attention profonde avec laquelle Victor écoutait des choses qui semblaient être au-dessus de son intelligence et exprimées en termes qui devaient lui être étrangers. La lecture finie, il réfléchit quelque temps sur ce qu'il avait entendu, et se félicita de posséder maintenant la faculté de la vue à distance.

Le jeudi 26, il était un peu malade, avait de la fièvre ; il alla se coucher vers trois heures et on l'endormit ; sa crise nerveuse lui prit pendant son sommeil magnétique, trois minutes plus tard qu'il ne l'avait annoncée, parce que, dit-il, il avait eu de la fièvre. Il se fit tirer les bras avec violence ; dans ses crises, cela le soulageait ; il en eut quelques-unes dans l'espace d'une demi-heure ; il dit ensuite qu'il allait avoir la fièvre, il l'eut en effet pendant la nuit, à froid et à chaud. Il approuva la résolution qu'on avait prise, de ne pas lui faire prendre son bain dans cette circonstance. Le lendemain matin, d'après son ordonnance, il prit un grain et demi d'émétique ; après qu'il eût vomi il était fort mal à son aise, on l'endormit, il s'ordonna pour sa fièvre, une poignée de bourse-à-pasteur pilée, mise dans un sac attaché à son cou et appliqué en cataplasme sur l'estomac, pendant 24 heures. Il eut encore un peu de fièvre dans la nuit, à cause de la fatigue du vomitif, et très-peu la nuit suivante. Quelques jours après, comme il avait très-mal aux yeux, il s'ordonna de les laver avec de l'eau de rivière, et de se faire percer les oreilles, cela lui fit bien.

Victor donnait assez souvent des consultations, il dit qu'il serait toujours somnambule magnétique, qu'à cause des ouvrages qu'il avait à faire dans le jardin, les consultations lui étaient très-pénibles, que l'hiver prochain il serait plus lucide parce qu'il serait moins fatigué et en même temps plus exercé et plus développé que l'hiver dernier.

Il parlait quelquefois de son ange qui venait le visiter; mais il traitait ce sujet très-rarement, par respect et par discrétion; son magnétiseur lui demanda un jour s'il le voyait souvent. — Il vient me rendre visite tous les jours que je dors, il est auprès de moi, je le vois. — Mais il n'a pas de corps. — Je le sais bien; on dirait qu'il est à genoux, qu'il a une figure naturelle; jamais je n'ai pu le toucher, je l'ai essayé quelquefois, il m'échappe toujours; il a une belle figure, une couronne sur la tête, une ceinture blanche qui le lie d'ici (des reins), et qui se répand comme cela; il a des bras et des jambes, ordinairement il ne tient rien; je le reconnais bien. — Vois-tu quelquefois des mauvais anges? — Je n'ai jamais vu de mauvais anges, ce sont des diables (cette question lui parut très-déplacée). Les somnambules, ajouta-t-il, ont plusieurs facultés, je n'ai pas celle d'apprécier les choses et de les représenter comme

M. P., il en a que je n'ai pas, et j'en ai qu'il n'a pas,
il ne saurait comme moi voir dans l'avenir. On lui
parla des choses qu'il avait annoncées : Si je l'ai dit,
c'est d'après mon ange, je ne dis rien que par son
aide.

Victor commence toujours ses crises par un état
d'anéantissement, où il est comme mort; il ne sent
ni n'entend, c'est un état qui lui est particulier, car
tous les somnambules peuvent être réveillés quand le
magnétiseur le veut. Il reste dans cet état plus ou
moins de temps, ordinairement un quart-d'heure,
mais lorsqu'il était fatigué je l'y ai vu rester une
heure et plus. Le 15 avril, à la suite de ce premier
sommeil, il parlait tout bas, on l'entendit qui demandait à son ange de lui faire connaître le jour et
l'heure de sa crise, et d'obtenir que ce ne fût pas
le jour de Pâques. Il s'occupa ensuite d'une consultation; lorsqu'elle fut terminée, il dit que sa crise
aurait lieu le jour de Pâques, à onze heures dix-huit
minutes du matin, que son ange le lui avait dit : cela
le contraria extrêmement; on concerta avec lui les
moyens de le tromper pour le jeter dans le bassin,
et il les indiqua comme s'il avait été question d'une
autre personne, il répéta que ce remède serait efficace et le débarrasserait de ses crises à l'avenir. On
lui demanda s'il fallait que la veille il prît de la décoction de pervenche comme les autres fois; il dit que
le bain suffirait, qu'il n'aurait pas même sa crise,

qu'il fau rait le jeter à l'eau un demi- quart d'heure avant le moment qu'il avait indiqué pour l'époque de sa crise, et qu'il pouvait déjeuner auparavant. Il raconta que l'année precédente sa crise lui avait pris la veille de la Pentecôte et avait duré trois jours et trois nuits.

Il reprocha à son magnétiseur de ne pas lui avoir répété à son réveil ce qu'il avait dit en crise, quelques jours auparavant, qu'il devait manger son pain sec à souper pendant toute la semaine sainte, et qu'il fallait le lui recommander au moins pour le vendredi et le samedi saints. Il promit de le lui dire à son réveil, et il le fit.

Le 19 avril, jour de Pâques, Victor alla à la première messe, il s'agissait de le jeter à l'eau à l'heure indiquée, mais il était habillé proprement, c'était embarrassant. A dix heures, M. Florion l'endormit pour savoir ce qu'il fallait faire, Victor répéta l'annonce de sa crise, dit qu'elle ne devait pas être très-forte, mais qu'il fallait toujours le jeter dans le bassin pour le guérir radicalement de ces accidents dont il tenait extrêmement à être débarrassé. M. Florion lui dit qu'alors il faudrait qu'il ôtât son habit, et tout ce qu'il ne voulait pas qui fût baigné. Il le laissa seul, rentra au bout d'un quart-d'heure vers dix heures et demi et le trouva en toilette de bain. Déjà il avait ressenti quelques contractions nerveuses; il fut convenu qu'on le chargerait de vider le bassin pour une réparation qu'on devait y faire le lendemain, et qu'au moment où il se baisserait pour lever la soupape, M. Florion le jetterait dedans ; qu'en attendant il dormirait jusqu'à onze heures, afin qu'il ne s'écoulât pas trop de temps entre son réveil et l'opération. Sur la proposition qui lui avait été faite, de le conduire au bassin tout endormi, et qu'il pourrait s'y jeter de lui-même, il répondit que cela ne vaudrait rien, parce que, pour que le remède fît effet, il fallait une révolution inattendue ; il se mit donc à faire une lecture pour s'occuper et lut, à ce qu'il nous dit ensuite, trois pages et demie de son imitation. Lorsque M. Florion revint, à onze heures moins quelques minutes, il le trouva assis près de l'appui de sa fenêtre, s'y reposant, la tête appuyée sur ses bras. Il l'avertit qu'il était temps de se réveiller et d'aller près du bassin. Victor assura de nouveau qu'éveillé, il se prêterait de la meilleure foi du monde à ce qu'on lui demanderait, que le remède était souverain, et que la crise dont il éprouvait déjà les atteintes, n'aurait pas lieu. A onze heures une minute on lui demanda quand cette crise arriverait si on la laissait venir. Il répondit : dans 17 minutes. Il se disposa à se réveiller, et comme il sentait qu'il n'y avait pas de temps à perdre, le réveil fut prompt. Son étonnement fut grand quand il remarqua son changement de costume, M. Florion lui dit qu'il l'avait exécuté pendant son sommeil à cause d'un petit ouvrage qu'il avait à faire ; il se rendit sans faire d'observation près du bassin pour faire ce qu'on lui dirait, et à l'instant où il se baissait pour lever la soupape, M. Florion le poussa dedans ; il y tomba la tête la première et fut bien submergé. Il se releva, très-mécontent du procédé et tout transi. M. Florion lui en expliqua la raison et le reconduisit dans sa chambre sans que personne le vît ; comme sa crise ne vint point, il reconnut, quoique avec assez de peine, que c'était pour son bien que tout avait été ainsi disposé.

Il fut guéri comme il l'avait annoncé, et à l'avenir il ne se ressentit plus de rien. Les trois soubresauts qu'il éprouvait à son réveil et qui provenaient de l'agitation de ses nerfs, cessèrent même d'avoir lieu avant six semaines. Le soir, il eut un saignement de nez qui lui revint souvent pendant quelques jours.

Le 24 au soir, M. Florion ayant mal au bras, j'endormis Victor, et depuis ce jour-là, je continuai à le magnétiser.

Ce même jour et le surlendemain, il prit la potion de populage qu'il s'était ordonnée pour empêcher son somnambulisme naturel de la nuit.

Le 28, poursuivi par quelqu'un qui lui lança une brique, il recula pour l'esquiver sur un piquet qui lui fit éprouver une violente contusion sur les dernières côtes près des reins et il tomba sans connaissance.

Comme il était assez loin, il s'écoula près d'un quart
d'heure avant qu'il pût être ramené, porté par trois
personnes. Il était toujours évanoui et avait les bras
raides; je lui pris aussitôt les mains qui s'assoupli-
rent bien vite, et je le fis passer dans l'état magnétique. Le premier effet qui s'opéra, fut l'écoulement
de ses larmes, qui avait été arrêté par sa syncope.
Il était environ cinq heures et demie du soir, il lui
fallut un peu de temps pour pouvoir parler, et il ne
put d'abord rien préciser; il dit seulement qu'il n'a-
vait rien de cassé. Enfin, il demanda l'application de
six ou huit sangsues sur la place de la contusion; on
en alla chercher dix et on les lui posa toutes vers
sept heures et demie, toujours dans son état de crise
magnétique; pendant qu'on était allé les chercher, il
se remit très-bien, je lui magnétisai la place de sa
contusion, il la magnétisa aussi lui-même et raconta
toutes les circonstances de son accident. Sur ces entrefaites quelqu'un s'étant brûlé trois doigts, il dit
qu'il fallait mettre de l'encre dessus et les recouvrir
avec une seconde pelure d'ognon, cela fut fait aussitôt, la douleur cessa, la peau des doigts ne se sou-
leva point, et ils étaient bien sains le lendemain.
Comme il avait faim le soir, il mangea tout endormi.
Il resta dans le sommeil magnétique jusqu'au lendemain vers midi, il alla ensuite bêcher dans le jardin, mais comme cela lui faisait mal, il arracha les
mauvaises herbes. Le soir je le mis en crise, il s'or-

donna un cataplasme de mie de pain à mettre en se couchant, mais éveillé il ne le voulut pas, disant qu'il ne souffrirait plus guère, tant la guérison avait été prompte.

Le lendemain 30, il se leva de grand matin et travailla à divers ouvrages peu fatigants. Je le mis en crise le soir, il me parla alors d'un pressentiment qu'il avait eu de son accident. C'est, me dit-il, le malheur qui m'avait été annoncé et dont je vous avais parlé il y a un mois, il devait comme je vous l'ai dit, être occasionné par une personne de la maison, mal intentionnée contre moi. Je me suis très-bien rappelé cette annonce à laquelle j'avais attaché alors très-peu d'importance. Ce jour-là (le jour de l'accident), me dit-il encore, j'étais dans un état extraordinaire, je ne voyais pas le soleil (le temps cependant était bien clair), et j'avais froid (il y avait une chaleur de 21 degrés Réaumur). Déjà la renommée de Victor s'étendait dans les environs, il venait beaucoup de personnes pour le consulter, ces consultations multipliées accéléraient le développement de ses facultés, il me dit que son ange lui faisait connaître la plupart des choses qu'il disait dans ses consultations, et qu'il lui commandait de rendre service aux autres, par charité et sans intérêt. Victor, dans l'état de veille ou dans celui de somnambulisme, présentait le contraste le plus frappant. Dans le premier, il n'avait que de l'insouciance et

même du dédain pour le magnétisme, qu'il n'était
pas capable d'apprécier; dans le second il le comprenait, en sentait tous les avantages, avait du zèle
pour ses malades, même pour ceux qu'il n'avait jamais vus et dont l'arrivée l'avait importuné; il se
donnait beaucoup de peine pour étudier leur situation et leur expliquer tout ce qu'ils avaient à faire,
surtout quand il voyait chez eux cette bonne foi et
cette confiance qui établissaient l'harmonie entre eux
et lui. Dans plusieurs séances qui eurent lieu à cette
époque il parlait avec beaucoup d'action des bains
de vapeur, de leur utilité et de la nécessité de propager ces établissements.

Le 7 mai, il annonça pour 1840 une année chaude
et beaucoup de vin, ce qui se réalisa. Comme je lui
avais parlé en crise d'un de mes élèves en magnétisme, Lavalle, que j'avais fait admettre il y a
30 ans, comme membre correspondant de la société
fondée à Paris par MM. de Puységur et Deleuze,
dont je faisais partie, Victor franchit l'espace de dix
lieues pour l'aller voir mentalement, et quoiqu'il ne
connût pas même son existence dans l'état de veille,
il me parla de beaucoup de particularités qui le concernaient.

Le 10, il avait encore quelque chose à faire lorsqu'il fit le premier saut précurseur de son réveil,
je lui demandai s'il allait déjà se réveiller; il me dit
de lui mettre les mains sur la tête et de souffler

chaud sur l'estomac pour prolonger son sommeil, c'est ce que je fis; ce premier saut ne compta pas, il refit les trois autres à son réveil définitif.

Le 12 mai, en échenillant un pommier, une branche sur laquelle il s'appuyait se cassa, il tomba de dix à douze pieds de haut sur l'angle d'un tonneau, puis sur des chantiers; il souffrait beaucoup et était prêt à se trouver mal; j'étais présent, je le fis porter de suite sur un lit, où je le mis en crise; il fut long-temps à pleurer et à se plaindre sans vouloir rien dire; à la fin, comme je lui faisais toujours des passes, il se calma et dit plus tard qu'il n'avait rien de cassé; mais ce qu'il y avait sur les côtes du côté droit, avait été refoulé par la contusion, et il en souffrait quand il respirait. Je lui dis qu'il était urgent de couper cours à cette inflammation, qui pourrait devenir dangereuse et je l'engageai à chercher un remède; il me répondit que la révolution qu'il avait éprouvée dans sa chute, avait occasionné une perturbation qui existait encore et qui nuisait à sa lucidité; à la fin, après un peu de sommeil magnétique, il fut plus calme; je lui avais proposé de se faire appliquer les sangsues, il y répugnait d'abord, il y consentit enfin et dit qu'il n'y avait que cela à faire; elles lui firent beaucoup de bien, le magnétisme y contribua aussi; je l'avais mis en crise vers dix heures du matin, il y resta jusqu'à quatre heures et demie du soir qu'il se réveilla. Comme après l'effet des sangsues, il se trouvait très-bien, il reçut des visites pendant le reste du temps de son sommeil, reconnut tous ceux qui venaient et qui depuis long-temps désiraient le voir dans l'état de somnambulisme; lui, de son côté était bien aise de leur montrer son savoir, il lut un peu devant eux et causa beaucoup (1). Je lui demandai si cela l'avait fatigué, il me dit que non. Il me raconta en crise que la nuit précédente, ayant rêvé qu'il était tombé dans un précipice, il s'était réveillé en criant, il attribua ce rêve à un pressentiment, dit qu'avant sa chute il avait été dans un état singulier, et que cela lui arrivait ainsi, quand il devait éprouver quelque accident. La promptitude avec laquelle il guérit, montre combien les effets du magnétisme étaient puissants sur lui. Le lendemain il ne souffrait presque plus, mais il ne pouvait encore travailler, je le mis en crise, il donna quelques consultations. Il me dit que pour qu'un somnambule soit bien lucide, il faudrait qu'il fût plusieurs mois sans se fatiguer, qu'il ne fût assujéti qu'à un travail modéré qui lui tînt lieu d'exercice, et qu'il n'éprouvât point de contrariété.

Parmi le très-grand nombre de consultations que

(1) Victor n'est pas isolé naturellement, quoiqu'il puisse l'être par les procédés qu'on emploie pour cela, et dans certains instants de concentration; mais dans l'état de veille magnétique ordinaire, et surtout lorsqu'il n'est préoccupé de rien, il est en rapport avec tout le monde.

Victor donna, j'en citerai seulement quelques-unes. Le 18 mai, Cousinat, vigneron de la commune de Grauves, âgé de 25 ans, était dans un état de dépérissement fort inquiétant; il avait le teint jaune, l'air morne, les yeux éteints. Victor lui prescrivit avant tout de faire dire pour lui une neuvaine, en commençant et en finissant par une messe de Saint-Esprit, de se confesser et de communier. Il ajouta : les somnambules ne prescrivent pas ordinairement de recourir à ces moyens, mais moi je vous l'ordonne et je vous dis que vous en éprouverez du soulagement; mais pour cela il faut que vous le fassiez de tout cœur, sans cela il vaudrait mieux ne rien faire du tout. Il le fit ensuite sortir et dit : sa maladie est une hernie étranglée en forme de poche, du côté gauche. Il a un boyau qui a été crevé, heureusement il n'est pas très-utile, il passe entre les nerfs intestinaux du côté gauche; l'accident est arrivé en travaillant, il y a près de dix-huit mois, il ne s'en est pas aperçu dans le moment. (Il était gravement malade depuis sept à huit mois, mais plusieurs mois avant il éprouvait dans le côté une douleur comme un point). Après sa neuvaine finie, il prendra pendant quatre jours, soir et matin, des lavements de fromageon et de mercuriale, ensuite on lui mettra un vésicatoire au-dessus de la dernière côte du côté gauche, et on le fera rendre. Il faudrait des sangsues, mais il est trop faible. Pendant qu'il aura le vésicatoire, dans la crainte que la hernie ne sorte, il faudra lui mettre un bandage de six pouces de large, de forte toile. Qu'il mange peu, des aliments légers; quant le vésicatoire sera séché, il se purgera avec un demi-quarteron d'huile de ricin dans du bouillon de veau.

Victor me dit plus tard que c'était son ange qui lui avait dicté sa prescription religieuse; en effet, elle n'avait pas été hasardée, le malade l'accomplit avec les meilleures dispositions, et avant qu'il eût fait aucun remède, il avait déjà éprouvé une grande amélioration, il avait pu venir à la messe d'une distance assez éloignée, tandis que, auparavant, il pouvait à peine sortir de chez lui. Il revint le 11 juin, Victor le trouva bien mieux, le loua de ce qu'il avait fait parfaitement ce qu'il lui avait ordonné, lui prescrivit huit bains de vapeur à quatre jours de distance et trois grands bains par intervalles de onze à douze jours; soir et matin une cuillerée et demie de sirop de groseille, une cuillerée à café de sirop de gomme après ses repas, des lavements pareils aux derniers tous les trois jours; puis de se gargariser la bouche avec du miel rosat pour éviter un échauffement à venir; (il en eut quelques atteintes, mais le mal ne put se développer). Enfin, pour le plus grand remède, de se recommander toujours au bon Dieu. Le 16 novembre, Victor le trouva presque guéri, lui prescrivit d'avaler un œuf frais cru tous les matins, de prendre une demi-heure après un petit verre de sirop de gomme, de la tisane de camomille ou de la décoction des trois racines, oseille, pissenlit, chicorée amère, encore trois bains de vapeur, des bains de pieds le soir et huit bols comme ceux que M. L. M., médecin, lui avait fait prendre précédemment.

Le 26, Victor me dit qu'il ne ferait plus que deux fois les trois sauts qui précédaient son réveil. Il n'en fit plus en effet que ce jour-là et le lendemain. Le 28, il m'avertit qu'il allait se réveilller deux minutes avant de le faire, et qu'il ne ferait plus de saut.

Victor donnait très-rarement des prescriptions religieuses, surtout à des gens qui les auraient accueillies avec peu de respect et mal accomplies dans un pays où elles sont généralement méconnues. Il y avait recours lorsqu'il y avait peu d'espoir de guérison ; ainsi on lui amena un enfant d'environ dix-huit mois dont les parents désespéraient, il ordonna avant tout, qu'on fît pour lui une neuvaine, et le voyant ensuite un peu mieux, il prescrivit deux bains par jour et de lui appliquer entre deux linges, sur le col et sur l'estomac, de la laine grasse de bélier; il avait le cerveau embarrassé, des dispositions nerveuses et de la fièvre ; quinze jours après, il conseilla des bains d'eau douce tous les deux jours, pendant quinze jours encore, de continuer l'application de la laine de bélier, de lui mettre sur le front, tous les soirs en le couchant, du tabac de muguet trempé dans de l'eau-de-vie, puis sept ou huit jours après, une bonne poignée de bourse-à-pasteur pilée et mise à nu sur l'estomac pendant quarante-huit heures. Pas de laitage, bouillon gras et panade. Comme il avait des boutons, il fit suspendre les bains pendant quelques jours. Tout cela fut exécuté, l'enfant guérit parfaitement.

Victor donna une consultation à une jeune fille épileptique, et comme il ne fallait pas qu'elle eût connaisssance du remède, il la fit sortir; il prescrivit à ses parents de lui faire ouvrir la veine du pied gauche et de lui faire tirer au moins une palette et demie de sang, puis de la jeter plusieurs fois à l'eau par surprise (il appelait cela des bains forcés). Comme son accident venait d'une frayeur, il dit qu'il fallait tâcher de lui faire éprouver la sensation du bain forcé dans le même endroit où elle avait eu sa frayeur et également la nuit, afin de guérir une impression par une autre, enfin de lui mettre sous sa chemise en se couchant une grande bande trempée dans de l'eau fraîche et de la serrer fortement. Ces remèdes la guérirent; Victor la revit le 34 octobre et lui ayant trouvé encore un peu de raideur dans les nerfs, il prescrivit de la faire électriser deux fois légèrement, ayant deux personnes entre elle et la machine électrique, de ne pas la faire rester assidue à l'école, et de l'en faire sortir de temps en temps pour prendre l'air.

Parmi les nombreuses consultations que Victor donna sur toutes sortes de maladies, il y eut beaucoup de guérisons, malgré les chances contraires. D'abord, on ne venait le consulter ordinairement que pour des maladies passées à l'état chronique, difficiles à guérir, quelquefois incurables, surtout pour de pauvres gens obligés de vivre d'un travail qui souvent leur était contraire, qui ne pouvaient se soigner comme il convenait, qui exécutaient les prescriptions d'une manière incomplète, ou qui prenant un premier soulagement pour une guérison, éprouvaient des rechutes par suite d'imprudences; il y eut aussi bien des gens qui venaient de loin et que je n'ai jamais revus, c'est par hasard que j'ai appris que quelques-uns avaient été guéris après une seule consultation. Mais ce qui prouvait le succès, c'était l'affluence des consultants, qui allait toujours croissante.

Quand Victor avait un peu de loisir après ses consultations, il aimait beaucoup à disserter sur le magnétisme. Un jour, parlant de la lucidité somnambulique, il la compara au soleil qui monte, reste à peu près stationnaire et descend ensuite; il dit que celle de M. P. était à son plus haut point d'élévation et ne pouvait plus que descendre (elle a cessé en effet peu de temps après) que le bon âge du somnambulisme magnétique était de dix-huit à vingt-huit ans, que plus tard la lucidité décroissait. Il parla de la rareté des somnambules et de leur dissemblance, il désirait en trouver; un jour il parcourait mentalement les maisons de Pierry pour en chercher, et s'arrêtant à un moulin, il y vit une jeune fille de dix-neuf ans qui serait, dit-il, bonne somnambule, et chez laquelle cette faculté aurait de la durée, mais elle ne voudrait pas s'y prêter. (D'après cette dernière observation, aucune démarche n'a été faite).

M. D.-F. lui parla de personnes qu'il avait magnétisées, Victor se tournant vers Dizy où il demeure, s'y transporta mentalement, lui nomma dans les maisons qu'il désigna, des gens que lui, Victor, ne connaissait nullement étant éveillé; il y en avait un entre autres qui n'était pas chez lui, et qu'il alla chercher dans ses vignes, sur le terroir de Champillon.

Le 12 juin, il donna une consultation à quelqu'un qui avait une joue très-enflée. Il dit que cela venait d'une piqûre faite il y avait trois jours par une araignée de l'espèce des carencies, il en fit la description, elle est, dit-il, grosse comme le pouce, elle a les pattes velues, une tête saillante dont on distingue bien les yeux qui sont saillants, elle a sur le dos une petite bosse avec une marque dessus, comme un *v* et un *1*, elle a sur les pattes des petits chevrons noirs comme ceux que portent les soldats à leurs bras. Si elle vous pique à l'estomac il faut mourir. Victor donna pour remède des fumigations de binjouin et de fleurs de sureau et de se frotter la joue avec de l'huile de millepertuis, puis de mettre dessus en se couchant, un cataplasme de graine de lin. Après ces remèdes, dit-il, cela se passera demain. Cela s'est passé effectivement, quoique l'enflure depuis midi jusqu'au soir, où l'on fit le remède, fût augmentée considérablement.

Victor s'occupa long-temps de cette araignée, il chercha s'il la trouverait dans les gravures de l'Encyclopédie, parmi les papillons, les scarabées et autres insectes ; et, pour abréger, après avoir feuilleté le quart du volume, il s'arrêta, regarda avec attention à travars ce qui restait de feuillets et dit qu'il n'y en avait point. (Il n'y en avait pas effectivement). Puis s'appuyant sur son fauteuil, il se mit à rêver pour voir si cette araignée se trouvait figurée dans d'autres livres de la bibliothèque, il dit que non.

Le 14, M. R. qui ne croit pas au magnétisme et qui était venu par curiosité, arriva au moment où je venais d'endormir Victor, aussitôt que ce dernier se fût aperçu de sa présence en rentrant dans l'état de veille magnétique, il en fut contrarié intérieurement et ne voulut pas le dire. Cette contrariété ayant nui à sa lucidité, il se croisa les bras, sans vouloir s'occuper de deux malades qui étaient là, quelque chose que je pusse lui dire ; il dit qu'on venait le voir comme une curiosité, etc., qu'il ne voulait plus *rêver*. Je voyais bien la cause de sa répugnance, mais il ne la

laissa pas pénétrer, car malgré l'impression pénible
qu'il éprouvait, il se conduisit avec toute la réserve
possible. J'étais désolé de cet effet, surtout à cause de
M. R., à qui je désirais faire voir quelque chose qui
pût le convaincre. Pour sortir de cette situation em-
barrassante, en amenant une diversion, je mis entre
les mains de Victor le livre des figures de la bible
qu'il aimait beaucoup à regarder, cela dissipa un
peu l'état de contraction intérieure qu'il éprouvait; il consentit donc, après s'être ainsi distrait pendant quelque temps, à donner ses deux consultations.
Comme c'était pour céder à mon désir, et qu'il avait
fait pour cela un certain effort, la première ne valait
rien, je la fis recommencer plus tard; la seconde fut
très-bonne, le malade guérit, mais étant allé trop
tôt s'exposer aux fatigues de la moisson, il eut une
rechute qu'il fallut traiter plus tard.

Victor devenu alors supérieur à l'effet de sa première impression, regardant les yeux fermés M. R.,
resté seul après le départ des deux consultants, dit
avec assurance : — Ce monsieur-là veut-il me consulter aussi? — Oui, dit-il. Victor le fit placer à côté de
lui, lui prit la main et lui dit : — Vous n'êtes pas bien
malade, cependant vous avez mal à l'estomac et des
palpitations de cœur. Il lui ordonna du sirop des trois
racines : c'est bien bon, bien sucré, lui dit-il en sou-
riant (c'était de la décoction de racines d'oseille, de

pissenlit et de chicorée amère), il ne faut pas boire de vin. M. R. lui dit qu'il n'avait point de palpitations ; aussi, dit Victor, ce que je vous ordonne n'est que pour votre estomac. Il était facile de voir que dans cette consultation il y avait plus de malice que d'autre chose, et que c'était ce sentiment qui lui avait fait surmonter son impression première.

Le lendemain, Victor me dit que la présence de M. R., qu'il avait reconnu, avait agi sur ses nerfs, de manière à nuire à sa lucidité ; que s'il n'avait pas craint de me désobliger, il aurait persisté dans son silence et n'aurait donné de consultation à personne. Enfin, ajouta-t-il, quand je dis que je ne veux pas, c'est que je ne peux pas.

Le 19, après une consultation, me trouvant seul avec lui, nous causâmes de beaucoup de choses. Il me parla de son ange qu'il avait vu ce jour-là, et m'annonça que les prières et les conversions avaient détourné une grande partie des maux qui devaient arriver en 1840 et qu'il avait annoncés.

Il me dit que le premier homme avait été créé avec la parole et avec des connaissances très-étendues. Que notre âme, créée à l'image de Dieu, l'avait été aussi avec des connaissances qu'elle avait perdues, et qu'elle les récupérait dans l'état de somnambulisme, par les réminiscences de cet état supérieur.

Je l'avais mis par mes questions sur la voie de ces

matières, et je vis qu'elles ne lui étaient nullement étrangères, il me dit que dans l'hiver il pourrait les traiter.

Le 21 juillet, un jeune médecin qui n'avait jamais vu de somnambule, fit à Victor beaucoup de questions, qui ayant pour but de s'assurer de sa lucidité, avaient un certain doute pour principe. Victor, dont l'amour-propre était un peu piqué de ce sentiment, lui répondit d'une manière évasive, il dit qu'il ne s'occupait que de ce qui était utile, de ce qui concernait les malades et qu'il ne voulait point s'user à des choses oiseuses. Ainsi Victor ayant observé la nature d'un mal que quelqu'un avait à la main, à travers les bandes qui l'enveloppaient, reconnut que cette personne avait en avant de l'épaule une grosseur sensible qu'il indiqua en y posant le doigt exactement; le médecin assimilant le sens de la perception intuitive à celui de la vue, lui demanda si la bande qui enveloppait sa main était cousue ou fixée par une épingle, et dans quel sens était cette épingle; Victor éluda la réponse avec une espèce de fierté. Il est probable qu'il ne voyait pas ce fil ou cette épingle, ou ne voulait pas se fatiguer à l'observer, car les somnambules en général ne voient que ce qui est une dépendance du mal qu'ils examinent, et le remède à ce mal; leur intuition n'est alors que relative, et ne peut se comparer au sens de la vue qui découvre ce qui est sous les yeux, quelle qu'en soit la futilité. La lucidité est un sens de l'âme, auxiliaire de l'intelligence; lors donc que l'intelligence est concentrée exclusivement sur ce qui est de son domaine, elle ne s'en écarte pas; par suite, la lucidité qui fait partie de son essence ne peut se porter sur d'autres objets (1); tels doivent être les somnambules chez lesquels on s'est attaché à faire prédominer l'intelligence; car les hommes sont ce qu'on les fait, et les somnambules aussi. La principale science du magnétiseur consiste à savoir bien faire cette éducation. Pour que l'état de concentration soit parfait, pour qu'il atteigne tout ce qu'on peut en espérer, il ne faut rien qui puisse y introduire de la divergence, rien qui fasse contraste avec cette haute spécialité. C'est ce que bien peu de personnes comprennent. On ne sait pas assez combien le somnambulisme doit être quelque chose de supérieur. Les magnétiseurs qui le ravalent en mettant de côté l'intelligence pour faire diverger les facultés somnambuliques sur les choses qui s'en trouvent en dehors, mettent la confusion dans les idées, et font de leurs sujets des instruments qui ne servent qu'à leur faire gagner de l'argent en se donnant en spectacle.

(1) Ainsi, un jour M. P. ayant ordonné pour remède de la racine de polipode, indiqua les endroits où l'on pourrait en trouver, et comme on le questionnait sur la plante, il répondit qu'il ne voyait que la racine.

Le 31 juillet, Victor tomba malade avec de la fièvre et un malaise dans tous les membres ; je le magnétisai plusieurs fois et le fis dormir long-temps, il alla mieux, reprit de la fatigue et retomba ; le 2 août, il avait des points à la poitrine, un grand mal de tête et de la fièvre, il eut de la peine à s'occuper de sa santé ; cependant je l'obtins, je lui fis passer en crise la plus grande partie du temps de sa maladie. Il me dit qu'il y avait chez lui le germe d'une fièvre cérébrale et d'une fluxion de poitrine qui se serait développée sans les remèdes qu'il prit, et surtout sans le magnétisme. Dans ses longs sommeils, il causait beaucoup, voyageait par la vue à distance. Le 3 août, m'étant absenté un peu, il sortit de son sommeil magnétique, et comme il s'ennuyait, il quitte sa chambre, se trouve mal ; on venait de le remettre sur son lit lorsque je revins et je le trouvai sans connaissance ; je le mis en crise et lui fis des passes, il fut un bon quart d'heure sans pouvoir rien dire. Au bout d'une demi-heure, il fut bien rétabli et même très-lucide. Je lui demandai alors quels étaient les procédés à employer pour rendre la connaissance à quelqu'un qui se trouve mal, il me dit : les mains sur la tête, des passes et des insufflations. En crise, il voyait bien qu'il ne devait pas quitter sa chambre, mais une fois éveillé il n'y pensait plus, et abusait de la force que sa crise lui avait rendue ; voulant donc éviter de nouvelles imprudences de sa part et faire passer dans l'état de veille les convictions de l'état magnétique, j'employai un procédé qui m'avait été indiqué depuis peu de jours par une somnambule; il me dit qu'il était très-bon, mais ce qui m'étonna le plus, c'est qu'il me nomma la personne qui me l'avait communiqué, et dans l'état de veille, pas plus que dans l'état magnétique, je ne lui avais jamais dit qu'elle était somnambule.

J'ai remarqué que l'état magnétique rend des forces que sans lui on ne recouvrerait pas si vite; il rend également les digestions faciles, car Victor, peu docile au régime, mangea des choses très-indigestes qui passèrent bien. Il put, le 8 août, avant que sa fièvre fut entièrement passée, faire à pied avec moi le soir un petit voyage de deux lieues. Je l'avais consulté sur cela en crise, il avait même dit que le changement d'air lui faisait grand bien.

A Mairy, où je l'avais amené, je le mis en crise à neuf heures du soir; aussitôt qu'il fut couché, le sommeil naturel s'étant mêlé au sommeil magnétique, il se réveilla bien portant le lendemain matin, sans s'être aperçu d'un reste de fièvre qu'il devait avoir, et qu'il eut pendant la nuit.

Je le remis en crise à six heures du matin; Lavalle, un de mes élèves en magnétisme depuis plus de trente ans, et qui avait aussi connu M. de Puységur, vint le voir; Victor qui ne l'avait jamais vu en réalité, le reconnut pour l'avoir vu mentalement le 7 mai dernier, et causa magnétisme avec lui tout-à-fait en amateur.

Le lendemain, 10 août, je le menai dans un château voisin où il n'avait jamais été et où il ne connaissait personne; mis en crise, il se mit après quelques consultations à chercher mentalement un somnambule dans les maisons du village. Après quelques minutes de recherches, il annonça avec satisfaction qu'il en avait trouvé un, qu'il ne le connaissait que par son sobriquet, qu'on l'appelait *Capitaine*, mais que ce n'était pas son véritable nom. Ce jeune homme est en effet somnambule naturel. Victor ne connaissait ni son nom ni son surnom, ni même son existence; il me dit qu'il faudrait le magnétiser fortement, et qu'à la 4me séance il deviendrait bon somnambule magnétique.

Je l'ai magnétisé une fois ou deux, et ne pouvant continuer, je l'ai indiqué à des personnes qui auraient pu le magnétiser et qui ne l'ont pas fait. Les premières épreuves donnaient assez d'espoir, mais peu de jours après j'en ai trouvé un, plus sous ma main, dont je développai très-bien les facultés dans l'espace d'environ trois semaines.

C'était Théophile Giraux, dont le père est fermier à Montjallon, écart situé à un quart de lieue de Mairy; il était âgé de dix-huit ans, et avait depuis sept mois une fièvre dont on ne pouvait le débarrasser. Victor lui avait donné une consultation , mais je le magnétisai peu de jours après , c'était le 21 août , avant qu'il eût commencé aucun remède. Dès le second jour , il ordonna un vésicatoire au bras gauche qu'on entretiendrait pendant trois semaines , une purgation au bout de quinze jours , et de la tisane de parelle. Le principe du mal était beaucoup d'humeur ; ses prescriptions l'en débarrassèrent , mais avant même que tout cela ait été exécuté, le magnétisme avait enlevé la fièvre.

Victor retourna à Pierry le 19 août , je restai à Mairy où je pus tous les jours m'occuper de Théophile.

Le 22 août, second jour de son somnambulisme , Théophile , après avoir prescrit le régime qu'il fallait lui faire suivre , s'occupa de sa mère pour laquelle il éprouva une lucidité précoce ; Victor lui avait donné aussi une consultation ; je la lus à Théophile le 23 , il l'approuva à l'exception d'une saignée très-légère qu'on devait lui faire au bout de quinze jours, et dont il jugea qu'on pouvait se dispenser. Théophile terminait ses séances par un sommeil profond d'environ un quart d'heure dont il avait besoin pour sa santé , et pendant lequel il ne répondait plus aux questions qu'on pouvait lui adresser ; il annonça le 23 qu'il ne dormirait que huit jours, c'est-à-dire, qu'il n'aurait besoin que de ses huit séances pour sa guérison ; à chacune il diminuait d'un jour, et le 29 il dit que c'était le dernier, en même temps il annonça qu'il serait très-lucide le lendemain, et qu'il donnerait une consultation à sa tante qu'il avait renvoyée à cette époque.

Le 25, on avait amené le petit Capitaine que j'avais déjà magnétisé la veille, et que Victor avait indiqué pour en faire un somnambule magnétique. Je le mis en rapport avec Théophile, qui dit qu'il pourrait en effet le devenir, mais qu'il faudrait bien quinze jours pour cela, en le magnétisant tous les deux jours, car si on le magnétisait tous les jours, cela l'ennuierait trop, qu'ensuite, quand il serait somnambule, on pourrait l'endormir tous les jours. Je le consultai sur les procédés à employer (1); il dit qu'il fallait lui mettre les mains sur les yeux, recommanda les insufflations à la tête et à l'estomac, et surtout l'application des pouces sur la racine du né. Je lui mis entre les mains un aimant et lui demandai si en aimantant mes mains je pourrais produire plus d'action, il me dit que cela calmerait l'agitation du sang, et par conséquent porterait au sommeil. Je lui demandai s'il voyait le fluide de l'aimant, il me dit qu'il était brillant comme de l'argent, que celui qui sortait de mes doigts était comme du feu. En tout cela, il s'est trouvé d'accord avec Victor.

Le 27, on endormit encore près de lui le petit

_____

(1) Dans son état de veille, il n'avait pas la moindre idée du magnétisme.

Capitaine ; Théophile dit qu'il ne dormait pas, et qu'il n'était pas beaucoup plus appesanti que les autres fois, ce qui était exact ; il avait en effet les yeux fermés sans véritable sommeil.

Le 30, il donna une bonne consultation à sa tante. Comme Lavalle magnétisait près de lui le petit Capitaine, je lui demandai s'il dormait, il se tourna vers lui sans le toucher et dit qu'il ne dormait pas, que cependant il finirait par arriver au somnambulisme, qu'il était un peu plus appesanti.

Théophile devenant de plus en plus lucide, donnait des consultations. Le 4 septembre, il me dit qu'il pourrait toujours en donner, que sa clairvoyance était bien augmentée depuis huit jours et augmenterait encore ; qu'il voyait par l'épigastre, que si c'était nécessaire on pouvait l'endormir plusieurs fois dans la journée ; bientôt il vint des malades des villages voisins pour le consulter, et il y mettait beaucoup d'attention. Il lui fallait, comme à la plupart des somnambules, huit à dix minutes de repos avant de s'occuper de ses malades, il se mettait en rapport avec eux en leur prenant la main.

Ayant été à Pierry le 10 septembre, je ramenai Victor à Mairy le surlendemain ; je lui avais dit en crise que j'avais trouvé un somnambule sans le lui nommer, il me dit qu'il l'avait bien vu en lui donnant consultation, et m'indiqua qui c'était. Arrivé à Mairy, je fis venir Théophile ; Victor qui dans son

état de veille n'avait pas encore vu de somnambule,
désirait vivement en voir un ; je ne l'endormis donc
pas pour qu'il pût voir, étant éveillé, Théophile donner
sa consultation. Lorsqu'elle fut terminée, j'endormis
Victor qui fit mentalement des voyages pour visiter
ses malades : j'entendis ces colloques successifs à
voix basse avec plusieurs personnes (1) dont il y en
avait à quinze lieues de distance l'une de l'autre ;
malgré cet éloignement il passait rapidement de l'une
à l'autre. Après ces courses mentales et ces éclairs
de vue à distance que je n'avais point provoqués,
il se trouva très-fatigué et ne put donner de consultation à une personne qui était là et qui fut remise
au lendemain ; il fit aussi une conversation mentale
avec Théophile à demi-voix, et comme Théophile
qui était éveillé répondait, il le fit taire en lui disant
que c'était bien de lui qu'il s'occupait, mais que ce
n'était pas avec lui qu'il voulait parler ; il causait
avec son idéal, et baissa la voix pour n'être plus
entendu. Son monologue, autant que je pus le deviner en prêtant l'oreille de très-près, roulait sur le
magnétisme et sur les divers degrés de lucidité.
Victor dit ensuite un peu moins bas en parlant de
lui, qu'il était une bonne terre sans culture, remplie de toute sortes d'herbes, et que les facultés

____

(1) Entre autres avec Cousinat et avec la personne qui lui
avait amené la jeune épileptique, dont la guérison, qu'il apprit
alors mentalement, et qui était réelle, lui fit grand plaisir.

précieuses dont il jouissait naturellement étaient un don de l'Être-Suprême.

Théophile, pendant son sommeil et après la consultation qu'il avait donnée, avait dit que dans un mois il s'en irait ; il laissa entendre qu'il voulait essayer de faire fortune en donnant des consultations. Le lendemain matin j'en parlai à Victor en crise, il le blâma beaucoup de se livrer à des idées ambitieuses et intéressées, qui le portaient à se séparer de sa famille, pour se jeter sans expérience au milieu d'un monde où il se perdrait, surtout avec une tête capable de céder à de telles influences ; Victor concevant donc toutes les funestes conséquences d'un semblable projet résolut de l'en dissuader. Il avait reconnu aussi que Théophile s'était trompé dans la consultation qu'il avait donnée, qu'il en fallait nécessairement une autre et que je l'endormirais le soir ainsi que Théophile, pour que lui, Victor, substituât une bonne consultation à la mauvaise.

A cette occasion, Victor me dit qu'une personne le gênait et qu'il désirait qu'elle n'assistât pas à la séance, parce qu'elle nuirait à sa lucidité ; il lui avait donné un mois auparavant avec assez de répugnance, une consultation qui s'était trouvée insuffisante, car les remèdes n'avaient produit aucun effet. Il me dit à ce sujet qu'il sentait bien quand les personnes auxquelles il donnait des consultations n'avaient pas de confiance, et n'étaient pas disposées à exécuter ses prescriptions ; que leur influence plus ou moins antipathique nuisait à sa lucidité , que d'ailleurs il ne se trouvait pas bien disposé à travailler pour elles , et à se donner beaucoup de peine à chercher des remèdes qui ne seraient pas exécutés ; enfin que ces personnes par le peu d'intérêt qu'elles lui inspiraient , arrêtaient le développement de ses facultés. C'est là une des principales causes de l'inégalité de la lucidité des somnambules , surtout à l'égard d'une certaine catégorie de caractères (1). Ce même jour, vers midi , j'allai à Montjallon avec Victor, il y avait réunion assez considérable ; deux officiers de santé, MM. Lévêque père et fils , avaient amené Monique Ledhui de Cheppes , qui était très-gravement malade depuis l'époque du choléra (8 ans); j'endormis Victor, M. Lévêque fils endormit Théophile ; la malade était placée entre les deux somnambules, et on attendait avec impatience ce qu'ils allaient dire. Théophile après avoir sommeillé quelque temps, n'était pas disposé à s'occuper de sa

(1) J'ai remarqué que les somnambules étaient plus lucides quand ils étaient bien à leur aise , et en rapport avec des personnes simples , bonnes , confiantes , et comme ces qualités se rencontrent particulièrement dans les classes inférieures, c'est dans cette catégorie que j'ai toujours trouvé que les consultations étaient des plus remarquables ; plus les somnambules ont de pénétration pour découvrir le fond des caractères, et de susceptibilité d'amour-propre pour en être affectés, plus cette impression est forte chez eux; elle était surtout très-caractérisée chez Victor.

malade et regardait d'un autre côté, préoccupé de quelque chose. Victor dormit assez long-temps et me dit ensuite qu'il n'était pas lucide, qu'il s'était réservé pour le soir où il donnerait des consultations tant qu'on voudrait; je lui dis qu'il n'y en avait qu'une à donner en ce moment et qu'il tâchât de s'en occuper; je le laissai se reposer encore et pendant ce second sommeil il fit des voyages dont il me rendit compte à la séance du soir. Il se passa ainsi au moins une demi-heure, et tout le monde était désappointé de voir les deux somnambules occupés chacun de leur côté de tout autre chose que de leur malade. Enfin Victor étant sorti de son état de sommeil pour entrer dans celui de veille magnétique, se redressa, prit un air solennel et d'une voix ferme et élevée dit à Théophile : —Jeune homme, vous occupez-vous de votre malade? Théophile lui dit qu'il ne le pouvait, qu'il était dominé par une autre idée qu'il ne pouvait quitter. Comme cette préoccupation empêchait sa lucidité, il ne voulait pas se compromettre en donnant une consultation dans cet état, cependant il prêta son attention à celle que Victor donna, et quand elle fut terminée il dit qu'elle était très-bien.

Victor après avoir dit à la malade tout ce qu'elle éprouvait, interrogea M. Lévêque père qui la traitait sur la date de ses souffrances et sur les remèdes qu'elle avait faits ; il trouva qu'elle était bien malade, dit qu'il voyait bien les remèdes, mais qu'ils étaient trop forts pour elle. Il réfléchit beaucoup, reconnut deux maladies chez elle, celle qui était la suite du choléra, et des vers. Il résolut d'abord de remédier à la première, et, prescrivit les remèdes suivants : prendre pendant deux jours du bouillon aux herbes, le troisième jour un grain et demi d'émétique, trois jours après deux vésicatoires, un à chaque bras, entretenus pendant douze jours avec du taffetas n° deux, et ensuite pansés avec des feuilles de poirée et du beurre frais, puis un cautère à la jambe gauche.

Comme il vit qu'elle avait de temps en temps dans la tête des tintements et des éblouissements, il lui dit que si cela ne se passait pas il faudrait qu'elle se mît une ou deux sangsues aux tempes de chaque côté quand cela lui prendrait ; application sur l'estomac d'une décoction de racine de grande consoude renouvellée trois fois pendant chaque nuit afin qu'elle soit toujours chaude, ou bien une compresse de décoction d'une forte poignée de ciguë avec autant de persil : ce remède, dit-il, serait plus puissant et plus efficace, mais il donnerait beaucoup d'agitation, il serait à préférer si la malade peut ne pas s'en effrayer ; prendre soir et matin un petit verre de vin vieux dans lequel on aura fait infuser deux grammes de grains de cornouilles frais ou un gramme de secs : deux fois par jour après les repas une cuillerée de sirop des trois fruits coupée avec une d'eau ; manger peu, trois fois par jour, des viandes blanches, de la salade cuite, des légumes légers, du poisson, point de crudités.

Restait à traiter le chapitre des vers. Victor interpella encore Théophile pour qu'il dît qu'elle était leur espèce et qu'il indiquât les remèdes, il ajouta que l'idée qui l'occupait était mauvaise et qu'il fallait la chasser. Théophile fut frappé de ce que Victor lui disait sur sa pensée ; ils parlèrent un peu sur les vers, mais Théophile était arrêté par son peu de lucidité ; il lui dit qu'il les voyait bien : Victor lui dit de les nommer, qu'il y en avait de deux espèces ; Théophile ne voulait pas se compromettre en parlant devant tout le monde ; Victor qui vit cela lui proposa de lui donner sa main, et ils s'entretinrent mentalement. Victor dit ensuite à Théophile qu'il avait raison sur une espèce et point sur l'autre, que la malade avait des vers sang et le ver ditrachiceros (1), il lui demanda d'indiquer le remède ; c'est dit-il, de l'absinthe ; de quelle espèce ? reprit Victor ; il y a l'absinthe verte et l'absinthe marine. Il disserta là-dessus et dit que ce remède était bon pour des enfants, mais qu'il n'était pas assez fort pour la malade. Il parla d'une plante qu'il avait déjà cherchée précédemment et dont il avait fait la des-

(1) L'année suivante, Victor traita la malade pour le ver solitaire, et le lui fit rendre ; elle jouit ensuite d'une santé parfaite.

cription ; elle a, dit-il, des fleurs d'un blanc sale, elle est haute environ d'un pied et demi, elle croît dans les pays chauds ; il l'avait vue mentalement près d'un lieu où il y avait eu un tremblement de terre et où l'on voit encore les enfoncements qu'il a causés ; il fit pour la trouver des efforts inutiles ; enfin M. Lévêque lui ayant dit qu'il avait apporté un livre où il y avait l'énumération des vermifuges, Victor en fut enchanté, et le pria de la lui lire : M. Lévêque la lut, et en arrivant à spigelie, il lut spigelle. Victor ne l'arrêta pas, cependant quand il eut fini, il lui dit qu'elle y était, et lui demanda de recommencer sa nomenclature à partir de la 2me page, alors il lut spigelie, Victor l'arrêta et lui dit : c'est cela (cette plante appelée *spigelia* par Linnée croît à Cayenne et dans le Brésil).

Victor fit ensuite sortir tout le monde, excepté la malade, Théophile et moi, et fit des prescriptions religieuses à la malade chez laquelle il voyait d'excellents sentiments, lui recommandant surtout l'esprit de foi et de piété, et lui disant que sa guérison en dépendait ; elle les accomplit parfaitement, et guérit très-promptement d'une maladie qui durait depuis 8 ans, et qui était parvenue à un degré de gravité fort inquiétant, d'après l'avis même de celui qui la traitait et qui l'avait amenée.

Quand tout le monde fut rentré, Victor acheva

de parler sur la maladie, sur le régime à suivre, interdit les fruits et toutes les crudités. Sur ces entrefaites, comme on donnait à la malade un petit grapillon de raisin peu mûr qu'elle avait apporté, Victor le prit avec indignation et le jeta bien loin; il désapprouva aussi l'eau sucrée qu'on lui donnait.

La consultation étant finie, Théophile demanda que tout le monde sortît afin de s'entretenir seul avec Victor; je sortis aussi; je sus plus tard par Victor que c'était pour le questionner sur l'existence d'un trésor de 35,000 fr. qu'il s'était imaginé être caché dans la maison depuis des siècles; son père et son berger qui l'avaient magnétisé depuis deux jours, lui avaient mis dans l'idée d'en faire la recherche, il n'était occupé depuis lors que de cette pensée; elle avait détruit sa lucidité, lui avait fait donner la veille une mauvaise consultation, et l'avait absorbé au point de n'avoir pu s'occuper de sa malade. Victor le détourna de cette idée fixe qui l'obsédait, et lui dit qu'il prenait des imaginations pour des réalités.

Le soir du même jour, vers six heures et demi, je mis Victor en crise pour lui faire donner ses deux consultations; il me rendit compte des voyages qu'il avait faits mentalement à midi, entre autres, qu'il avait été à Châlons pour voir M. D. et que ne l'y ayant pas trouvé il avait été obligé d'aller jus-

que sur le bord de la mer (il était à Dieppe.) Lavalle endormit Théophile.

Après les consultations, Victor renvoya tout le
monde, il ne resta plus que les deux magnétiseurs
et les deux somnambules; Théophile reconnut que
les idées étrangères qui l'avaient dominé avaient
dérangé sa lucidité, qui trois jours auparavant était
excellente, et que j'avais amenée depuis près de
trois semaines à un degré assez élevé. Victor lui
parla long-temps, lui donna des avis sur le magnétisme, sur sa conduite, sur ses projets; Théophile
les écouta avec beaucoup d'attention et de confiance,
il en fut persuadé; Victor profita de cette bonne disposition pour indiquer à Lavalle le moyen de faire
passer les convictions de Théophile de son état somnambulique à son état de veille, et il le fit avec
succès.

Le lendemain matin, il y eut continuation de la
même séance particulière, et des exhortations que
Victor fit à Théophile sur les points les plus importants, sur ses pratiques religieuses et sur sa conduite. Théophile nous dit que dans son état de
veille après sa séance du soir, il s'était trouvé
débarrassé de toutes les vaines idées qui l'obsé-
daient et que rien ne ferait plus obstacle à sa lucidité. Victor recommanda à Lavalle de magnétiser
Théophile plusieurs fois avec l'intention de le maintenir dans ses bonnes dispositions.

Le 1er décembre suivant, le père de Théophile avait perdu cinq ou six bêtes à laine en peu de jours et de la même maladie, il en était très-inquiet et craignait que ce ne fût un commencement de mortalité sur son troupeau. Le lendemain, comme je magnétisais Théophile pour lui faire donner une consultation, je lui demandai s'il ne pouvait pas découvrir la nature et le remède de cette maladie, il me dit qu'il le pourrait. Je l'endormis le soir dans la bergerie au milieu du troupeau, il fut long-temps à réfléchir, car ce genre de consultation était nouveau; à la fin il dit que tout le troupeau n'était pas attaqué de cette maladie, qu'il n'y en avait qu'un petit nombre et deux ou trois dans le cas d'en mourir. Il demanda au berger si les moutons qui avaient été attaqués n'étaient pas des traînards, de ceux qui se séparent volontiers de la troupe, le berger le reconnut, alors Théophile dit : la maladie vient de ce qu'une quinzaine de bêtes se sont échappées et ont été dans la grange manger du seigle nouveau qui n'avait pas encore jeté son feu : il faudra aussitôt que le mal se manifestera leur faire avaler de l'huile de chenevis, leur donner des lavements, et même les saigner. Cela provient d'un grand échauffement, il faut une grande célérité dans l'application de ces remèdes ; si on manquait le moment, ils ne pourraient plus produire leur effet. Si un homme était attaqué d'une colique violente, on pourrait la calmer en lui faisant prendre un verre d'huile de chenevis. Cette consultation se trouva juste pour le nombre de bêtes attaquées, pour celles qui devaient mourir, et pour le remède avec lequel on sauva les autres.

Plus tard, Théophile sauva aussi un cheval de son père.

Il passa plusieurs mois de l'hiver suivant dans une bonne école à Châlons, il y fut aussi magnétisé et donna un assez grand nombre de consultations d'une lucidité inégale, qui cependant s'accrut par degrés et devint assez remarquable dans l'été suivant.

Nous avons vu des facultés très-distinguées se développer chez Victor, mais il était si impressionnable que la moindre chose éprouvée dans son état de veille le dérangeait, de plus son père qui s'imaginait que cela le fatiguait de donner des consultations, lui avait prescrit de n'en donner que très-rarement, ce qui fortifiait ses idées de l'état de veille où il avait pour le magnétisme une répugnance qu'augmentaient encore ceux qui se moquaient de lui et qui l'appelaient dormeur, rêveur, etc. Ainsi le 28 septembre il ne consentit qu'avec grande peine à donner une consultation. Pendant tout le temps des vendanges qui suivit, je ne le mis point en crise, et il se trouva soumis à toutes sortes d'influences contraires, il fut presque démoli. Le 11 octobre après son premier sommeil il était en révolte, il me dit ensuite qu'il perdait sa lucidité, qu'il ne donnerait plus que trois séances, que ce dérangement venait des contrariétés qu'il éprouvait dans son état de veille par rapport au magnétisme; il convint que dans cet état il avait tort, mais il jugea impossible de changer des dispositions que tout ce qui l'entourait contribuait à entretenir.

Le 14 il me dit qu'il était encore moins lucide que la dernière fois, qu'il ne pouvait donner de consultation, et pour exprimer le dérangement de ses facultés, il me dit qu'il était perdu, que cela venait de la nature de la résolution qu'il avait prise dans son état de veille avec une espèce de serment, en disant avec une volonté fortement prononcée : — Ma foi je ne parlerai plus ; je lui demandai quels étaient les moyens de lui rendre sa lucidité, il me dit qu'il ne les voyait pas ; je le chargeai alors de fluide, il dormit près d'un quart d'heure, après cela il ne fut pas plus clairvoyant. Je lui exprimai mon regret de cette situation, il le partagea ; je lui demandai ce qu'il fallait faire pour remédier à ces impressions de l'état de veille et pour l'en préserver à l'avenir ; il me dit qu'il était trop faible et trop impressionnable pour ne pas les éprouver. J'employai le procédé pour faire passer la conviction dans l'état de veille, il me dit que c'était insuffisant et que cette impression serait bientôt détruite ; il se résuma à dire que, pour le restaurer, il fallait agir par les moyens contraires à ceux qui l'avaient démoli, lui témoigner dans son état de veille le regret qu'on éprouve de la perte de sa lucidité, lui observer que c'est par sa faute, que c'est l'effet de la résolution inconsidérée qu'il a prise de ne plus parler, et qu'il faut qu'il en revienne, qu'il fallait lui faire tenir ce langage par plusieurs personnes propres à exercer de l'influence sur lui, et qu'en lui remettant ainsi la tête dans l'état de veille, sa lucidité pourrait revenir ; ces moyens furent employés avec succès.

Le 19 il vint un malade, je mis Victor en crise ; il dormit long-temps ; lorsqu'il sortit de son sommeil, je lui demandai s'il serait lucide, il me dit que oui ; il dormit encore très-long-temps ; il s'occupa ensuite de son malade dans un état de somnolence, et décrivit fort bien sa situation : voilà près de 45 minutes, dit-il, que je m'en occupe, vous croyez que je dormais ; mais je réfléchissais. La maladie demandait en effet beaucoup de réflexions, car elle était grave. Victor dicta l'ordonnance, mais le malade ne put l'accomplir, parce qu'il fallait prendre des bains de vapeur ; il croyait pouvoir les prendre à Epernay, et il n'avait pu s'y loger comme il l'espérait, il ne fit rien, et mourut quelque temps après.

Je dis à Victor qu'il avait été bien long-temps dans son sommeil, il dit qu'à l'avenir ce ne serait plus de même, et qu'il deviendrait plus lucide qu'il ne l'avait jamais été, que c'était un nuage qui avait passé chez lui comme ceux qui passent devant le soleil.

Le 30 octobre, après avoir été mis en rapport avec la veuve Petit, de Cumières, et l'avoir examinée avec beaucoup de soin, il dit qu'il ne voulait confier qu'à moi seul la cause de sa maladie. Quelque temps après il fit sortir tout le monde, et me dit qu'elle avait une couleuvre dans le corps, qu'il allait chercher les moyens de l'en débarrasser soit en la faisant sortir vivante, soit en la faisant mourir; qu'il ne fallait pas qu'elle le sût, parce que cela l'effrayerait trop. J'avais demandé à Victor, dans son état de veille, s'il la connaissait : il ne savait pas même son nom.

Il lui donna l'ordonnance suivante : jeûner toute la journée, et le soir prendre des fumigations de lait bouilli, la bouche ouverte et les pieds dans du lait chaud; le lendemain manger peu, de la salade verte avec du sel, pas d'autre assaisonnement, un peu de bœuf bouilli et quelques grains de raisin; le surlendemain faire le jeûne et les fumigations de la veille, les faire ainsi trois fois à un jour d'intervalle, pendant lequel on suivrait le régime de nourriture ci-dessus indiqué. Prendre trois tasses par jour de tisane de pariétaire, grande centaurée, et pervenche. Ces fumigations de lait chaud devaient attirer la couleuvre par la bouche; Victor recommanda bien que s'il sortait quelque chose, on eût soin de le recueillir et de le lui rapporter ; car il avait un grand désir d'avoir la couleuvre intacte; il ajouta que si le principe du mal ne se dégageait pas, il faudrait, après s'être reposé pendant trois jours, prendre un grain et demi d'émétique, trois jours après se faire mettre deux vésicatoires, l'un en haut du bras gauche, l'autre à l'avant-bras droit, les panser douze jours avec du taffetas n° 2, et six jours avec de la poirée et du beurre frais; prendre pendant ce temps-là, à six jours de distance, trois bains de vapeur à 55 degrés de chaleur; pendant ces dix-huit jours, prendre tous les jours un petit verre d'elixir américan, après cela deux grands bains à deux jours d'intervalle, prendre de la racine de grande consoude, de la belladone, de la potentille, et de la spigelie, huit grammes de chaque; en faire une décoction, l'envelopper dans une serviette et l'appliquer bien chaude sur l'estomac; ne manger ni beurre, ni fromage, ni laitage, ni rien de fricassé au beurre.

Victor dit que le principe de la maladie existait depuis vingt-sept ans. La malade raconta qu'en 1814, dans le temps de l'invasion, elle s'était sauvée dans les bois et y avait passé des nuits, que depuis ce temps-là elle sentait quelque chose remuer et se promener dans son corps, et que parfois elle croyait entendre de petits cris.

Six jours après, le 5 novembre, Victor avant de donner une consultation et faisant la revue mentale de ceux qu'il traitait, vit la veuve Petit, par la vue à distance, dit que sa couleuvre était morte, que les fumigations l'avaient étouffée, et regretta beaucoup de ne l'avoir pas eue vivante. Il me dit que cette couleuvre avait été introduite dans son corps il y a vingt-sept ans, lorsqu'elle s'était sauvée dans les bois, et qu'ayant chaud, elle avait, en buvant de l'eau d'une fontaine, avalé sans s'en apercevoir cette couleuvre qui était alors infiniment petite, et qui maintenant avait un pied et demi de long.

Le 13, la veuve Petit vint elle-même, Victor lui dit que la bête était morte, et que c'était une couleuvre ; cela ne l'étonna pas, elle pensait que c'était un reptile quelconque, comme un ver ou un lézard ; elle en avait été presque étouffée un an auparavant ayant été sur le point de la vomir. Victor ne changea rien aux prescriptions qui restaient à accomplir, si ce n'est qu'il la dispensa d'aller à Epernay prendre des bains de vapeur, en lui indiquant le moyen de les préparer chez elle, et les plantes aromatiques qu'elle devait y employer ; la veuve Petit n'éprouva plus rien et fut parfaitement guérie.

Victor ayant prescrit à une de ses malades de se faire électriser, je lui demandai s'il avait vu une machine électrique et électriser, il me dit que non, cependant il parlait de tout cela comme si ces connaissances lui étaient familières.

Un jour qu'il avait été très-long-temps dans son premier sommeil et qu'il ne s'était pas trouvé assez lucide pour une seconde consultation, je lui en demandai la raison, il me dit qu'il était plus fatigué que les autres jours à cause des ouvrages qu'il avait faits. Je lui demandai s'il y avait des moyens d'abréger son sommeil et d'augmenter sa lucidité, il me dit qu'il n'y en avait pas, que tout ce que je pouvais faire ne servait à rien pour sa lucidité, qu'elle lui venait de plus haut, qu'il avait vu son ange deux fois, qu'un des motifs pour lesquels il n'avait pas voulu donner la seconde consultation, c'est que son ange ne lui avait rien dicté pour elle, que le moyen d'être très-lucide était d'être bien avec lui, de ne pas se fâcher dans la journée, de ne pas se tourmenter quand on le contrariait, et de ne pas se promettre de se venger plus tard. Un autre jour il parla encore de son ange, des connaissances qu'il lui donnait ; il raconta que dans la nuit de samedi à dimanche il avait parlé pendant près d'une heure sous son inspiration ; que Gérasime, qui couche dans sa chambre, l'avait écouté et en avait été touché jusqu'aux larmes ; j'en parlai à Gérasime, qui me dit qu'effectivement dans cette nuit-là Victor avait parlé plus d'une demi-heure et lui avait répété le sermon que M. l'abbé J. avait prêché le dimanche précédent ; il en était dans le plus grand étonnement.

Victor, sous l'impression des inspirations de son ange, tenait autant à l'amélioration morale des personnes qu'à la guérison de leurs maladies, et tâchait toujours, autant qu'il était possible, de profiter de la seconde pour procurer la première. C'est ce qu'il me confia plusieurs fois et que je remarquai souvent.

Le 22 novembre il m'annonça qu'il aurait une belle extase dans la nuit suivante. Il en eut une en effet qui eut pour résultat de lui faire répéter pendant près d'une heure le sermon qu'il avait entendu prêcher ce jour-là à M. l'abbé J. Le 20, avant qu'il fût question de ce sermon, il avait annoncé déjà l'extase mais sans préciser l'époque. Le sermon entendu le matin en fut donc le sujet sans en être la cause.

Le 25, pendant une consultation, Victor fut interrompu par des secousses d'estomac, comme s'il avait quelque chose à ravaller. Il me dit que c'était une goutte de sang qui lui était tombée de la tête ; je lui fis des passes sur l'estomac, il paraissait très-gêné, ensuite il me dit : — J'en reviens d'une belle. Un instant après il retomba dans un état de gêne et de léthargie, je lui demandai ce qu'il avait et ce qu'il fallait faire, il ne me répondit pas. Il resta près de dix minutes dans cet état, étendit les bras et les jambes et se raidit. Je lui avais fait sans succès beaucoup de passes à grands courants, alors je lui pris les mains et les pouces avec la volonté de l'assoupir, il se remit peu à peu ; il me dit plus tard que dans ce moment de crise il était sorti de l'état magnétique.

Le lendemain, après son premier sommeil, et avant de donner une consultation, il éprouva des secousses d'estomac comme la veille, et aurait parcouru la même période d'accidents, s'il n'avait bu un verre d'eau qu'il me demanda, et s'il ne s'était magnétisé lui-même en posant ses mains sur son estomac, les doigts arrondis; je voulus l'aider et le magnétiser, il me repoussa, se soulagea lui-même et se rendormit dix minutes après. Dans cet intervalle, je lui parlai, il ne répondait pas, il n'était pas cependant dans le sommeil profond, mais il ne pouvait parler. Après ce dernier sommeil, il se trouva bien, et donna une consultation très-lucide; je lui demandai compte du genre de mal qu'il avait éprouvé, il me dit que c'était la goutte de sang qui l'avait incommodé la veille, dont les effets venaient de se reproduire et qu'il s'en était guéri en se magnétisant, qu'il n'en était plus question; sa parole était redevenue libre et sa voix très-assurée.

Le lendemain, il me dit que ce qu'il avait éprouvé les deux jours précédents était comme un coup de sang, que cela lui arrivait quelquefois dans l'état de veille, et lui faisait mal à la tête, mais que dans son état de crise magnétique les effets étaient plus sensibles, que s'il n'avait pas bu son verre d'eau il aurait souffert davantage.

On lui donna des cheveux d'une personne qui était à Paris; il rendit compte de sa situation, dit que les médecins ne pourraient la guérir, qu'il n'y avait pour cela que des somnambules, que si elle venait à Pierry, il la guérirait en six semaines. Il fit un voyage mental à Paris, dit qu'elle n'était pas encore couchée, c'était dans la soirée. On lui demanda si elle était brune ou blonde, il répondit : oui, montrant par cette réponse que la question était déplacée, parce que, sa solution ne pouvant être d'aucune utilité, elle ne pouvait provenir que d'un fond de méfiance de quelqu'un qui cherchait un point de vérification pour juger de la rectitude de la perception, et qui par suite de ses notions inexactes sur la nature de l'état somnambulique, croyait en trouver un dans une question oiseuse, étrangère à ce qui devait l'occuper.

Le 30, Victor avait éprouvé au commencement de la séance la même indisposition que dans les deux avant-derniers, il demanda un verre d'eau, le but, se magnétisa, et cela fut passé en un instant.

Un jour que Victor était bien lucide, le 2 janvier 1844, j'en profitai pour lui faire beaucoup de questions sur le magnétisme et particulièrement pourquoi les somnambules se trompent quelquefois malgré l'élévation des facultés dont ils jouissent dans cet état. Il me dit qu'ils n'étaient pas tous ni toujours dans ce haut degré de lucidité, et que quand ils n'y étaient pas, ils pouvaient se tromper, que l'art du magnétiseur était de le reconnaître, de les y maintenir et de juger quand ils n'y étaient plus. Que le degré le plus élevé était l'état d'extase, que pour y arriver il fallait être chargé fortement par le magnétiseur, et qu'il eût une volonté puissante de les y conduire ; que cet état était fatiguant ; que pour être bon somnambule il fallait n'être ni préoccupé ni contrarié, avoir du loisir, point de fatigue, et l'esprit libre et dégagé. Je lui demandai si l'état d'extase n'était pas un état heureux ; il répondit que ce pouvait être un état de calme et de bonheur ou un état d'agitation, suivant les circonstances, que si l'on passait subitement de cet état au réveil, on serait étourdi et fatigué, qu'il fallait se reposer dans l'état intermédiaire, et répéta ce qu'il avait déjà dit, que dans le somnambulisme parfait, on participait aux connaissances avec lesquelles l'homme avait été créé ; qu'en sortant des mains de Dieu, il renfermait toutes celles qu'il lui était possible de posséder, celles de toutes les découvertes qui ont été faites depuis, et qui n'auraient pu avoir lieu chez ses descendants si elles n'avaient pas pour ainsi dire préexisté chez lui comme un germe, que le premier homme avait été créé parlant et marchant, et avec le complément de toutes ses facultés physiques et morales.

On parla à Victor du jeune Ch., qu'on avait endormi, qui avait parlé et ne s'en était pas rappelé ; il dit qu'il fallait le magnétiser tous les jours pendant quelque temps, et le faire dormir long-temps en le chargeant fort; il recommanda l'usage de l'aimant, disant qu'il fortifiait l'action magnétique, quoique le fluide de l'aimant ne fût pas le même que le fluide magnétique et qu'ils ne se mêlassent pas ensemble. Les difficultés qui se rencontrent ordinairement en pareille circonstance se réunirent pour empêcher chez ce jeune homme le développement des facultés qu'il possédait; on n'avait pas le temps de le magnétiser, on ne le fit que de loin en loin.

Dans une de ses séances isolées, il avait annoncé plusieurs mois d'avance qu'il aurait une douleur à la jambe à une époque qu'il indiqua : elle arriva en effet et le força de rester au lit pendant quelques jours, j'en profitai pour aller le magnétiser, il fut bientôt guéri d'après le traitement qu'il avait indiqué. Je lui trouvai de bonnes dispositions qui ne demandaient qu'à être cultivées, il comprenait les doctrines magnétiques dans le même sens que Victor. Son père le magnétisa ensuite lui-même, pour qu'il donnât à sa mère des consultations dont elle avait souvent besoin, et il s'en acquitta assez bien pour qu'elle pût se passer de celles de Victor, et trouver dans son fils un fort bon médecin.

A l'occasion de ce que Victor m'exposa sur le magnétisme, je remarquai ce que j'avais déjà observé, c'est que la plupart des somnambules, en rendant compte de l'état magnétique et de ses diverses

phases, expriment ce qu'ils éprouvent individuelle-
ment, ce qui établit entre les divers exposés quelques légères nuances, quoiqu'il y ait similitude dans
les caractères généraux.

Le 4 février, je parlai à Victor de Théophile que
j'avais endormi le matin à Châlons, et qui était très-
assoupi et distrait; il me dit qu'il ne serait bien
lucide que quand il aurait fait tout ce qu'il lui avait
recommandé, et que son état d'opacité était la conséquence de sa situation morale et physique, qu'il
ne suffisait pas de faire ses prières, que Dieu ne les
accueillait que quand on était réconcilié avec lui,
que cette première condition était nécessaire avant
tout; qu'il fallait admettre peu de personnes à ses
séances, l'isoler, et faire en sorte qu'il ne reçût aucun sujet de distraction.

Je demandai un jour à Victor, pourquoi un somnambule, très-lucide d'ailleurs, s'était trompé sur le
sexe d'un enfant qui devait naître; il me dit qu'on ne
voyait pas les objets dans le corps comme on voit
ceux qui sont renfermés dans une carafe pleine d'eau;
que quand il était en rapport avec un malade, il était
averti de sa position par l'embarras qu'il ressentait
à la partie affectée, que cela le portait à l'examiner,
et qu'ensuite il croyait voir ce qui causait le mal ; que
quand il était dans les nerfs, il y était surtout très-
sensible. Que la situation du malade, quand il appro-

chait la main de son épigastre, se représentait à lui,
mais que ce sens n'avait pas de rapport avec celui de
la vue ; qu'il ne se trompait guère dans l'appréciation des maladies, quoiqu'il ne pût pas l'exprimer
nettement comme le pourrait faire un médecin ; qu'il
était moins sûr dans les consultations sur les cheveux
et qu'elles le fatiguaient beaucoup ; qu'il serait plus
lucide dans quelques années, à mesure que sa force
se développerait ; qu'il serait alors moins fatigué de
donner des consultations et qu'il en pourrait donner
davantage. Nous parlâmes de l'influence des incrédules qui nuit à la lucidité des somnambules et se fait
sentir à eux malgré leur isolement ; il me répéta que
pour ne pas être distrait il fallait peu d'assistants.
Il me témoigna le désir qu'il avait de lire des histoires
de magnétisme, me dit que cela l'intéresserait dans
son état de veille, le lui ferait connaître, et qu'il aurait moins de répugnance à donner des consultations.
Je lui confiai après son réveil le second volume des
Annales de la Société Harmonique de Strasbourg, cela
l'intéressa très-peu, tandis que dans l'état de somnambulisme il y aurait trouvé une grande jouissance ;
il n'y avait chez lui aucun rapport entre ces deux
états. Il me dit qu'il avait dans la tête un embarras
qui nuisait à sa lucidité, ou qui au moins lui occasionnait de la fatigue ; je lui demandai ce qu'il fallait
faire pour l'en dégager ; la même répugnance qu'il

avait à s'occuper de lui, et à se prescrire des remèdes, se manifesta encore dans cette circonstance.

Le 25 février, avant de donner la consultation
pour laquelle je l'avais mis en crise, il s'empressa de
me parler d'un somnambule qu'un magnétiseur avait
donné en spectacle à Épernay et que j'avais été voir;
il me fit beaucoup de questions sur ce sujet qui l'in-
téressait fort peu dans son état de veille, et fut indi-
gné de cet avilissement du magnétisme et des facultés somnambuliques; le lendemain il m'en parla encore avec le même sentiment; il prétendit que ce
somnambule, si on continuait à le fatiguer ainsi,
mourrait bientôt, ou qu'il perdrait ses facultés, et
ne serait plus capable de voir les maladies des autres ni même les siennes.

Victor continua à donner un grand nombre de consultations.

Le 18 juin, je lui parlai d'un voyage que Théophile avait fait dans les environs et de consultations
qu'il avait données hors de la présence des malades,
après avoir pris leur rapport dans l'état de veille;
j'ajoutai que Théophile m'avait dit en état de somnambulisme qu'il était aussi sûr de ses consultations que s'il avait pris leur rapport étant endormi;
en effet le médecin qui l'avait engagé à venir en avait
été très-satisfait; Victor me dit que cela ne s'était jamais vu et que je n'avais jamais dû lire dans aucun
livre de magnétisme la relation d'un pareil fait.

Plusieurs mois après, ayant eu occasion de réunir Victor et Théophile, je les mis tous deux en état de somnambulisme pour éclaircir la question; alors Théophile raconta deux faits : le premier fut que le médecin l'ayant consulté pendant sa lucidité de la nuit (1) sur l'état d'un malade qu'il venait de voir et qui l'inquiétait beaucoup, il lui en dit l'âge, le sexe, la maladie, indiqua le remède qui fut exécuté à l'instant, et eut le plus grand succès ; Victor étonné de cette extension du sens intuitif, lui demanda comment cela avait du se faire ; Théophile lui dit que le médecin venant de voir le malade, l'ayant manié, lui ayant tâté le pouls, avait encore les mains empreignées de son fluide, et lui avait communiqué son rapport aussi bien que l'aurait pu faire un effet porté par le malade (2); cette ex-

(1) Théophile jouit d'une faculté toute particulière, c'est que pendant son sommeil de la nuit, il possède la lucidité somnambulique pendant quelques heures, et peut donner des consultations; c'est une espèce de somnambulisme naturel qui s'est développé chez lui depuis qu'il est magnétisé, et qui est devenu magnétique.

(2) Pareil fait m'est arrivé avec des circonstances plus remarquables encore : un quart d'heure avant de magnétiser une somnambule, j'avais été faire une visite à un malade qui était sans ressource et qui m'avait pris la main comme pour un dernier adieu; j'eus bien soin d'essuyer ma main pour qu'il n'y restât aucune des émanations du malade, mais à peine l'eus-je posée sur la tête de la somnambule qu'elle s'en aperçut, et aussitôt qu'elle put parler, elle me dit : — Vous venez de toucher un malade. — De qu'elle main? — De la droite, et elle me décrivit sa ma-

plication satisfit Victor qui trouva que rien n'était plus naturel. L'autre fait que Théophile raconta fut que, le lendemain, le médecin le mena chez deux malades, les lui fit toucher, et l'endormit ensuite de retour chez lui ; comme il avait pu conserver ces deux rapports, il donna sur ces deux malades des consultations très-lucides ; il ajouta qu'il n'aurait pu les conserver bien long-temps, et que s'il en avait eu un plus grand nombre, cela eût été difficile, et aurait pu faire confusion ; Victor reconnut que tout cela avait pu se faire.

Au retour d'un voyage que j'avais fait, Victor me dit qu'il n'était pas lucide, parce qu'il y avait long-temps que je ne l'avais magnétisé ; je lui rappelai qu'un autre l'avait magnétisé la veille ; il me dit que ce n'était pas la même chose et qu'il faudrait que je le fisse dormir le surlendemain, quand même il n'y aurait pas de consultation à donner ; que je lui avais trop chargé la tête ce jour-là et que cela l'avait fait dormir trop long-temps ; qu'il aurait fallu lui faire des passes sur l'estomac ; je lui dis que Théophile avait besoin qu'on lui chargeât beaucoup la tête, il me répondit : — C'est qu'il a le sang plus lourd.

Le 25 juin, je remis à Victor des cheveux de Monique Ledhui, de Cheppes, à qui il avait donné une consultation le 13 septembre de l'année précédente ;

ladie quoique j'eusse le désir qu'elle ne s'en occupât point, pour ne pas la distraire de la personne qui était l'objet de sa consultation.

Victor trouva qu'elle allait bien, mais que ses forces n'étaient pas encore bien revenues à cause du ver solitaire qui la rongeait; il lui prescrivit de prendre pendant huit jours tous les matins (après être resté à jeun depuis trois heures du soir), un petit verre de jus d'ortie piquante, et le neuvième jour le remède d'écorce d'oranges amères et de chenevis qu'il avait employé pour lui-même, en y ajoutant un gros de sel d'alun.

Le 2 août, Victor lui donna une seconde consultation également sur ses cheveux; elle avait fait les remèdes ci-dessus; le ver avait été sur le point de sortir par le haut le lendemain du jour où elle avait pris sa dernière potion, mais il s'était replacé ensuite et la faisait beaucoup souffrir; Victor regretta qu'elle n'eût pas eu un peu d'émétique à prendre dans ce moment-là, et dit qu'elle l'aurait rendu; il renouvela la prescription religieuse qu'il lui avait donnée l'année précédente, puis il dicta l'ordonnance suivante : se mettre soir et matin pendant huit jours sur l'estomac, une compresse de lait sortant du pis de la vache, non passé, dans lequel on aura mis deux gros de créosote; ne pas quitter ces compresses, que l'une remplace l'autre; ne pas manger dans la journée pendant ces huit jours, prendre seulement le soir, vers huit heures, une soupe au lait où l'on aura fait bouillir une bonne poignée d'ortie blanche; après cela boire une tasse de lait que l'on aura fait bouillir, avec trois ou quatre gousses d'ail ; pendant ces huit jours, il faudra qu'elle marche beaucoup, surtout les deux derniers jours, malgré la fatigue que lui fera éprouver cet exercice combiné avec le jeûne ; pour apaiser sa faim dans la journée, elle prendra des sirops de groseille et de gomme, etc., et de l'eau miellée. Après ces huit jours elle recommencera le premier traitement prescrit le 25 juin, à l'exception du jeûne ; elle se nourrira bien et mangera surtout beaucoup de laitage ; elle se munira de deux grains d'émétique pour aider à rendre le ver en cas de besoin. Avant de donner cette consultation, Victor s'est fait isoler, de plus il s'est fait mettre un mouchoir sur les yeux et a réfléchi long-temps ; j'ai pensé pendant ce temps-là à la malade ; il me dit que cela l'avait beaucoup aidé, aussi cette prescription eut un excellent effet ; cependant après l'avoir exécutée avec un courage admirable, la malade l'avait terminé le 2 septembre sans avoir obtenu aucun résultat ; mais huit ou dix jours après, elle rendit par bas en plusieurs fois six morceaux de son ver ; cela ranima sa confiance et la détermina à une nouvelle consultation pour achever de le détruire ; elle n'avait pas pris l'émétique parce que Victor ne l'avait prescrit que pour le cas où elle aurait mal au cœur et serait disposée à le vomir, ce qui ne s'était pas présenté puisque le ver avait pris une autre voie. Victor après avoir beaucoup réfléchi ordonna un grain et demi d'émétique, après s'y être préparé comme à l'ordinaire par du bouillon aux herbes, et ensuite un demi grain de supplément si cela ne faisait pas d'effet, puis de recommencer le traitement entier, composé de la prescription du 2 août augmentée de celle du 25 juin, et pour terminer, de faire confire pendant 48 heures une poignée de feuilles de plantain mâle dans un petit verre d'eau-de-vie à 22 degrés, le tout dans un vase d'argent bien fermé, d'en extraire le jus et le boire le matin à jeun ; il ajouta que cette fois le ver n'y résisterait pas.

Le 25 octobre, nouvelle consultation également sur des cheveux ; la malade n'avait pas exécuté la dernière prescription du 17 septembre parce qu'elle rendait toujours des morceaux de son ver et qu'elle espérait en être débarrassée sans faire ce dernier traitement qu'elle avait trouvé extrêmement fatiguant au premier essai ; d'ailleurs le ver ne la faisait presque plus souffrir et était beaucoup descendu depuis le temps qui s'était écoulé. D'après cela Victor prescrivit seulement un gros de fleur de soufre à prendre dans sa nourriture tous les jours ; deux ou trois tasses de décoction de tanaisie, et deux lavements de la même décoction ; pour boisson de l'eau d'orge et des sirops. Victor assura qu'avec cela le ver ne tarderait pas à sortir entièrement.

Le 14 février suivant, Victor la vit, il trouva qu'il lui restait encore quinze à dix-huit pouces de son ver, qui avait deux têtes ou plutôt deux suçoirs.

Le 2 avril il la revit pour la dernière fois ; elle en avait encore rendu quelques morceaux ; il était descendu dans son bas-ventre et ne lui faisait presque plus de mal ; Victor dit qu'il était encore diminué de longueur, prescrivit des compresses sur le bas-ventre d'une décoction de racines de polypode, belladone, ciguë noire et spygelie, et en même temps des lavements de son de seigle et d'huile. Elle ne tarda pas à en être entièrement débarrassée, et elle jouit depuis ce temps d'une santé parfaite.

Un jour Victor, après avoir disserté sur un aimant qu'il tenait dans ses mains, nous dit : — Lorsque le bout de l'aimant n'est pas posé sur le morceau d'acier qui s'y attache, il en sort un fluide d'une couleur blafarde ; cette lueur est plus vive lorsqu'on tient l'aimant et qu'il s'y mêle un peu de fluide magnétique couleur de feu. C'est ce fluide de l'aimant qui attire l'acier, il va le chercher, tellement que quand on met l'acier de côté, la gerbe de fluide se contourne du côté où il est placé pour aller le rejoindre.

Le lendemain il devait faire un voyage mental et nous parler des vaisseaux et de la mer ; il y avait là des personnes capables de juger de la rectitude de ses intuitions. Il voulut auparavant faire une partie de cartes qui lui avait été promise ; il en fit deux, était très-content, et jouait très-vite, les yeux bien fermés. Ensuite s'appuyant sur le dos de son fauteuil, la tête un peu renversée, il resta pendant un bon quart d'heure dans un état d'extase et d'immobilité. En en sortant il dit qu'il revenait de bien loin, d'Afrique, qu'il était bien fatigué, qu'il avait vu sur la mer un vaisseau tourmenté par une horrible tempête ; il dépeignit avec une vive expression, comme au naturel, par ses gestes et ses paroles, les montagnes d'eau qu'elle soulevait, l'effet du balancement du vaisseau sur les mousses occupés à la manœuvre, leurs diverses fonctions, la frayeur que ce spectacle lui avait causée, la grosseur des cordages, l'élévation des trois mâts ; parla de cette petite lanterne appelée le cacatoi, placée sur le mât du milieu, et dans laquelle il y avait un petit mousse en observation, des hamacs ou lits suspendus dans lesquels les passagers étaient bercés comme des enfants qu'on veut apaiser, du fond de cale, etc. Je lui demandai s'il y avait des canons, il me dit qu'il y en avait, mais que ne les ayant pas comptés ni observés, il ne pouvait en préciser ni le nombre ni la disposition ; il n'y avait guère que le tiers des voiles de déployées. Il rendit compte aussi de la chaloupe où il y avait des voiles, elle était très-légère et manœuvrait avec une grande agilité. Il dit qu'il y avait beaucoup de poissons autour du vaisseau, il parla surtout d'un gros requin qui le suivait, et dont il fit la description sans le nommer : il avait un grand nombre de dents énormes, une tête de la

forme de celle d'un lézard, mais un peu plus poin-
tue en avant, la queue très-renflée par le milieu. Il
avait vu aussi au fond de cale des morceaux de liége
de diverses grosseurs réunis en magasin pour répa-
rer les avaries que le vaisseau pourrait éprouver. Il
était, dit-il, doublé de cuivre rougeâtre. Victor mettait beaucoup d'action dans son récit, or, dans son
état de veille, il n'avait aucune idée de tout cela.
En parlant de l'aimant que je lui remis entre les
mains et qui l'amusait, il me dit que c'était par la
force de l'attraction de l'aimant que le tombeau de
Mahomet était suspendu dans le temple de la Mecque.
Il parla du colosse de Rhodes qui existait autrefois;
on voit seulement encore, dit-il, les rochers sur lesquels ses jambes étaient appuyées et entre lesquelles
un vaisseau pouvait passer.

Un autre jour il parla des pyramides d'Egypte,
qu'il nommait les tours de Babel, et dont il indiqua
la direction vers le soleil de dix à onze heures. Il
parla des sables mouvants que le vent soulève, dé-
place e treplace, d'une caravane de chameaux qu'il
avait vue, etc., de l'état magnétique, des divers
degrés de somnambulisme dont le plus élevé approche de celui où était le premier homme lors de
sa création, de la rareté des bons somnambules; il
dit que ce n'était pas bien de les interroger sur des
vols, que les magnétiseurs qui se le permettaient
faisaient mal, mais qu'ils ne le savaient pas toujours.

qu'il éprouvait une grande jouissance dans l'état magnétique et dans ses voyages, mais que malheureusement il n'en conservait aucun souvenir, c'est pourquoi le magnétisme ne lui présentait aucun intérêt dans son état de veille; qu'il faudrait lui faire lire ses récits, en lui présentant cela comme une relation de quelque somnambule, et lui faire connaître plusieurs faits, afin qu'il ne conservât pas pour le magnétisme la répugance ou au moins la grande insouciance qu'il éprouvait; que dans son premier sommeil il voyait souvent de très-belles choses et qu'il n'en rendait pas compte parce qu'aussitôt qu'il en était sorti on l'occupait des malades, qu'alors il faudrait les renvoyer ou les faire sortir pour qu'il racontât tout cela pendant qu'il en avait encore la mémoire fraîche. Il ajouta que c'était son ange qui le mettait au courant de tout ce qu'il désirait savoir, soit dans ses voyages, soit dans ses consultations; qu'il le voyait dans presque toutes ses séances, que cependant quand il n'avait pas bien rempli tous ses devoirs il était quelquefois plusieurs jours sans en être visité. Lorsque Victor parlait de son ange, son visage s'épanouissait, on voyait le bonheur qu'il éprouvait de ses communications.

Théophile me dit un jour, en parlant de Victor, qu'il avait tort de vouloir pénétrer dans l'avenir; il ne pouvait connaître cette particularité que par son intuition magnétique, car je ne lui en avais pas parlé.

Victor, en effet, se hazardait un peu trop dans ses pronostics.

A ce sujet je dis à Victor que les somnambules devaient se tromper quand on voulait les faire sortir de leur sphère; il me dit qu'on ne devait les consulter que pour les maladies. Je lui rappelai alors certaines annonces inexactes qu'il avait faites, il me dit que c'étaient des visions et comme des espèces de rêves, mais que c'était bien différent lorsque son ange lui dictait ses ordonnances; c'est pourquoi la condition essentielle pour être bon somnambule dépend surtout des principes religieux et de la bonne conduite.

Un jour que je parlais à Victor de la nécessité de bien conduire les somnambules pour les préserver des erreurs, il me dit qu'il ne fallait pas abuser de la faculté de la vue à distance, qui se manifestait quelquefois chez certains sujets; qu'on pouvait la saisir quand elle se présentait naturellement, mais qu'on ne devait jamais y porter les somnambules, parce que cela *les casserait*.

Il y avait à Epernay une somnambule naturelle très-remarquable ; elle possédait aussi la vue à distance; le développement de ses facultés lui avait même acquis une telle célébrité, que sa mère l'avait fait revenir chez elle, dans un village des environs. Elle était retournée à Epernay, mais presque incognito. Je sus qu'elle y était, et je fus très-curieux de la

voir. Je la trouvai travaillant à faire du pain dans
son état de somnambulisme naturel (ce qu'elle ne savait pas dans son état de veille) ; servante dans la
maison où elle était, elle faisait également tout son
ouvrage, balayait, arrosait les yeux fermés avec
beaucoup d'adresse et une grande activité. Un jour
je la magnétisai et la fis passer de l'état de somnambulisme naturel dans celui de somnambulisme magnétique. Elle me dit dans ce nouvel état que sa
santé était très-bonne, que le soir aussitôt qu'elle
s'endormait après son coucher, elle entrait dans l'é-
tat de somnambulisme naturel tranquille, c'est-à-dire
qu'on pouvait lui parler et qu'elle répondait sans
s'éveiller ; que vers deux heures du matin elle entrait dans l'état de somnambulisme actif avec la possibilité d'agir, qu'elle se livrait dans cet état et faisait
tout ce qu'elle avait à faire, aussi bien et mieux encore que dans l'état de veille ; vers dix heures, elle
rentrait dans son état de veille et y restait jusqu'à
son coucher. Je m'entretins avec elle de son état ;
elle reconnut que l'âme percevait alors directement
sans l'intermédiaire des organes ordinaires du corps,
partageant en cela les doctrines des somnambules
magnétiques que j'ai recueillies. Elle fut aussi magnétisée par Mme P., au service de laquelle elle était attachée, et donna quelques consultations dans un
demi-état de lucidité, où elle ne faisait qu'entrevoir
la situation. Je l'endormis un jour devant Victor, il

donna devant elle des consultations ; elle approuva ses prescriptions ; mais lorsque je l'interrogeai sur les motifs qui avaient déterminé le choix de chacun de ces remèdes, sur la nature des plantes, leur forme, leur espèce, les lieux où elles croissaient, elle ne put rien dire de bien satisfaisant. Elle ne voyait pas le fluide magnétique ni celui de l'aimant ; elle regarda avec plaisir un livre de gravures représentant des oiseaux ; elle reconnut les espèces de ceux qu'elle connaissait déjà. Victor dit que sa situation n'était pas caractérisée et tenait beaucoup plus d'un somnambulisme naturel très-développé, que du somnambulisme magnétique ; que pour exercer sa lucidité, il faudrait diriger sur elle une action magnétique très-puissante. Ces éclairs de vue à distance, qui avaient beaucoup étonné, ne lui semblaient que des lueurs passagères sur lesquelles on ne devait pas fonder l'espoir d'un état de lucidité permanent : c'est ce qui se vérifia.

Victor donna, dans le courant de l'hiver qui suivit, un grand nombre de consultations, jusqu'à quatre, cinq et même six par séance, sans être trop fatigué ; sa lucidité faisait toujours des progrès. Il en donna à un enfant de 4 ans et demi, sourd-muet, dont Théophile avait commencé le traitement ; il entendait déjà à demi-voix et pouvait prononcer quelques mots ; la partie physique de sa situation allait assez bien, mais la partie scientifique restait très en arrière, parce que l'enfant ne se prêtant pas au désir qu'on avait de le faire parler et n'en connaissant pas les avantages, ne voulait pas s'en donner la peine, quoiqu'il fût doué naturellement de beaucoup d'intelligence; il était très-indiscipliné; une cure ou plutôt une éducation de cette nature, exigeant des soins prodigieux, le résultat ne fut pas atteint. Un jour, Victor, après avoir examiné ses cheveux, dont on lui avait envoyé une mèche, fit un voyage mental pour l'aller voir à Châlons; il nous dit qu'il l'avait trouvé couché et qu'il s'était mis à brâiller; je sus quelques jours après par sa gouvernante que ce jour-là il s'était réveillé vers sept heures du soir (heure de la visite), et avait brâillé comme jamais elle ne l'avait entendu, ce qui était très-extraordinaire de sa part, parce qu'il ne se réveillait jamais avec ce genre d'émotion. Victor me dit qu'il l'avait effectivement réveillé pour lui demander de ses nouvelles, et que, s'il pouvait parler, il rendrait compte de l'impression qu'il avait éprouvée, qu'il n'avait pu exprimer que par ses cris. Il est à remarquer que cet enfant n'est pas criard. A ce sujet, je demandai à Victor si les personnes qu'il allait voir ainsi pouvaient s'en apercevoir; il me dit que s'il y avait dans la maison quelqu'un de malade, il agirait sur lui en l'allant voir mentalement; que s'il avait le sommeil dur il serait agité, que s'il l'avait léger, il se réveillerait et qu'il aurait de la peine à se rendormir. Que son âme exer-

çait son influence sur ceux qu'il allait visiter, lorsqu'il les interrogeait. Ceci se trouva d'accord avec le
témoignage de quelqu'un que Victor avait été visiter et questionner mentalement plusieurs jours de
suite lorsqu'il était malade; ces visites le réveillaient
au point qu'il avait de la peine à se rendormir, tellement que pour faire cesser ces agitations, on défendit à Victor de s'en occuper davantage; dès lors l'effet de ces impressions ne se fit plus ressentir. Cette
action d'une âme sur une autre, explique par des
faits analogues ces impressions éprouvées à distance,
que bien des personnes ressentent et dont on a de
la peine à se rendre compte.

A l'occasion des extases que Victor annonçait quelquefois à l'avance, je lui demandai comment il avait
cette prévision, il me répondit que c'était une faveur
particulière qui lui était annoncée par son ange, et
que dans cet extase il parvenait au plus haut degré
de l'état magnétique quoiqu'il ne fut pas magnétisé,
car ces extases lui arrivaient quelquefois pendant
son sommeil de la nuit, sans doute à cause des prédispositions que son somnambulisme naturel lui
avait données pour cet état. Il s'en servit même souvent pour élaborer des questions; chez Théophile,
cette situation était plus régulière et plus caractérisée.

Je demandai aussi à Victor pourquoi la plupart de

ceux qui dormaient du sommeil magnétique, éprouvaient à leur réveil des pesanteurs dans la tête, les bras et les jambes, dont il fallait toujours les dégager; il me dit que cela provenait du fluide dont le magnétiseur les avait surchargés; que pour lui il n'éprouvait rien dans les membres, parce que tout était dans la tête, que plus le magnétiseur avait exercé de force, plus il en était chargé; que dans l'état où il était, il serait impossible de le réveiller, qu'un canon tiré à ses oreilles ne lui ferait rien (1).

Un jour, Victor reconnut une fleur de doronic que je lui avais présentée, et dont on voulait connaître le nom; je lui avais mis entre les mains les deux volumes de planches de Tournefort; il les examinait comme un botaniste consommé, il y trouva le doronic, s'arrêta au ricin, montra la gousse renfermant les graines dont on tire l'huile purgative dont il ordonne souvent l'emploi. Il était occupé à regarder ces planches avec le plus grand intérêt, lorsque la somnambule d'Epernay vint avec quelques personnes; il fut très-aise de la voir; cependant il ne quitta pas brusquement le livre qu'il tenait, il y con-

(1) Cependant cela ne vaut rien de faire des cris perçants à leurs oreilles : si cela ne les réveille pas sur-le-champ, cela dérange toujours un peu le travail de la lucidité. Ces cris d'ailleurs sont quelque chose de plus que du bruit, il s'y mêle une intention de réveiller, qui occasionne toujours de la perturbation et nuit au développement des facultés.

tinua ses recherches pendant quelques instants,
comme ce que l'on goûte beaucoup et qu'on quitte
avec peine. J'endormis la somnambule, je lui jetai
des étincelles qu'elle entrevit ; elle vit même la différence qu'il y avait entre les miennes et celles d'une
personne jeune et forte qu'elle trouva plus brillantes.
J'en conclus que sa lucidité avait fait quelques progrès. Après l'avoir mis en rapport, ainsi que Victor,
avec une malade, elle fut interrogée sur sa situation,
dit que le mal était dans l'estomac, et que le sang en
était la cause ; Victor lui en demanda la raison, elle
ne put la donner ; alors il lui dit qu'effectivement le
mal était dans l'estomac, qu'elle avait bien vu cela,
mais que la cause était dans les nerfs et dans la bile
qui agissait sur les nerfs ; qu'elle s'était trompée sur
la cause ; il ne la découragea pas, au contraire ; il la
félicita de ce commencement de lucidité à l'égard
d'une personne qu'elle ne connaissait pas. Il lui fit
ensuite beaucoup de questions pour lui demander
la raison des remèdes qu'il venait d'ordonner devant
elle, sur les propriétés des plantes, leur port, les
lieux où elles croissent, et quand elle ne pouvait
répondre, ce qui était assez ordinaire, il faisait un
cours de botanique devant elle comme un profes-
seur ; il passa ainsi en revue le colchique, la bourrache, la belladone, la potentille, le polypode, le
scamandre, dont il venait de prescrire l'emploi à divers malades.

Après le réveil de Victor, je lui montrai la fleur qu'il avait désignée (le doronic) et lui en demandai le nom, il me dit qu'il ne le savait pas. Un jour je mis entre ses mains une petite bouteille d'eau que j'avais été chercher une heure auparavant à une fontaine pétrifiante. Il en but une petite cuillerée, l'observa, et après un instant de réflexion, il me dit : — Cette eau est bien précieuse : elle vaut l'eau non sulfureuse du Mont-d'Or, elle ne peut être prise qu'en bain, il n'en faudrait pas boire beaucoup ; on en éprouverait du mal si on en buvait seulement un demi-verre ; les bains de cette eau seraient très-bons pour les apoplexies, les gastrites et les épilepsies, il faudrait avoir soin de ne pas faire chauffer l'eau jusqu'à l'ébullition , car alors elle perdrait une grande partie de ses propriétés. Si l'on faisait quelques fouilles à l'endroit d'où sort cette fontaine, on trouverait de la mine de fer sentant le soufre ; cette eau pourrait pétrifier le bois , mais ce n'est pas là sa principale vertu ; elle tire cette propriété du soufre qu'elle contient dont elle se sature dans la mine de fer que j'ai signalée tout-à-l'heure. Je demandai à Victor où l'on pourrait trouver de cette eau dans les environs ; il chercha pendant quelques minutes, et enfin m'indiqua précisément le lieu où je venais de la puiser. En revenant sur ses qualités, il dit qu'elle n'était que d'un demi-degré moins forte que l'eau du Mont-d'Or à laquelle il l'avait comparée, qu'elle contenait beaucoup de soufre, et ajouta que si l'on creusait seulement trois ou quatre pieds aux environs de la source, on trouverait de la mine de fer jaunâtre, et qu'en prenant de la terre à cette profondeur, en la lavant et la faisant bouillir, on remarquerait qu'elle devient jaunâtre, luisante et veinée.

Je lui demandai plus tard pourquoi il avait comparée pour les propriétés cette eau chargée de beaucoup de soufre à l'eau du Mont-d'Or non sulfureuse ; il me dit que ces eaux, quoique sulfureuses, l'étaient moins que celles du Mont-d'Or, et avaient par conséquent plus d'analogie avec celles qui étaient moins chargées de soufre.

Je parlai à Victor de quelqu'un qui avait une grande puissance magnétique et qui fait tomber les personnes en crise en les regardant, sans les toucher ; il me dit que cela ne valait rien, que les somnambules mis en crise de cette manière, n'étant pas soutenus suffisamment, ne pouvaient avoir la même lucidité ; il compara l'état dans lequel on les mettait à celui de son somnambulisme naturel où il pouvait avoir des intuitions réelles ou imaginaires ; il ajouta que pour bien magnétiser il fallait avoir des intentions pures et droites, ne point le faire pour s'amuser, mais avec le désir de faire du bien.

Je commençai à le porter à réfléchir sur la science du magnétisme ; je lui fis plusieurs questions et le mis sur la voie de cette étude à laquelle il se livra sur la fin de janvier 1842 où il commença son traité ; sa lucidité avait pris tout le développement qu'il avait annoncé. (J'ai réuni en un seul chapitre tout ce qui le concerne).

Le travail auquel il se livra pour lors était très-pénible, il passait quelquefois des séances entières à réfléchir, il avait besoin d'un grand isolement et il ne fallait pas qu'il fût dérangé ; un jour que je l'avais détourné de l'ordre de son travail pour l'occuper d'une rédaction précédente, il avait mal à la tête ; je lui fis des passes , il se rendormit ; je les continuai, il finit par avoir une extase, je lui demandai de m'en faire le récit, il préféra reprendre la suite de son travail ; ce ne fut que le lendemain qu'il m'en rendit compte ainsi :

Je rentrais dans un sommeil bien paisible dans lequel mon agitation, mon mal de tête et ma douleur d'estomac furent guéris. J'ai vu alors mon bon ange et le paradis ; un peu avant de voir le paradis je me trouvai comme sous une voûte bleue, j'entendais comme une symphonie de harpes, dominée par des ravissantes voix d'anges qui exprimaient des cantiques. J'arrivai ensuite en présence des anges qui exécutaient des concerts , et je fus tellement frappé de la perfection et du charme de leurs accords, que j'aurais pu peut-être au premier instant répéter la mélodie qu'ils avaient exécutée. J'ai joui

de la contemplation des parvis célestes, environ
une demi-minute, puis je les quittai, et bientôt
mon bon ange me laissa sur le bord d'un gouffre
d'où s'exhalaient des vapeurs de soufre, d'où sor-
taient des flammes blanches produites par un foyer
jaunâtre, dont les ardeurs se manifestaient par un
bruit terrible. Ce bruissement faisait place à des
cris lamentables, et moi j'étais au-dessus de ce gouffre comme un spectateur à un balcon, ou sur le bord
d'une fosse où s'entre-dévorent des animaux sauvages; je fus rappellé loin de cet abîme et je revis
mon bon ange; il me dit qu'il m'avait à dessein
montré le paradis pour m'en faire désirer la posses-
sion, et l'enfer pour m'en inspirer l'horreur. Il me
fit considérer le sort des impies et des méchants de
tous les temps condamnés à brûler dans ce brasier
durant toute l'éternité.

Puis je traversai l'espace avec mon bon ange qui
semblait fendre les airs et m'entraîner à sa suite par
un fil solide. Revenu ici-bas dans ces lieux, je revis
mon ange s'éloigner, et lui souriai de reconnaissance quoique vivement affligé de son départ, et de
la privation de sa présence visible, dont je jouis si
peu et dont je voudrais jouir toujours, car quoique
mon esprit ait oublié l'idée du temps dans ces extases; cependant, revenu à mon état de simple veille
magnétique, je mesure avec douleur le peu de durée
de temps où j'ai été ravi dans le règne de l'éternité.

J'étais heureux en présence des joies du paradis, oubliant la terre et les objets les plus chers qu'elle ait pour moi; j'étais tout entier à savourer l'harmonie des voix et des harpes des anges. Mais mon bon ange m'a promis de me renouveller bientôt cette faveur, je vais tâcher de la mériter par le bon usage de mes facultés somnambuliques et naturelles.

Je fis ensuite les questions suivantes à Victor : —Ne pourrais-je pas te procurer ces sortes d'extases par des procédés magnétiques. — Non, c'est une récompense qui trouve sa raison dans les dispositions du sujet; on ne commande pas les faveurs célestes. — Ne pourrais-je pas t'y disposer en te mettant la main sur la tête et en l'élevant (1)? Ce moyen, reprit-il, est illusoire et ce but ne pourrait être atteint qu'avec grande peine, si tant est qu'on y pût parvenir. — Sous quelle forme, lui dis-je, ton ange t'est-il apparu? — Sous la forme d'un enfant de sept à huit ans, vêtu de blanc, aux cheveux bouclés retenus par une légère bandelette, au teint rose, aux traits toujours portés à sourire. — Est-ce qu'il ne t'a jamais fait de reproche? — Sa manière de m'en faire est de ne pas venir me visiter.

Victor regrettait vivement de ne pouvoir se rappeler dans son état de veille ce qu'il avait vu, et de ne point ressentir l'heureuse et salutaire impression

(1) Ce procédé m'avait été indiqué par un magnétiseur.

que ses extases produisaient sur lui dans son état magnétique ; il regrettait aussi de ne pouvoir en donner l'idée à personne, aucune expression ne pouvant la rendre. Je lui demandai si l'on ne pouvait pas fixer ce souvenir chez lui par quelque procédé magnétique, pour qu'il se le représentât dans son état de veille, et en reçût une bonne influence ; il me répondit que c'était très-difficile, et ne lui paraissait pas possible pour des choses d'un ordre aussi élevé ; que ce procédé avait été employé pour le faire souvenir d'une prescription qu'il s'était faite et qu'à son réveil il lui avait produit l'effet d'un rêve dont on se rappelle.

En lui parlant du sujet de son extase, je lui demandai s'il avait aussi vu le purgatoire. Je vous ai donné, dit-il, une image de l'enfer tel que je l'ai vu et compris. Quant au purgatoire, que je n'ai pas vu hier, mais précédemment, il n'y a point de feu, il n'y a que ténèbres, une nuit sombre empêchant de voir les splendeurs de Dieu et du paradis ; un état d'angoisse, de resserrement, d'étouffement ; de là le désir, la soif qu'ont les âmes du purgatoire de voir Dieu, et c'est cette angoisse, cette soif, cette douleur excitée par la séparation sensible de Dieu, qui fait leur supplice. Un jour il dit que son ange l'avait conduit jusqu'au ciel, que le ciel n'est pas ce que nous voyons de bleu au-dessus de nous, mais qu'il est bien au-delà, et plus loin que tout ce que nous pouvons apercevoir ; que pour y aller il avait traversé des espaces glacials où il fait le froid le plus rigoureux, puis il fit du ciel la description la plus ravissante dont je ne pus recueillir le récit. En général Victor n'aimait pas à faire part de ses extases par discrétion, par respect ; ce n'était que dans l'intimité qu'il parlait de son ange et de ses rapports avec lui. Il ne voulait pas compromettre des récits de cette nature devant des gens qui ne seraient pas capables de les apprécier.

Depuis deux ans, je voyais les facultés de Victor se développer sous mes yeux d'une manière bien remarquable, et depuis quelques jours il avait commencé sur le magnétisme un traité auquel je mettais d'autant plus de prix qu'il était le résultat de ses intuitions magnétiques, puisque, dans son état de veille, il était absolument étranger à toutes ces matières. Je devais cependant m'en séparer, il lui était utile de suivre un genre de vie où ses facultés puissent prendre un plus grand développement.

Ce qui détermina surtout cette mesure fut une faute à laquelle il se laissa entraîner par des camarades, en raison de cette grande impressionnabilité qui, dans son état de veille, le rendait accessible à toutes sortes d'influences. Je lui en fis des reproches en crise, en lui observant combien sa conduite contrastait avec les sentiments qu'il avait montrés lorsqu'il m'avait rendu compte de son extase ; il me dit qu'il y avait une bien grande différence entre lui dans l'état magnétique, et lui dans l'état de veille, parce qu'entre ces deux états il n'y avait aucune communication, qu'il ne conservait aucun souvenir qui pût influer sur ses idées, les éclairer, les relever, leur donner une bonne direction ; qu'il était très-impressionnable et pas assez fort pour résister aux mauvaises suggestions. Je lui avais dit que sa position actuelle était dangereuse pour lui et qu'il faudrait la quitter ; cette idée le tourmentait beaucoup et contribuait surtout au vif regret qu'il avait de sa faute dans l'état de veille. Je le laissai quelques jours dans cette situation, avec la plus grande inquiétude sur son avenir ; je lui dis seulement en crise que je m'en occuperais.

Deux jours après, je l'endormis pour donner une consultation sur des cheveux ; il me dit qu'il était *cassé,* expression dont il se sert quand ses facultés sont brisées par quelque affection morale trop forte pour sa tête. Il ajouta que si je l'avais fait dormir la veille au soir il aurait pu recouvrer sa lucidité ; je lui demandai si après cette séance de repos où il allait s'occuper uniquement de ce qui le concernait et de remettre l'ordre et le calme dans ses idées, il pourrait être lucide le soir ; il me dit qu'il le croyait. Je le remis donc en crise le soir, il donna sa consultation parce que je le désirais beaucoup, mais il se trompa, et en convient deux jours après ; elle fut supprimée. La séance de l'après-midi l'avait un peu calmé ; il me dit qu'il fallait encore le laisser un jour dans l'angoisse pendant son état de veille, que cela lui faisait faire de bonnes réflexions, et prendre des résolutions bien fermes ; qu'il ne dormirait guère la nuit prochaine, pas plus que les précédentes, mais que c'était égal. Ce ne fut que le lendemain au soir que je fis cesser son état d'angoisse, en lui disant dans son état de veille que je lui avais préparé une position. Le surlendemain, sa lucidité étant revenue, il donna deux bonnes consultations.

Deux jours après, pendant la seconde partie de son premier sommeil, qui fut assez long, il laissa voir par un sourire répété par le mouvement de ses yeux qu'il entr'ouvait quoique renversés, qu'il recevait la visite de son ange. Lorsqu'il fut arrivé à l'état de veille magnétique, je lui dis : — N'as tu pas vu quelqu'un ? — Oui, dit-il, de belles choses qui m'ont bien consolé, moi, qui naguères me croyais abandonné de Dieu comme des hommes, parce que depuis huit jours je n'avais pas vu mon bon ange ; me voilà de nouveau admis à la faveur de sa visite, j'ai réussi par mon repentir et par mes prières à recouvrer les bonnes grâces de Dieu.... Il ne m'est pas permis de vous raconter aujourd'hui ce que j'ai vu.... demain seulement.

Le lendemain donc, Victor me fit le récit suivant :

je comptais le neuvième jour depuis la dernière apparition de mon bon ange, quand je le vis sous sa forme et sa parure ordinaire, mais sa figure était moins souriante, moins éclatante, moins satisfaite. Je conçus alors de nouveau le regret de ma faute, il vit mon repentir et me témoigna de l'indulgence et plus de satisfaction, après quoi il disparut dans un nuage.

Alors mon corps fut abaissé et mon âme élevée dans les hautes régions; elle fut conduite jusqu'à l'entrée du paradis, mais sa contemplation lui en était défendue comme par une toile qui se baissait devant mes yeux, laissait entrevoir les splendeurs du ciel, et se relevait aussitôt pour se baisser et se relever encore. L'obstacle fut invincible, et je ne pus obtenir de mon bon ange que la promesse de jouir plus tard de cette faveur, si je ne m'en rendais pas indigne. De même mes oreilles ne jouirent que très-imparfaitement des concerts angéliques comme d'une musique lointaine dont le vent apporte par intervalle quelques accords. Enfin ce peu de jouissance cessa, et je fus encore conduit au gouffre infernal. mais comme j'avais senti une diminution des faveurs célestes, j'éprouvai un degré de souffrance, une punition : car cette fois je ressentis en moi une partie des souffrances de l'enfer; mon souffle suspendu momentanément par la douleur, était comme le flux et reflux de la mer, un poids accablant comme une atmosphère très-lourde m'oppressait, j'étais dans des ténèbres qui me semblaient épaisses et bourbeuses. Mon ange vint me tirer de ce bourbier étrange dans lequel j'étais resté bien dix minutes. Il m'apparut sortant du même nuage qui l'avait enveloppé devant moi. Je restai une minute au plus avec lui, il me ramena à mon corps par le même moyen que la dernière fois, en m'entraînant à sa suite comme par un fil solide, en abordant la région où mon corps reposait, je me sentis enveloppé de vapeurs pestilentielles, fétides... un nuage se formait de ces vapeurs.... un cri en sortit.... Ces dernières circonstances sont celles qui contiennent le plus de merveilleux et que j'hésite à vous dire.... Seulement le résultat en fut que j'eus la tête très-troublée de ces faits pendant mon second sommeil (1), et qu'à mon réveil si on m'eût dit ce que j'avais éprouvé dans cette extase, je m'en serais souvenu comme d'un fait éloigné ou un rêve d'autrefois. Cette impression de trouble me suivit environ un quart d'heure dans mon état naturel.

Quelques jours après, Victor, qui avait déjà fait une partie de son traité sur le magnétisme, exprima le désir de surseoir à son achèvement jusqu'à ce qu'il eût acquis plus de facilité pour exprimer ses idées ;

---

(1) Je l'avais vu trembler de tout son corps pendant quelques instants. Quel que fut mon désir de connaître cette dernière particularité, je ne pus en obtenir la confidence.

je le menai à Châlons et l'y plaçai dans une école ; il reprit avec moi son travail pendant les vacances, dans le mois de septembre, et le termina à la même époque de l'année suivante, 1843.

Avant de le faire entrer dans son école, je le menai à Mairy, où il passa quelques jours, et je lui fis donnner quelques consultations devant Théophile, mis aussi en état de somnambulisme; ce dernier ne voulait pas y prendre part par suite de cette gêne qu'éprouvent la plupart des somnambules, lorsqu'ils se trouvent en présence d'un autre qui paraît vouloir les dominer. Un jour, cependant, Théophile s'en occupa un peu ; Victor donnait une consultation à quelqu'un qui avait le conduit auditif obstrué, il demanda à Théophile à quelle distance se trouvait l'embarras, celui-ci répondit qu'il le voyait à deux pouces environ de l'ouverture de l'oreille. Victor ayant prescrit pour le dissiper, des injections d'huile de navette et de chenevis avec deux tiers d'eau, en demanda la raison à Théophile, qui ne put la donner ; alors Victor énonça les propriétés de ces huiles, et ajouta qu'il y avait fait mêler deux tiers d'eau pour que l'eau, plus pesante que l'huile, la précipitât et la fit entrer plus avant dans le conduit

Je lus ensuite à Théophile le récit de la première extase de Victor; cela l'intéressa beaucoup, l'état de gêne qui existait chez lui cessa, et tous deux causèrent avec une égale satisfaction sur des idées élevées et assez abstraites. Le lendemain je fis à Théophile la lecture de la seconde extase, il l'écouta avec intérêt et dit qu'il en avait eu une de ce genre ; il y avait plus de six mois qu'il avait aussi quelquefois des rapports avec son ange, mais qu'il n'en jouissait que quand il l'avait mérité ; je lui lus aussi une partie du traité de Victor, et les hautes questions qu'il avait abordées ne lui parurent point trop élevées, il écouta tout cela avec beaucoup d'attention, dit qu'il y réfléchirait et en parlerait à Lavalle lorsqu'il le magnétiserait.

Peu de temps après, Théophile fut enlevé par la conscription ; il avait beaucoup gagné en lucidité et serait devenu un excellent somnambule s'il avait pu être cultivé ; il est fâcheux que l'ignorance qui règne sur le magnétisme, ait laissé dans la législation une lacune fâcheuse sur tout ce qui le concerne. Si l'on était plus éclairé et si les intérêts de la société étaient mieux appréciés, on n'hésiterait pas à dispenser du service militaire les bons somnambules magnétiques, sujets si rares et si utiles, dût-on exiger d'eux l'exercice de leurs facultés, pendant tout le temps de leur durée. Mais en raison de l'ignorance et des préjugés qui nous dominent (bien que nous rejetions loin de nous ces qualifications pour en gratifier nos aïeux), au lieu de jouir de priviléges dont la société recueillerait les fruits, il sont encore exposés à bien des genres particuliers de vexations.

L'année suivante, Théophile ayant obtenu un congé de quelques mois pour sa santé qui n'était rien moins que solide, comme celle de la plupart des somnambules, je pus le réunir à Victor, et je voulus les faire conférer ensemble sur des cas assez singuliers. Un cultivateur avait perdu successivement un assez grand nombre de chevaux par suite d'une maladie qu'on n'avait pu ni guérir ni même caractériser; il y en avait encore un qui était très-malade du même mal lorsqu'on vient consulter Théophile; il le guérit en lui faisant avaler de l'eau de cologne avec de l'eau bénite; pour désinfecter le local, il fit jeter de l'eau bénite dans l'écurie, enlever la terre, changer le ratelier, blanchir les murailles, etc. Ce mélange de profane et de sacré parut fort étrange à Victor dans cette circonstance, et il désira savoir d'abord comment Théophile avait pu connaître la maladie du cheval, qui était à plusieurs lieues de là. Il répondit que celui qui était venu le consulter, l'ayant pansé et soigné le matin, il lui avait été facile de connaître la maladie, sa cause et les remèdes; qu'elle avait été occasionnée parce qu'un ennemi de ce cultivateur avait mis dans son écurie une poudre blanche faite avec un chat brûlé... Ici Victor l'interrompit brusquement, prétendant qu'un chat brûlé devait produire du noir animal et non une poudre blanche; ce point de désaccord amena entre eux une discussion qui détourna de la question principale, et ils sortirent de crise tous deux sans avoir rien terminé. J'y revins un autre jour avec Théophile seul; il me dit que cette poudre était les cendres d'un chat qui, comme toutes les cendres, sont d'un blanc grisâtre, que cela avait été accompagné de maléfices, et que c'était pour en détruire l'effet qu'il avait ordonné l'adjonction de l'eau bénite aux autres remèdes; qu'enfin, par les moyens qu'il avait employés, le cheval avait été guéri, l'effet de la malveillance détruit et qu'il avait empêché pour l'avenir le retour de pareils accidents. Voici l'autre fait : un habitant du même village était venu consulter Théophile sur sa santé, il se croyait malade, et comme blessé à mort par l'effet de la volonté perverse d'un ennemi. J'avais demandé à Victor si c'était possible, il me dit que non ; plus tard je fis la même question à Théophile, il me répondit que le mal de cet homme venait des peines qu'il avait éprouvées et aussi de ce que son imagination frappée lui persuadait qu'il était victime d'un mauvais vouloir, que ce qu'il s'imaginait n'était qu'une illusion et qu'il guérirait s'il observait exactement ses prescriptions. Théophile n'avait cru voir de maléfice que dans le premier de ces deux cas.

A cette époque, Victor, occupé à préparer son chapitre sur l'âme, était bien aise de causer avec Théophile sur ces faits particuliers ; mais il ne voulait pas y donner beaucoup d'un temps dont il était très-avare, et comme il avait précipité son jugement aussitôt qu'il avait été question de chat brûlé, il s'était livré à l'impatience, en raison du déplaisir qu'il avait d'être détourné du travail qui l'occupait et dont il aurait préféré s'entretenir. On conçoit facilement que la surexcitation de l'état magnétique rende accessible à cette impression les somnambules qui sont d'une grande susceptibilité. Lorsque le développement des facultés intellectuelles s'exerce à un certain degré, tout ce qui gêne est insupportable, l'irritabilité est extrême, on a besoin de calme pour que les idées apparaissent bien nettes comme les objets qui vont se peindre dans une chambre noire, à l'abri de tout rayon de lumière étranger ; plus le besoin de faire usage d'une faculté élevée se fait sentir, moins on tolère le dérangement, surtout quand cette faculté est passagère comme chez les somnambules. De même un poète serait très-contrarié si, au moment où il reçoit ses inspirations, il était dérangé par quelque importun. On appellera peut-être cela de l'amour-propre, sans doute, il y est pour beaucoup, si on qualifie ainsi le prix que l'on met à l'accomplissement de quelque chose qui peut exciter l'admiration ; mais il y a aussi un attrait bien louable vers ce qui est vrai, vers ce qui est beau, vers ce qui est élevé ; les somnambules éprouvent ce double sentiment, en raison de la distance qui existe pour eux entre l'état de veille et l'état magnétique, et qui les rend accessibles aux atteintes de l'amour-propre, au moins autant que toutes les autres espèces de docteurs.

Dans ce temps-là, Victor ayant eu connaissance du traitement hydropathique, le fit employer avec succès par quelques malades auxquels il le conseilla. Ce traitement, comme tous les genres de remèdes, a besoin d'être appliqué avec discernement, selon la nature des circonstances.

Un jour que je magnétisais Victor, j'étais très-souffrant d'un embarras dans l'estomac, souvent très-douloureux, que j'éprouvais fréquemment depuis près de quinze jours, et je trouvais de plus fort extraordinaire qu'il eût résisté ou n'eût cédé que passagèrement à l'action magnétique, soit à la mienne, soit à celle d'un excellent magnétiseur. Je proposai à Victor de me magnétiser dans son état de somnambulisme, il le fit pendant une demi-heure au moins, avec une telle action, que la guérison complète s'en suivit. Je fus très-agité la nuit suivante et le principe morbide s'évacua par des urines abondantes et très-chargées. Victor n'avait jamais magnétisé; il improvisa sur moi un genre de magnétisme et de massage très-actif, et jamais je n'éprouvai d'effet aussi puissant et aussi prompt. En me magnétisant, il sentait le mal que j'éprouvais et redoublait d'action; ce fut son coup d'essai et plus tard il devint un des plus forts somnambules magnétiseurs.

Je termine cet extrait de mon journal par le traité que j'ai obtenu de Victor, sur le magnétisme et sur les questions à la hauteur desquelles il se trouvait porté dans l'état de somnambulisme. Comme ce traité a été composé à diverses époques et formé de pièces rapportées, je les ai coordonnées avec lui pour en former un ensemble et éviter les répétitions. Le tout a été revu, corrigé et approuvé par lui.

Il y a, dans ce qui regarde les baquets de Mesmer, au premier paragraphe, des énoncés qui sont le résultat de questions que je lui avais faites sur des objets de détail qu'il ne pouvait connaître.

CHAPITRE IV.

—

TRAITÉ DE VICTOR COMPOSÉ EN ÉTAT DE SOMNAMBULISME.

§ 1er. — Du Magnétisme.

1843. Le Magnétisme, dans son acception générale, est l'action qu'on exerce par le moyen du fluide magnétique sur un corps quelconque, vivant, végétant ou inanimé.

Dans son acception particulière, c'est une influence bienfaisante exercée par l'homme sur son semblable; elle est à la fois physique et psychique, parce que l'homme étant composé d'un corps et d'une âme, ce qui émane de tout son être doit tirer sa force de ces deux principes, et agir sur les principes correspondants du sujet sur lequel l'action est dirigée.

La volonté en est le moteur, le fluide en est le moyen. L'action magnétique qu'on exerce sur un sujet consiste à le charger de fluide et à imprimer par des passes à ce fluide un courant qui produise un effet salutaire (1).

Cette action est utile pour ceux chez lesquels le fluide vital est appauvri ou chargé de vapeurs morbides, ou dont la santé est dérangée d'une manière quelconque.

Lorsqu'il n'y a pas d'appauvrissement à combler, de principe morbide à combattre, d'équilibre à rétablir, de santé à restaurer, l'action magnétique est sans objet. Cependant le fluide étant compressible, il n'est pas impossible d'exercer quelque effet sur un sujet qui est dans une parfaite santé; mais il est inutile, et si on voulait faire effort pour en produire un plus sensible, on pourrait occasionner une perturbation réelle.

Une action douce du magnétisme ne fait jamais de mal, mais une action qui aurait pour mobile,

(1) Ce courant doit s'imprimer de haut en bas, si ce n'est dans des circonstances exceptionnelles que les somnambules indiquent quelquefois ; ainsi une somnambule qui avait à rendre par le haut une vomique et son contenu, et qui pour cet effet éprouva des vomissements pendant plus de huit jours, ne voulait pas qu'on imprimât une direction contraire à celle qui était nécessaire pour se débarrasser de cette poche.

non le bien du sujet, mais l'ambition de produire des effets, de vaincre une résistance, est souvent préjudiciable

Du temps de Mesmer on avait établi de ces réservoirs de fluide, appelés baquets, autour desquels les malades se plaçaient en dirigeant des conducteurs de ce fluide sur la partie de leur corps où était le siége de leur mal : mais comme dans les éléments avec lesquels on composait ces réservoirs il entrait de la limaille de fer et des substances vitreuses, il en sortait un fluide qui, n'étant pas toujours en analogie avec celui des malades, leur occasionnait quelquefois des agacements nerveux et des convulsions.

On a donc remplacé plus tard ces baquets par des arbres magnétisés ; le fluide qui en émanait, principe de vie et de croissance des végétaux, étant en analogie avec le fluide humain, n'avait pas cet inconvénient.

Mais il vaut mieux magnétiser directement chaque malade, que de le mettre en contact ou en rapport d'une manière quelconque avec d'autres malades en le faisant participer à un réservoir commun de fluide.

On peut aussi magnétiser une plante ou un petit arbrisseau pour lui procurer un développement plus prompt, une végétation plus active. On accroît la force de leur principe vital par l'adjonction du fluide humain qui est plus fort et plus actif que celui des végétaux. On magnétise les végétaux en donnant une impulsion qui porte la sève vers la tige. C'est le contraire de la direction que l'on donne par le magnétisme, qui doit toujours s'employer en descendant et conduire le fluide de la tête aux pieds.

On magnétise aussi des corps inanimés, comme un morceau de flanelle, une bouteille, une plaque de verre, un anneau d'or, etc.; par cet acte on charge de son propre fluide ces objets, qui, en étant pénétrés comme une éponge, le communiquent aux personnes qu'on a déjà magnétisées, ce qui peut, dans certains cas, suppléer à la présence du magnétiseur en reproduisant son action jusqu'à un certain point (1).

(1) Un sujet magnétisé pour une maladie nerveuse, faisait tous les jours plus de deux lieues pour venir prendre chez son magnétiseur une crise de simple sommeil magnétique qui lui durait une demi-heure environ. Comme ces courses journalières le gênaient beaucoup dans un moment de moisson, où il avait d'autres occupations, son magnétiseur chargea de fluide un bonnet de coton au moyen duquel il en fut dispensé; en mettant sur sa tête ce bonnet à l'heure où il était ordinairement magnétisé, il prenait chez lui sa crise de sommeil comme si son magnétiseur eût été présent; par ce moyen il put ne se déplacer que tous les deux ou trois jours, l'action magnétique étant reproduite chez lui par l'application de l'objet magnétisé. De ce fait particulier, on ne doit cependant pas tirer une conclusion générale; j'ai voulu renouveler cette expérience sur un sujet que j'endormais en moins d'une minute, et cela n'a rien produit; cela dépend de la susceptibilité des personnes : il y a

On magnétise également de l'eau, du lait, des aliments ou des médicaments, afin que ces substances, se trouvant en analogie avec les personnes magnétisées, la digestion en soit plus facile et les effets médicinaux plus salutaires.

Le fluide magnétique, quoique étant généralement de même nature chez tous les sujets, y est cependant diversement modifié.

La raison de cette différence vient de ce qu'il se trouve plus ou moins surchargé des diverses émanations du corps ou de principes morbides; de là dépendent l'état physique et même certaines dispositions morales de l'individu; c'est pourquoi, d'après le contact du fluide, les somnambules obtiennent des perceptions très-précises des maladies, des malaises, de la nature des souffrances, et des divers accidents que peuvent éprouver les personnes avec lesquelles on les met en rapport, et même de leur caractère et de leur situation vitale.

La situation vitale, c'est-à-dire, le mode d'existence agréable ou pénible, varie beaucoup chez les individus et dans les diverses périodes de leur vie; la première, celle dans laquelle nous avons été créés, est celle qui est produite par le fluide le plus pur, par celui qui n'a souffert aucune altération; elle est

des somnambules qui s'endorment par l'attouchement du moindre effet qui leur transmet, même à leur insu, le fluide et la volonté de leur magnétiseur.

douce , calme , et fait jouir de l'harmonie d'un bien-
être que rien ne trouble ; c'est celle que le Créateur
nous avait destinée et dans laquelle se trouvait le
premier homme en sortant de ses mains ; on l'é-
prouve aussi dans le somnambulisme magnétique
sous l'action du fluide régénérateur (1) ; c'est encore,
quoique à un degré inférieur, celui du jeune âge
quand rien ne l'a encore troublé ; mais la fraîcheur
de cette fleur de la vie se perd bientôt au milieu de
ses traverses , par l'effet de tous les genres de chagrins , de sollicitudes , de souffrances et de contrariétés , par le désordre de l'intelligence , par le rejet
des consolations de la religion , par le trouble qu'excitent les passions et tous les genres d'excès ; alors
la situation prospère du premier âge s'altère par degrés ; on éprouve les anxiétés, la tristesse, l'ennui,
la mélancolie , on prend un caractère morose qui,
chez quelques personnes, est une véritable maladie;
la glande pinéale , par l'effet de tous ces accidents,
se trouve surchargée de vapeurs plus ou moins
âcres, qui , se mêlant au fluide , circulent dans tout
l'organisme et changent la nature de l'existence (2).

(1) Tel est aussi le fluide que nous procurent l'air de la cam-
pagne et surtout celui des bois qui , dans mainte circonstance,
est un moyen de restauration pour ceux qui en sont appau-
vris.

(2) Victor éprouva ces vapeurs et cette altération de la situation vitale ; elles furent produites chez lui, me dit-il, par l'ex-

Le fluide est diversement modifié dans chacun de nous ; la différence de ces modifications provient de ce qu'il est plus ou moins actif, plus ou moins abondant, plus ou moins pur chez les divers sujets, en raison de leur constitution, de leur âge, de leur dis-

cès du travail auquel il se livra dans ses études ; sa lucidité même en fut affaiblie pendant une maladie qu'il éprouva en juin 1843. Lorsqu'il commença à se rétablir à la suite des longs sommeils magnétiques que je lui procurais, et pendant lesquels il cessait de s'ennuyer, il me dit que sa glande pinéale était surchargée de vapeurs, que pour le dégager il fallait d'une main mettre les doigts en pointe sur le sommet de la tête, avec l'intention de ne pas la charger, mettre l'autre main sur son cœur, et après les avoir laissées ainsi quelques minutes, faire redescendre celle qui était sur la tête devant lui, en faisant des passes, que cela ferait descendre ces vapeurs dans son front et dans son nez, d'où l'on pourrait les extraire. Je suivis ce procédé, et je lui vis bientôt froncer le sourcil ; je lui tirai alors ces mauvaises vapeurs par le nez, en réunissant mes pouces sur le front et le haut du nez et les faisant descendre ; il m'engagea à le faire vite parce que l'impression qu'il éprouvait était fort désagréable, c'était un chatouillement insupportable qui lui irritait les parois du nez et lui agaçait les nerfs. Sa tête, ainsi dégagée, se trouva plus légère et plus nette ; il redevint très-lucide et eut dans son état de veille plus de facilité pour ses études. Je lui demandai ce que c'était que ces vapeurs, il me dit que c'était du mauvais fluide, et à la question que je lui fis si le fluide pouvait être altéré, il me répondit que non, mais qu'il se trouvait chargé de vapeurs morbides, et qu'en l'extrayant par les procédés qu'il avait indiqués, on les voiturait dehors. Ainsi le mauvais fluide est celui qui ayant séjourné avec des vapeurs morbides, s'y trouve lié. L'action du magnétisme consiste à l'enlever et à en remettre du pur. C'est pour cela qu'elle contribue aussi efficacement à régénérer la situation vitale.

position présente ; les somnambules le voient plus ou moins brillant suivant ces diverses circonstances ; ils trouvent piquantes celles d'un caractère acrimonieux ou affectées d'un principe morbide irritant ; la purgation débarrasse des humeurs grossières; la saignée, de l'excès du sang; les vents, de certains principes morbides qui sont dans les viscères ; les sueurs, de ceux qui peuvent sortir par les pores; le magnétisme peut enlever ceux qui sont tellement subtils qu'ils ne peuvent être atteints par aucun autre moyen, et va les combattre jusque dans les parties les plus délicates de nos organes ; il aide en même temps la nature à se débarrasser de tous les autres principes morbides qui gênent l'organisme de la vie, car toute maladie, toute souffrance, proviennent de la prédominance d'un principe morbide qui s'est développé avec plus ou moins de violence, auquel le principe de vie oppose une résistance dans laquelle il est soutenu et fortifié par l'action magnétique.

Nous avons dit que le Magnétisme était l'exercice d'une *influence bienfaisante ;* en effet, il ne consiste pas seulement dans une action exercée sur le fluide, il faut encore qu'elle soit *bienfaisante,* qu'elle ait pour objet de combattre le principe morbide, et même de l'enlever s'il est de nature à l'être par l'action magnétique. Toute influence qui ne posséderait pas ce caractère devrait recevoir une autre dénomination. Les impressions fâcheuses produites par

ces passions haineuses qui brisent l'âme, par l'ai-
greur, la jalousie, la colère (1), la dureté du cœur,

(1) Je citerai à ce sujet un fait particulier : un jeune homme
chez lequel j'avais développé des facultés somnambuliques très-
précieuses, donnait de bonnes consultations, soit avec moi,
soit avec son père, à qui j'avais appris à le magnétiser, soit
avec un autre magnétiseur chez lequel il passa quelques mois.
Revenu chez son père, ce fut lui qui fut son magnétiseur ordinaire; je le magnétisai un jour et le trouvai très-lucide; le soir,
son père, dans un mouvement de colère peu réfléchi, s'emporta
jusqu'à lui dire avec vivacité : *je ne veux plus que tu dormes
et tu ne dormiras plus.* Cette espèce d'imprécation antimagné-
tique, dont le père ne connaissait pas toute la portée, brisa le
rapport magnétique qui existait entre lui et son fils, et le lendemain matin, lorsque j'eus mis en crise le jeune homme
pour des consultations qu'il devait donner, il me conta son
histoire et me dit qu'il n'était pas bien lucide à cause de l'impression qu'il avait éprouvée, surtout à cause de la nature des
paroles prononcées par son père, et dont l'effet était d'autant
plus puissant qu'il l'avait magnétisé la veille. Toutefois, en raison de l'ascendant supérieur que j'avais sur lui, il put donner
deux consultations assez bonnes, mais l'une était pour une
personne qu'il avait déjà vue, l'autre était l'achèvement de
celle de la veille; il me dit que s'il avait eu à s'occuper de malades nouveaux, il n'aurait pu rien voir, et qu'il n'avait pu
s'en tirer qu'en raison de ce que tout ce qu'il avait à dire était
connu de lui à l'avance. Il ajouta qu'il se ressentirait de cette
impression pendant quatre mois, que cela retarderait ses progrès, mais que surtout il ne fallait pas que son père essayât de
le magnétiser davantage. Je le remis en crise devant son père
le soir du même jour, parceque le lendemain matin il devait
donner une consultation, et que pour l'y préparer, je voulais
remédier au défaut de lucidité qui s'était manifesté chez lui.
Je lui proposai de se mettre en rapport avec son père, et de
m'indiquer les moyens de rétablir l'harmonie rompue, ce que
je croyais d'autant plus facile que l'espèce d'imprécation du

l'inimitié, bien qu'elles puissent avoir le fluide pour véhicule, ne sont point du magnétisme; l'influence qu'elles exercent en est même tout l'opposé et pourrait en paralyser les effets jusqu'à un certain point, car elle crispe et irrite au lieu de détendre et de soulager. L'harmonie est la condition essentielle du magnétisme, tout ce qui la brise ou l'altère lui est contraire. C'est pourquoi, pour en obtenir de bons résultats, il faut la confiance, le repos d'esprit, et

père n'avait été ni réfléchie ni réelle, car il eût été bien fâché que son fils perdît ses facultés somnambuliques; c'était même lui qui avait donné rendez-vous à un consultant pour le lendemain, et il devait être le magnétiseur. Mais le jeune homme ne voulut pas que son père le touchât; il dit qu'il fallait que ce fût moi qui le magnétisât le lendemain, qu'il pourrait ainsi donner la consultation, mais qu'il aurait beaucoup de peine et serait très-long-temps. J'employai cette séance à neutraliser, autant qu'il me fut possible, les effets de l'impression. La consultation que je lui fis donner le lendemain fut bonne, mais elle dura près de deux heures. Ce ne fut point par aucune espèce de rancune que le fils refusa d'être mis en rapport avec son père, et d'être magnétisé par lui à l'avenir, mais ce fut dans la crainte d'une nouvelle secousse de ce genre; il préféra laisser le rapport rompu plutôt que de s'exposer à un second accident, car il connaissait parfaitement, surtout dans l'état de somnambulisme, le caractère de son père, et savait qu'il n'était pas assez maître de lui pour ne pas retomber dans la même faute, quoiqu'alors il en déplorât les suites. Ce ne fut que plus de deux ans après que son père le magnétisa, parce qu'il n'y avait pas d'autre personne que lui pour procurer une consultation à un malade venu de loin; le jeune homme fut suffisamment lucide, mais moins qu'avec moi et avec celui qui me remplaçait.

l'absence de toute contrariété. Ces conditions sont surtout indispensables pour que les somnambules jouissent de ce repos profond d'où naît la lucidité.

§ 2. — Du Somnambulisme naturel et du Somnambulisme magnétique.

1842. Le somnambulisme naturel est produit par les diverses impressions causées sur les nerfs, quelquefois par des indispositions, toujours par un défaut d'équilibre (1).

Tout le monde peut être somnambule naturel, et a dû l'être dans un moment quelconque de sa vie, bien qu'il ne puisse être qualifié pour cela de somnambule naturel.

Le somnambulisme naturel se produit chez les personnes irritables et nerveuses, parceque les diverses impressions qu'elles éprouvent dans leur état naturel se reportent plus vivement sur le cerveau; le nerf auditif, le nerf optique, et le grand sympathique en sont les principaux conducteurs; ces impressions préoccupent les sujets, ils s'en trouvent fatigués, et en sont plus ou moins agités pendant la nuit. Les uns parlent seulement, les autres marchent et agissent. Le somnambule naturel a plus ou moins de dispositions à devenir somnambule magnétique en raison de sa susceptibilité plus ou moins gran-

(1) Victor étant somnambule naturel, était plus à même qu'un autre de se rendre compte de cet état.

de, et surtout de ses bonnes dispositions morales.

Les somnambules deviennent aussi plus ou moins lucides suivant la bonté du magnétiseur qui les conduit.

Cette bonté dépend beaucoup plus des qualités morales que de la force physique (1). (Ici je ne parle que de la lucidité et nullement des effets physiques qu'un magnétiseur d'une grande force peut produire).

La lucidité provient du dégagement où l'âme se trouve de l'influence des sens. Elle est une faculté de l'âme, c'est l'état de l'âme rendue à elle-même.

L'âme a plus ou moins de facultés suivant qu'elle est plus ou moins bonne, plus ou moins dégagée de la domination des sens, de l'enveloppe matérielle qui l'abrutit.

Voici comment ce dégagement se produit : le magnétiseur, en agissant sur les nerfs, les fortifie, absorbe toutes les idées de l'état de veille, et relève l'âme.

C'est le fluide magnétique qui produit cet effet.

____

(1) A ce sujet, Victor me déclara qu'il y avait chez lui une gradation de lucidité en raison des personnes qui le magnétisaient. Il me cita un de ses magnétiseurs, avec lequel il ne se trouvait pas toujours isolé de l'état de veille, et me dit que ce n'était qu'avec moi qu'il pouvait s'occuper de questions de la nature de celles dont se compose son traité.

Le fluide du magnétiseur étant toujours plus fort que celui du magnétisé, celui de ce dernier se trouve absorbé ; alors le magnétisé se trouve conduit par la volonté et l'action du magnétiseur, quand l'une et l'autre sont bien réglées.

Le fluide est le lien de l'âme et du corps ; c'est par lui et par les nerfs qui le contiennent, que les impressions parviennent à l'âme et que l'âme gouverne le corps (1).

En sortant de la première partie de mon sommeil (2), j'entre dans mon état de veille magnétique ; mon corps s'abaisse et mon âme s'élève, et par le moyen de ces contrastes exaltés (3), je me

(1) Le fluide transmet à l'âme les impressions qui arrivent par les sens, et est en même temps le moyen par lequel l'âme exerce sur le corps l'action de la volonté. Voyez ci-dessus, pag. 42 et 49.

(2) Cette première partie est un état d'anéantissement et d'insensibilité.

(3) Cette expression, de *contrastes exaltés*, employée par M. P., et saisie ici avec empressement par Victor, à cause de sa justesse, caractérise le contraste qui existe entre cet abaissement du corps et cette élévation de l'âme. Plus ces deux portions de l'état humain sont distendues et écartées l'une de l'autre, plus l'âme se trouve dégagée et lucide. Dans l'état de veille, le corps et l'âme marchent de pair, au même niveau à-peu-près, ils sont (suivant l'expression d'une excellente somnambule qui sera citée plus bas), *comme fondus ensemble;* mais dans l'état somnambulique, *l'esprit se* reconnaît distinct du corps, et se voit d'autant plus élevé que le corps a été plus abaissé, que les contrastes ont été plus exaltés. Cette expres-

trouve dans un état de lucidité où je vois toutes les choses que je ne puis apercevoir dans mon état naturel. Souvent je vois mon bon ange, dont les révélations contribuent beaucoup à mes connaissances. J'ai aussi naturellement dans cet état des connaissances très-étendues, mais moins sûres, par le seul effet des facultés attachées à notre âme, et qui se développent dans l'état des contrastes exaltés. Ces contrastes sont produits par l'action du fluide sur tout le système nerveux; ce fluide, aussitôt que vous commencez à me magnétiser, m'abbat et me donne ce sommeil très-profond, qui produit les contrastes exaltés et amène la lucidité de l'état de veille magnétique.

Quand un somnambule est endormi, il n'a pas besoin que les objets soient placés vis-à-vis l'organe de sa vue pour les voir, il n'a pas besoin de fixer sa vue sur ce qu'il veut apercevoir. L'âme se trouvant dégagée des liens terrestres, se trouve comme toute nue au milieu de la chambre où l'on est, et perçoit tous les objets sans obstacle. On voit aussi derrière soi, mais un peu trouble; l'épigastre remplace les sens et est l'auxiliaire de l'âme.

sion nouvelle que l'on ne saisit pas trop lorsqu'on n'est familiarisé, ni avec l'idée qu'elle exprime, ni avec la situation qu'elle dépeint, est la plus carastéristique que l'on ait pu imaginer, aussi a-t-elle été trouvée par des somnambules. (Voyez ci-dessus, pag. 65.)

L'âme est dans le corps, le corps s'amincit et l'âme lance sa clarté par tous les organes.

Quand je donne une consultation et que je prends la main du malade pour la mettre contre mon épigastre, c'est par habitude, et pour l'avoir vu faire, car ce n'est pas nécessaire (1), c'est seulement pour établir le rapport ; il pourrait l'être également par les passes que ferait le magnétiseur de l'un à l'autre. Quand je rends au malade sa main, je n'ai pas encore vu la maladie ; j'ai seulement établi le rapport et je m'applique ensuite à découvrir le mal.

Aussitôt que je suis endormi, mes yeux se retournent (2); ils regardent l'esprit, les nerfs, le cerveau ; quand je lis, ils ne changent pas de position, je lis par l'épigastre et par le cerveau.

Je vois par l'épigastre, parce que là se trouve une réunion de nerfs et que c'est sur eux principalement que le magnétisme exerce son action.

1843. — Les somnambules perçoivent diverse-

(1) Il y a chez les somnambules des manières d'opérer qu'ils prennent quelques fois en en imitant d'autres, comme Victor ; il n'y en a point d'uniformes. Aussi les uns posent contre leur épigastre la main du malade, les autres se contentent de la toucher comme lorsqu'on tâte le pouls, d'autres ne font que le regarder.

(2) Il y a d'autres somnambules dont la prunelle des yeux reste dans sa situation naturelle, sans se tourner vers le haut de l'orbite.

ment ; les uns voyent dans les corps comme vous voyez ce qu'il y a dans une caraffe, et à travers tout objet transparent ; les autres sentent ; il y en a dont la perception tient de ces deux facultés : les premiers se trompent moins ; les seconds peuvent se tromper lorsque dans le moment de la consultation le malade ne souffre que peu ou point du tout ; alors ils ne voient pas parfaitement la maladie ; les troisièmes ne voyent pas le corps dans toute sa grosseur, ils le voyent comme dans une miniature, ils ont une lucidité très-subtile (1).

La lucidité est nette, quand le consultant a confiance, est disposé a faire des remèdes et que le magnétiseur est bon sous tous les rapports. Le défaut de confiance empêche cette extension des limites de la personnalité (2), qui établit le rapport et la perception ; il faut, le plus possible, que ce soit le même magnétiseur, qu'il soit bon, et toujours occupé de ce qu'il fait.

(1) Voyez pag. 71 ci-dessus.

(2) C'est cette extension qui confond, pour ainsi dire, dans le même être le somnambule et celui qui consulte, de manière qu'aussitôt que le rapport est établi, et a donné lieu par cela même à l'extension des limites de la personnalité, les somnambules sont affectés soit mentalement, soit physiquement, des mêmes sensations que le malade ; et lorsque cette communication s'établit avec peine, lenteur, et d'une manière plus ou moins incomplète, c'est à cause d'un défaut de confiance dont les somnambules doivent par cela même s'apercevoir parfaitement.

Il faut aussi que le somnambule se conduise bien dans son état de veille, sous le rapport moral et sous le rapport religieux : qu'il soit chargé de fluide comme il convient qu'il le soit ; les uns doivent l'être beaucoup et les autres peu.

Il y a aussi des dispositions physiques qui nuisent à la lucidité.

Les facultés se développent ; elles ne sont pas dès les premiers jours tout ce qu'elles doivent être plus tard, néanmoins on remarque dans ces premiers développements plus ou moins d'avenir pour les sujets.

Les somnambules deviennent ce qu'on les fait ; les futilités, comme la lecture les yeux bandés, le jeu de cartes, et ces épreuves diverses qu'on leur fait subir, nuisent au développement des facultés utiles, à la connaissance des maladies, et à celle de la science du magnétisme.

Il est plus fatigant de s'y livrer qu'à tout autre exercice utile, parce que ces balivernes n'appartiennent pas à la spécialité de l'état de somnambulisme, elles n'en sont que des accessoires indirects, et ce n'est pas pour d'aussi minces résultats que Dieu nous a doués des plus hautes facultés. L'étude de la science, quoique la plus fatigante, l'est cependant moins que l'exercice des futilités, bien qu'elle le soit beaucoup plus que l'investigation des maladies. Elle ne nuit pas à cette dernière faculté, elle développe au contraire la lucidité, mais comme elle exige un grand recueillement, il faut pour l'exercer que le somnambule soit dans le plus parfait isolement (1).

Un voyage mental pour une consultation est un moyen peu sûr si le somnambule n'est aidé par des cheveux ou par un objet porté.

1842. — La vue à distance telle qu'elle a lieu à l'égard d'un malade absent à qui on donne une consultation à l'aide de ses cheveux ou d'effets portés par lui, ou de linges appliqués sur la partie malade, exige que les cheveux ou le linge n'ayent été séparés du malade que depuis vingt-quatre heures au plus (2). Ce qui me fait découvrir la ma-

(1) Victor pendant de longs sommeils que je lui procurais pour le rétablir plus promptement d'une maladie qu'il éprouva en juin 1843, avait bien de la peine à lire tout haut une ligne ou deux devant des personnes étrangères, et cependant il lisait seul de 60 à 80 pages par jour; pour cela il fallait qu'il fût tout-à-fait isolé. En général, les facultés dont on jouit dans l'état de somnambulisme, sont d'une grande délicatesse; on peut les comparer à la sensitive, dont les feuilles se replient au moindre contact étranger.

(2) Il y a beaucoup de somnambules qui jugent très-bien la situation d'un malade après un plus long délai; Victor lui-même l'a fait plusieurs fois, mais c'est plus fatiguant pour le somnambule, et moins sûr pour la bonté de la consultation; d'ailleurs la situation du malade peut être changée si on a laissé écouler plusieurs jours; il faut avoir soin que les cheveux soient coupés très-près de la tête, et par la personne malade autant que possible, afin qu'il ne s'y mêle pas de fluide étranger; la meilleure place pour en prendre est dans la fossette du col.

ladie d'une personne par l'inspection de ses cheveux ou du linge qui l'a touchée, c'est le fluide de la personne existant encore dans ce linge ou ces cheveux, et me faisant voir et sentir son état, mais avec plus de difficulté que quand je suis en contact direct avec la personne malade.

Quand à ces facultés très-remarquables de vue à distance qui se manifestent quelques fois avec une précision étonnante, quoiqu'à de très-grandes distances, on ne peut pas faire grand fond sur leur durée, ce sont comme des éclairs dont les somnambules ne jouissent que passagèrement.

Les somnambules n'ont pas tous la même lucidité, ni le même genre de lucidité ; tous voyent les maladies plus ou moins distinctement et avec plus ou moins de facilité.

Quelques-uns de ceux qui voient très-bien les maladies sont susceptibles d'une lucidité plus ou moins élevée. Cela vient de leurs dispositions morales, et de celles de leurs magnétiseurs.

Ainsi, un somnambule qui aurait de bonnes dispositions naturelles , pourrait devenir plus lucide, si on cultivait ses dispositions morales.

Il est nécessaire que le somnambule soit bien dirigé par son magnétiseur ; lui-même il doit se bien comporter dans son état de veille. Le défaut de lucidité qui lui survient parfois est autant de sa faute souvent que de celle de son magnétiseur. Si le somnambule, dans son état de veille, offense Dieu, il pourra, par sa mauvaise disposition, être cause de son peu de lucidité. Si au contraire, tandis que le somnambule est dans de bonnes dispositions, le magnétiseur n'y est pas, l'imperfection de la lucidité vient de sa faute. Le magnétiseur a pour rôle de de conduire, de diriger les facultés du somnambule avec le plus grand soin. Il ne doit pas quitter d'un instant le somnambule endormi (1).

Le succès du magnétisme ne peut être sûr qu'autant que le magnétiseur est dirigé par de bonnes intentions.

Le magnétisme, comme don de Dieu, comme force extraordinaire, surnaturelle en quelque sorte (2), sur-ajoutée à nos facultés physiques, doit être employé avec respect et discrétion, selon les intentions de celui qui nous l'a confié, dans l'intérêt de l'homme, pour le bien de son âme et de son corps, pour la guérison de l'un et de l'autre. Il y aurait abus de l'employer à des tours de force, à de simples parades, à produire des effets de catalepsie, à rechercher des effets à venir qui n'ont point de

(1) Excepté quand le malade désire être seul avec le somnambule, mais alors ainsi que dans toutes les circonstances exceptionnelles, c'est le somnambule qui dirige la marche à suivre.

(2) Surnaturelle en quelque sorte, c'est-à-dire, appartenant à un ordre de choses exceptionnel, et sortant du cours ordinaire, mais n'ayant rien de ce qu'on entend ordinairement par surnaturel.

connexion intime avec les causes actuelles, comme le succès d'un tirage pour la conscription ; ou des causes qui n'ont plus de rapport avec leur effet quand il est produit, comme l'auteur d'un incendie, d'un vol, d'un meurtre. Le magnétiseur qui dépenserait ainsi inutilement les facultés et les puissances du somnambule qu'il dirige, serait très-coupable ; la lecture même, hors le cas où elle sert pour les spectateurs de moyen nécessaire de conviction, doit être exclue des séances. Le magnétisme n'est pas fait pour servir d'amusement : si l'on m'endormait pour cela, je ne serais pas content.

Il ne faut d'abord occuper un somnambule que des maladies, ne pas vouloir obtenir de lui trop de choses, surtout ne pas le forcer, laisser ses facultés se développer naturellement ; lorsqu'elles le seront suffisamment, et qu'il les exercera avec facilité, on pourra l'occuper de sujets élevés, ayant soin que ce soit toujours des choses nécessaires à connaître et utiles à développer. Il ne faut pas le pousser au-delà du degré où il se trouvera porté naturellement, pour ne pas le faire tomber dans des erreurs ; il y a d'ailleurs des choses qu'on ne doit pas chercher à pénétrer et qu'il ne nous est pas permis de révéler ; on briserait la lucidité des somnambules en les forçant de s'en occuper ; ce serait le plus grand abus que l'on pourrait faire du magnétisme.

En règle générale, pour ne jamais s'égarer il faut

prendre pour guides les vérités que Dieu nous a révélées.

Il ne faut pas non plus pousser les somnambules aux extases; s'ils sont religieux ils en auront quelquefois. Cela ne doit être su que du magnétiseur. Il ne faut pas même les presser d'en rendre compte s'ils ne croient pas devoir le faire.

La meilleure garantie que l'on puisse avoir de la sincérité d'un somnambule est sa droiture et sa bonne conscience dans l'état de veille; c'est cette disposition d'obéissance envers Dieu qui le met en état d'atteindre sûrement la lucidité, et de répondre avec connaissance de cause, discrétion et bonne foi, sur toutes les questions qui sont du ressort du magnétisme, c'est-à-dire, de l'intelligence humaine développée, agrandie par le magnétisme.

Que le magnétiseur veille donc à mettre son somnambule en état de grâce et dans l'amour de la vérité et du bien.

Si le magnétisé n'a pas cette pureté d'intention et cette délicatesse de conscience, il y a lieu de craindre de sa part la présomption, la complaisance qui lui feront résoudre des questions dont il ne perçoit pas la solution. Loin de le presser alors de questions, il faut au contraire lui marquer de la défiance, lui inspirer la défiance de lui-même, et le ramener sur le terrain pour lui faire donner des raisons de sa décision.

Les somnambules ne voyent pas tous ni toujours au même degré la vérité : les erreurs si ordinaires dans l'état naturel peuvent donc les atteindre. Toutefois un magnétiseur ne pourrait faire voir ni inspirer l'erreur, c'est-à-dire, ce qui n'est pas, à son magétisé. Le somnambule restera dans l'ignorance, si par sa faute ou celle de son conducteur, il n'est pas arrivé à la lucidité, et s'il parle, ce sera sans savoir et au hasard ; mais son âme ne sera pas fascinée comme les sens du somnambule peuvent l'être, lorsque le magnétiseur fait trouver dans de l'eau magnétisée le goût qu'il veut, et parvient à changer l'odeur, la forme et la couleur d'une fleur. L'âme est supérieure à toutes ces impressions qui n'agissent que sur les relations physiques. Ainsi le somnambule, s'il parle faux, aura la conscience de son ignorance ou de sa présomption.

L'horison de la lucidité de l'âme est le même pour tous les somnambules, car c'est celui de la vérité. Seulement lorsque cet horison est plus ou moins chargé de vapeurs, il en résulte divers degrés de lucidité chez les divers sujets et suivant les diverses dispositions où ils se trouvent. Dans cet état vaporeux, un somnambule peut être égaré par l'amour-propre, par de faux désirs d'ambition et de renommée, desquels il n'est pas toujours exempt.

Un somnambule est plus ou moins lucide suivant le degré de confiance des personnes avec lesquelles il est mis en rapport, et qui favorise plus ou moins cette communication de fluide qui, en l'identifiant au consultant, lui fait sentir sa situation. C'est pourquoi les somnambules, lorsque ces dispositions ne se rencontrent pas, éprouvent un travail beaucoup plus pénible parcequ'il est moins secondé, et, en raison de la peine qu'ils ressentent, peuvent juger du degré de confiance du consultant. Voilà, surtout pour les personnes très-impressionnables, une des causes de la différence de leur lucidité dans les diverses consultations qu'elles donnent.

Il ne faut pas interrompre un somnambule lorsqu'il prépare un travail ou qu'il en énonce le résultat, surtout si ce travail demande beaucoup d'attention, comme une étude de la science ou une consultation. Il faut lui laisser le temps de recueillir, de peser, d'exprimer ses idées, autrement on lui inspirerait cette irréflexion et cette légèreté de paroles si ordinaires à l'état de veille. Il faut du silence, de la patience ; réserver les questions et les observations pour le moment où tout est terminé, n'en faire que de justes, parler en peu de mots, lentement, avec calme, attention et précision ; éviter d'occasionner le moindre trouble, la moindre distraction pendant le travail ; et, lors même qu'il est terminé, conserver à l'état somnambulique cette dignité et ce recueillement qui le maintiennent à un haut degré d'élévation au-dessus de l'état de veille, songer surtout que la conservation et le développement des facultés des somnambules dépendent en grande partie de la manière dont ils sont conduits. Si on les portait à la dissipation en les occupant de bagatelles, ils s'habitueraient à parler comme dans l'état de veille.

1843. Quand on propose des questions à des somnambules, il faut le faire avec discernement, ne point les faire sortir de leur sphère, éviter les sophismes, les mauvaises chicanes, les questions dont on verrait soi-même l'ineptie ou le vide; que tout soit rationnel, calme, consciencieux; ne pas voltiger d'une question à une autre qui n'y aurait aucun rapport, mais les creuser autant qu'il est possible; songer que les somnambules ont beaucoup de tact et de justesse dans les perceptions, et que si l'on en manquait, on les ferait souffrir, on les fatiguerait, et par cela même on ne pourrait tirer de leur lucidité tout le parti qu'on aurait pu en espérer.

La lucidité des somnambules est toujours fortifiée par la présence des personnes qui sont en parfaite harmonie avec eux; il semble alors que toute la masse du fluide existant dans le lieu où l'on se trouve réuni, convergeant au même but par l'identité des intentions qui le dirigent, développe les facultés; c'est l'inverse du principe que nous avons signalé, et par l'effet duquel les influences produites par l'esprit de critique, de méfiance, de doute, ou même de légèreté, obscurcissent la lucidité; ou le somnambule se trouve *cassé*, brisé, et ne peut plus faire usage de ses facultés; de là ces expériences mille fois répétées dans un petit comité d'intimes, qui manquent leur effet devant des personnes que l'on désirerait convaincre, lesquelles, faute d'avoir vu ce qu'on leur annonçait, taxent d'exagération et d'illusion tous les récits qu'on leur fait.

Un bon magnétiseur peut aider un somnambule à la recherche des choses dont il s'occupe, des questions qu'il doit résoudre (1), et il le fait de plusieurs manières suivant le besoin, d'abord par son silence, pour ne pas troubler l'état de concentration, ensuite en s'occupant du même objet, et en tâchant de saisir ses idées avec justesse, et de lui en faciliter le développement, lorsqu'il commence à les rendre.

Quand un somnambule est fatigué, il faut que le magnétiseur lui fasse des passes à l'épigastre ou à la tête suivant les dispositions de chaque somnambule.

Pour magnétiser les somnambules, il y a autant de procédés différents qu'il y a de sujets. Ainsi, pour moi, on commence par me mettre les pouces sur les tempes, les mains en arrière pendant une

---

(1) Quand un magnétiseur comprend parfaitement la nature des questions qu'il fait, elles sont saisies, comprises et résolues bien plus facilement que si elles avaient été écrites par une autre personne, et que le magnétiseur ait été seulement chargé d'en faire lecture sans en bien pénétrer le fond. C'est la puissance ou l'absence de l'action complète de l'âme qui constitue cette différence. (Voyez ci-dessus pag. 91.)

demi-minute au moins, et on doit faire de grandes
passes de la tête aux pieds. Pour établir la lucidité,
il faut mettre une main sur la tête et l'autre sur le
cœur sans avoir l'intention de charger. Pour isoler,
il faut mettre les pouces derrière les oreilles pendant
quelques minutes, jusqu'à ce que le somnambule
dise qu'il n'entend plus que les personnes avec lesquelles il est en rapport. Il arrive quelquefois que,
nonobstant cet isolement, les personnes avec lesquelles le somnambule a eu quelque rapport, et qui
sont depuis quelque temps dans le local où l'on magnétise, s'en font entendre, cela vient de ce que
l'air imprégné de leur fluide a fini par lui communiquer une partie de leur rapport.

Cette manière de magnétiser est plus généralement bonne.

Chaque somnambule indique les modifications qui
lui conviennent et les procédés particuliers qu'il faut
employer pour lui.

Il faut surtout que le magnétiseur ne pense qu'à
ce qu'il fait.

Souvent les indispositions qu'éprouvent les somnambules dépendent des distractions du magnétiseur, qui alors leur donne un fluide qui n'est pas analogue à leur situation, en leur communiquant du
fluide ambiant au lieu du sien propre (1).

____

(1) Alors l'âme étant absente par l'effet de la distraction,

Pour magnétiser les malades, il faut laisser les mains en pointe sur la partie affectée environ vingt minutes ; si la personne éprouvait quelque effet pénible de cette action soutenue, il faudrait dans l'intervalle la dégager de temps en temps par des passes, et finir par de grandes passes.

Le massage est bon principalement pour les personnes dont la digestion est laborieuse, pour les gastrites, les faiblesses d'estomac, les douleurs rhumatismales, les faiblesses de nerfs.

Il faut que la personne qui masse, comme celle qui magnétise, soit toujours supérieure en force au malade ; mais cette supériorité existe ordinairement entre celui qui se porte bien et celui qui est affaibli par la souffrance ou la maladie ; il faut aussi que celui qui masse dirige son action comme celui qui magnétise.

Pour masser, il faut aller chercher le mal à sa racine, appuyer les doigts, enlever le principe morbide en faisant des passes à grands courants et en appuyant fortement, et suivre en général les procédés du magnétisme, c'est ce qu'il y a de meilleur pour faciliter la digestion, cela débarrasse l'estomac en peu de temps et le fortifie.

Le magnétisme à distance est fatiguant pour le

l'action matérielle s'exerce seule, et est par cela même incomplète ; il faut, surtout pour les somnambules, qu'il y ait action morale, sans cela le fluide humain ne paraîtra pas avoir plus de vertu que le fluide ambiant.

magnétiseur et pour le magnétisé, les effets en sont moins prompts.

1842. — Les somnambules magnétiques sont tous plus ou moins impressionnables dans le système nerveux; si donc le magnétisé, par l'effet d'une impression ou d'une disposition quelconque, éprouvait quelque crise nerveuse, comme spasme, suffocation, agacement de nerfs, le magnétiseur doit sur-le-champ, de volonté et d'action, pourvoir à son soulagement; d'abord diriger à cet effet toute la force de sa volonté, y appliquer exclusivement son intention, ensuite agir par les procédés magnétiques sur les parties indiquées par le magnétisé, et selon la manière par lui demandée et commandée; au premier symptôme de crispation de nerfs, il faut interroger le somnambule sur ses impressions, et prendre garde d'augmenter sa souffrance et son agitation par une fausse interprétation de ses prescriptions; l'interruption et la reprise plus ou moins répétée du rapport magnétique occasionnant une impression plus ou moins sensible, le magnétiseur, dès le premier instant du sommeil du somnambule, doit se mettre en contact avec lui, ne fût-ce qu'en le touchant du doigt; une circonstance oblige-t-elle le magnétiseur de s'éloigner du somnambule, qu'au moins il conserve avec lui le rapport indirect de l'intention; mais l'absence totale, physique et morale du magnétiseur, nuirait à la lucidité et peut-être à l'organisation du magnétisé (c'est-à-dire pourrait lui occasionner des accidents graves); dans les cas exceptionnels et rares où il arriverait que le somnambule tombé dans une crise nerveuse ne pourrait répondre aux interrogations du magnétiseur, alors, en règle générale, que celui-ci lui mette une main sur le cœur et de l'autre lui fasse de grandes passes de la tête à l'estomac et même jusqu'aux genoux et aux pieds; puis au premier instant possible après la crise, s'il n'y a pas lieu auparavant, qu'il lui demande la cause de son impression morale, pour l'éloigner même de l'état de veille et parer ainsi au danger d'une nouvelle crise.

Le sommeil qui précède ou qui suit la veille magnétique (1), ne doit jamais être abrégé; s'il était pourtant trop profond et trop prolongé, il aurait besoin d'être rendu plus léger.

S'il y avait besoin d'abréger le sommeil, le moyen de le faire sans précipitation et sans danger pour l'organisation du somnambule, serait de mettre les deux pouces, tournés en haut sur les tempes du ma-

---

(1) Victor, ainsi que le font la plupart des somnambules, s'est pris pour modèle, comme il l'avait annoncé en commençant; ainsi ce qu'il dit ici pour le réveil se rapporte à sa situation particulière; et il prescrit la manière dont on doit se conduire à son égard. Il n'est pas comme la plupart des somnambules qu'on peut réveiller à volonté ou par des procédés ordinaires; dans l'état d'insensibilité profonde qui précède et qui suit son état de veille magnétique, les procédés ordinaires seraient impuissants pour amener le réveil.

gnétisé, pendant cinq ou six minutes, sans porter les autres doigts : ce procédé opérera le mouvement du fluide et le dégagement de la tête. Si le magnétiseur posait sur les tempes les cinq doigts de chaque main au lieu du pouce seul renversé, le fluide mis en humeur (contrarié), pourrait faire cesser le sommeil et causer une agitation plus ou moins grande, plus ou moins dangereuse dans l'état naturel.

S'il y avait par accident nécessité d'éveiller le somnambule sur-le-champ, la mesure la moins offensive serait de lui verser sur le sommet de la tête quelques gouttes d'eau très-froide, les faisant couler le long du col et jusque dans le dos. S'il se réveillait en sursaut dans cette opération, il faudrait lui faire des passes et lui dégager les tempes avec les cinq doigts, de crainte que l'eau ne cause quelque crispation de nerfs, inconvénient qui pourrait aller jusqu'à l'épilepsie.

On ne doit pas admettre aux séances les personnes hostiles, leur influence est pernicieuse ; celle des incrédules qui ne sont tels que par défaut d'instruction et qui ne sont pas hostiles, n'est pas aussi mauvaise ; on peut les admettre en leur recommandant le silence et de ne pas se mettre trop en avant pour des expériences.

Quand il y a dans la salle où le somnambule est endormi une personne hostile (1), son influence do-

(1) Un jour, après une consultation où Victor avait été très-lucide, je le mis en rapport direct avec un médecin assez

mine toutes les autres, elle se fait sentir par le souffle, par le fluide qui s'échappe; elle agit sur les nerfs
et sur l'esprit.

Voilà l'angoisse qu'on éprouve dans ces cas-là :
les nerfs s'irritent et se crispent, et ces effets agitent
le somnambule à un tel point que, s'il est faible naturellement et si la personne est très-hostile, on risquerait de le faire tomber dans un état de catalepsie;
le magnétiseur, pour prévenir ces accidents, doit
connaître les personnes qui assistent à la séance, demander au somnambule s'il y a quelqu'un qui le gêne
et le faire sortir. Si le somnambule, par l'effet de la
mauvaise influence ressentie, éprouve quelque gêne,
le magnétiseur doit rétablir le somnambule par les
effets qu'il indiquera.

Si par hasard un peu de honte empêchait le magnétiseur de demander au somnambule qui le gêne (1),

hostile; aussitôt il devint lourd, assoupi, et ne dit presque
plus rien; il me raconta le lendemain qu'il avait été *cassé*, par
ce rapport direct, que si j'avais pris d'une main celle du médecin, et de l'autre la sienne, l'impression eût été moins forte;
après son assoupissement, il éprouva un peu d'irritation que
je calmai. L'effet de cette impression se fit encore ressentir, le
soir et le lendemain, par le besoin qu'il eut de sommeils plus
longs avant sa veille magnétique. Ce fut le surlendemain qu'il
me dicta la recommandation ci-dessus; le médecin dut rem-
porter une triste idée de sa lucidité.

(1) Il arrive quelquefois que des causes autres que celles
d'une opposition hostile produisent les mêmes effets; il faut
alors prier les personnes qui les occasionnent de se retirer.
C'est indispensable pour éviter de graves accidents. L'énuméra-

si le somnambule n'osait pas le dire, et si par suite de cette réticence il survenait un accident, il faudrait consulter le somnambule pour savoir ce qu'il y a à faire pour le remettre, et s'il est trop brisé pour pouvoir le dire, le moyen à employer sera de lui faire avaler un peu d'eau magnétisée et de lui jeter sur la tête quelques gouttes d'eau froide qui coulent le long de son dos.

Pour remettre les nerfs irrités, il faut mettre une main sur l'épigastre et en même temps l'autre sur le front, pour mettre l'esprit d'aplomb; ensuite lui faire des passes à grands courants, pendant environ dix minutes. Mais si, en employant ces remèdes, on ne faisait pas sortir la personne hostile, ou si on ne voulait pas la signaler, il faudrait faire sortir tout le monde; comme le reste du sommeil du somnambule ne peut être qu'un moment de gêne, il faut le réveiller et lui demander comment s'y prendre pour cela; lui faire beaucoup de passes aussitôt qu'il sera réveillé, lui mettre ensuite les mains dans l'eau froide jusqu'au dessus des poignets, et lui faire boire de l'eau chaude sucrée.

tion de ces diverses causes ne peut encore être faite; il faut pour se recueillir des expériences multipliées; quelque conrariant qu'il soit donc d'être obligé de se retirer, il ne faut nullement s'en offenser, les causes pouvant n'en être ni connues ni prévues, et la situation des somnambules ne permettant pas d'admettre d'autres considérations que celles que leur état commande.

Quand c'est le magnétiseur qui est hostile (1), c'est le même genre de souffrance, mais c'est bien plus violent ; cela pourrait faire tomber le somnambule dans un état de léthargie, ou le faire mourir, ou lui laisser des attaques d'épilepsie pour le reste de sa vie. Il faut, dans ce cas-là, qu'il y ait quelqu'un qui connaisse un peu le magnétisme ; qu'il fasse retirer le magnétiseur, qu'il rompe le rapport en magnétisant le somnambule à grands courants et qu'il fasse ainsi dominer le sien ; aussitôt que le rapport est rétabli, il doit demander au somnambule ce qu'il faut faire ou comment l'éveiller ; s'il ne peut le dire, il faut lui jeter un pot d'eau sur la tête, et le magnétiser à grands courants ; si, par suite de l'accident arrivé au somnambule par la faute du magnétiseur, le somnambule n'a plus de connaissance et ne peut indiquer ce qu'il faut faire, le magnétiseur suivra les procédés indiqués ci-dessus et magnétisera le somnambule à grands courants, une demi-heure ou trois quarts d'heure, en lui faisant boire plusieurs verres d'eau magnétisée.

(2) On ne conçoit pas d'abord la possibilité d'un cas d'hostilité de la part d'un magnétiseur, cependant ce n'est pas sans exemple, et j'avais cité à Victor, peu de temps auparavant, un fait de cette nature qu'il avait encore présent à l'esprit. Cela arrive quand un somnambule est magnétisé par deux magnétiseurs en désaccord, si l'un d'eux prétend exercer une influence contraire à celle de l'autre et veut briser violemment un rapport établi, aussi puissant que le sien.

§ 3. — Du principe de vie et de l'instinct.

Le principe de vie est cet ordre établi par Dieu sur les corps, ordre auquel on donne le nom de Nature et que j'appelle principe de vie, parce qu'il concourt au soutien de la vie, à l'insu de l'homme, en combattant le principe morbide et en pourvoyant à toutes les fonctions ; il est l'exécuteur des lois organiques, lois qui régissent aussi la végétation des plantes ; le fluide magnétique en est l'élément, c'est par lui que l'action s'exerce, et c'est Dieu qui en est le moteur suprême.

Le magnétisme, en agissant sur le fluide, agit donc directement sur ce principe de vie qui entretient la santé et qui combat le principe morbide ; il a pour objet de seconder puissamment ce qu'on appelle l'action de la nature.

Outre ce principe, il en existe un autre chez nous que j'appellerai instinct ; il n'est pas l'âme, mais il la remplace chez les animaux, et leur sert pour tout ce qui constitue le degré d'intelligence dont le Créateur a doué chacun d'eux. Il est immatériel et n'est pas immortel. L'immortalité n'est pas une conséquence nécessaire de l'immatérialité, mais de la haute origine de notre âme, souffle de la divinité, créée à son image, faveur particulière que Dieu nous a faite pour nous rendre participant du bonheur éternel ; l'instinct immatériel que Dieu a donné aux animaux, n'a rien qui provienne de cette source élevée de l'immortalité, il est le seul effet de sa volonté et il peut cesser d'exister par l'effet de la même puissance qui l'a créé. La matière ne peut produire les facultés dont jouissent les animaux. Il est donc évident que leur instinct est immatériel; prétendre qu'il est immortel parce que ce qui est immatériel n'étant pas composé de parties ne peut être dissous, est un paradoxe. Le Créateur est le maître de l'existence de tous les êtres qu'il a créés. Nous savons qu'il nous a doués de l'immortalité parce qu'il nous l'a révélé, et que tous ses actes à notre égard sont autant de rayons qui convergent vers cette vérité fondamentale. Les somnambules en ont en outre la certitude par l'effet de leur intuition, de ce sens moral inexplicable dont ils jouissent.

Cet instinct que nous avons, reste chez les fous lorsque leur âme est en quelque façon isolée de leur corps, et que leur rapport en est presque rompu; l'âme n'est retenue alors que par un petit fil, pour ainsi dire, qui l'empêche de s'éloigner.

Ce qui prouve l'existence chez nous d'un instinct qui n'est pas notre âme et qui cependant est supérieur aux facultés de notre corps, c'est qu'il y a une multitude de choses que nous faisons machinalement et sans la participation de notre âme, dont les pensées sont fort souvent portées ailleurs, et ces choses ne sont pas toujours des actes du corps; ainsi on lit, on écrit, on prie avec distraction, on fait une infinité de travaux d'art qui exigent une certaine intelligence, tout en pensant à autre chose ; on appelle cela la routine, expression insignifiante (1), tandis qu'il faut y voir l'action de l'instinct animal que l'homme possède.

Ainsi, outre son âme, il possède un principe qui lui est commun avec les animaux, c'est pourquoi ceux qui s'abandonnent à son influence, à ses penchants, et qui négligent les facultés de leur âme, tombent dans un état d'animalité, et leur intelligence est circonscrite dans le cercle des choses animales.

Parmi les facultés que les animaux possèdent et qui proviennent de cet instinct, la mémoire est la principale, elle n'est point matérielle, mais elle s'affaiblit avec l'âge et périt avec la vie. Chez l'homme, quoique appartenant aussi à l'instinct, elle est très-supérieure, car en raison de ses rapports avec l'âme, elle peut réfléter des idées d'un ordre très-élevé et devenir d'une grande richesse. Elle est comme un miroir dans lequel se représente avec plus ou moins de netteté, tout ce que l'on a vu, tout ce dont on a été fortement occupé.

---

(1) Quand on veut exprimer ce que l'on ne sait pas, ce qu'on ne connaît pas, on emploie des expressions qui ne signifient rien ; et cela doit être, car pour que l'expression ait quelque justesse, pour qu'elle signifie quelque chose, il faut avant tout connaître bien ce que l'on veut exprimer.

Dans les vues à distance dont l'état de somnambulisme fait jouir, c'est l'âme qui se transporte; l'instinct reste toujours dans le corps, il y est comme endormi en quelque façon par le sommeil magnétique; d'ailleurs, il ne serait pas de nature à jouir des perceptions qui n'appartiennent qu'à l'âme immortelle, et la mémoire n'en peut transmettre le souvenir, parce que l'instinct n'y a point pris part.

L'instinct a plus ou moins de force vitale suivant l'âge et la santé, mais quelque fort qu'il soit, il n'en a pas plus d'empire sur l'âme qui peut toujours lui être supérieure.

Dieu, en donnant une âme à tous les hommes, n'a pas permis que quand l'instinct serait dans sa plus grande force, eût l'empire sur elle, et quand il l'a, c'est toujours parce que l'âme le lui a cédé, ce qui arrive principalement lorsque les facultés de l'âme n'ont pas été assez cultivées et que la partie animale prédomine la partie spirituelle.

La religion a pour objet spécial de remédier à ce désordre.

Le magnétisme agit aussi sur l'instinct, mais pas tant que sur le principe qui tient à l'organisme de la vie. Il dispose l'instinct à être en analogie avec l'âme, surtout quand il est exercé par des magnétiseurs chez lesquels le principe spirituel domine.

Dans ce cas, le magnétisme est plutôt l'action d'une

âme sur une autre qu'une action exercée par le fluide qui n'en est tout au plus que le conducteur.

C'est pour cela que le magnétisme peut contribuer aussi à l'amélioration morale.

Cet effet dépend surtout de l'impulsion donnée par le magnétiseur. Un magnétiseur qui a été bon et qui n'est pas précisément devenu mauvais, produit encore un effet salutaire, et donne à son magnétisé des idées meilleures que celles qu'il a lui-même.

Il le fait sans le savoir (1).

Souvent aussi les somnambules ont produit un bon effet moral sur leurs magnétiseurs, lorsque dans l'état de somnambulisme leur âme est devenue accessible à des idées très-élevées, et qu'ils en ont fait part à leurs magnétiseurs.

§ 4. — Des facultés de l'âme.

Nous avons dit que la lucidité somnambulique provenait du dégagement où l'âme se trouve de l'impression des sens, que c'était l'état de l'âme rendue à elle-même.

Pour bien comprendre ceci il faut remonter à la première origine.

(1) On peut recevoir aussi dans le somnambulisme, comme dans toutes les autres circonstances de la vie, des grâces particulières qui ne doivent pas être attribuées à l'homme ou à l'action qu'il exerce, mais à la protection divine.

Lorsque Dieu créa le premier homme, il lui donna une âme et voulut que tous les hommes qui naîtraient de lui en eussent une. Dieu ne crée pas une âme à chaque corps qui naît, chaque âme est l'effet de sa première volonté créatrice qui se réalise au temps qu'il a fixé sans que chacune ait eu un état particulier de préexistence (1).

Quand Adam a été créé, il participait aux connaissances de la divinité, et quand nous sommes dans l'état de somnambulisme nous avons des rapports avec l'état primitif, et les connaissances que nous y acquérons sont une infiltration et comme un reflet de l'état primitif.

Cet état où l'âme jouissait de la plénitude de ses facultés, n'a existé que chez Adam en qui tous les hommes étaient renfermés, non qu'ils eussent réellement préexistés en lui, mais la volonté de Dieu étant qu'ils existassent et provinssent de lui, ils étaient par l'effet de cette volonté première comme en germe chez lui (2). Ainsi par l'acte de la création

(1) Victor diffère en cela de l'opinion de M. P.; mais l'un et l'autre reconnaissent l'existence d'un état primitif duquel l'homme ne jouit plus.

(2) « Le jour où le premier homme fut créé, tout se trouva créé, Adam était le terme du système du monde et le sommaire du genre humain, qu'il renfermait en germe. De cette manière, quand il pécha, tout le genre humain pécha avec lui, et c'est ainsi que nous portons la peine de son iniquité. » (Extrait du Rabbi Manahhem, dans son *Recueil de Traditions*, en forme de commentaire, sur les cinq livres de Moïse).

d'Adam, toutes les générations ont été créées par Dieu, en qui tous les temps sont également présents, pour apparaître aux époques qu'il avait fixées ; (car chez Dieu il n'y a ni passé ni avenir ; éternel, il est présent à tous les temps ; de même qu'infini, il l'est à tous les lieux (1). Il existe donc entre chaque âme et celle d'Adam, un rapport, une connexion, une corrélation, établis par la volonté première et créatrice de Dieu. C'est par suite de ce rapport que les facultés s'infiltrent, que les penchants se propagent, que les caractères des parents passent aux enfants, et que suivant cette parole de St-Paul, *tous les hommes ayant péché en Adam,* tous ont participé aux conséquences du péché ; ainsi tout ce qu'il a éprouvé s'est propagé chez ses enfants, la perte de ses hautes facultés comme la naissance de ses mauvais penchants. C'est par suite de ce rapport en sens inverse que les somnambules peuvent remonter à quelques-unes des connaissances de l'état primitif, qui appartiennent essentiellement à l'âme, mais qui n'ont été possédées dans l'état de veille que chez Adam avant son péché (1), l'ignorance et l'hébêtement de l'esprit

(1) Je soumis à Victor le développement que j'ai fait ici de la pensée, il l'approuva et l'adopta ; je l'ai donc réuni à son chapitre, dont il fait le complément ; je lui demandai aussi si dans l'état où il était, il pouvait garantir la vérité des doctrines qu'il énonçait, s'il en concevait l'évidence, et s'il jouissait du développement de toutes les facultés somnambuliques ; il me l'assura, ajoutant qu'il devait être au plus haut degré, puisqu'il

étant des conséquences du péché d'Adam, quelques personnes pourraient s'étonner de voir attribuer au magnétisme la possibilité de suspendre ces effets; mais il faut distinguer les effets éternels des effets temporels ; les premiers ne peuvent être réparés que par la rédemption, mais les seconds n'étant que pour le temps de la vie, ne sont pas de même nature ;

avait des communications avec son ange , qui l'éclairait sur les questions qu'il avait à résoudre , que même il ne fallait pas trop le presser , afin qu'il pût le consulter et ne rien hasarder de lui-même. Comme je mettais à ces assertions l'espèce de doute qu'on met quand on suspend son jugement pour chercher la vérité , il s'en aperçut et s'en plaignit , non qu'il en parût offensé , mais il était étonné que j'eusse pu le concevoir; il me répéta que la seule chose qui pût laisser paraître en lui quelque infériorité, était la difficulté que par suite de son défaut d'éducation , il avait de rendre des idées qu'il concevait cependant très-bien; que pour la vaincre il fallait qu'il lût beaucoup. Pour moi je n'étais pas fâché de recueillir ces notions de quelqu'un qui n'avait pu les puiser ailleurs, elles avaient à mes yeux un nouveau prix, j'étais bien aise de voir jusqu'à quel point la lucidité somnambulique pouvait développer des connaissances supérieures chez des sujets qui, dans leur état de veille, y étaient entièrement étrangers, et je regardais comme revêtues d'un caractère de vérité, des doctrines émises sans aucune connaissance préliminaire , sans qu'aucun genre d'étude ait pu en préparer le germe , et qui ne pouvaient être que le résultat de perceptions spéciales. Lorsque Victor avait énoncé ses idées, j'étais quelquefois obligé de l'aider à les développer, mais j'avais bien soin de les conserver dans toute leur intégrité, et de lui en soumettre la rédaction définitive qu'il approuvait, ou à laquelle il faisait faire des corrections quand je n'avais pas bien rendu sa pensée.

ansi les maladies peuvent être soulagées ou guéries
par des moyens humains, jusqu'à ce qu'il en revienne d'autres; de même la perte temporaire de la
lucidité de l'intelligence, infirmité d'un autre genre,
peut, non pas être guérie, mais être suspendue pendant quelques instants, dans un état dont Dieu a jugé à propos de permettre l'existence, comme il a permis la guérison des maladies.

§ 5. De l'âme (1

1842. L'âme est immatérielle et substantielle. L'habitude que l'on a de joindre l'idée de matière à celle
de substance porte à croire que ces deux expressions

(1) Victor, avant de travailler à ce chapitre, avait dit qu'il
voulait préparer quelque chose contre le matérialisme et
le panthéisme, et il employa plusieurs séances à réfléchir sur
ces matières. On me demandera, peut-être, pourquoi je le
laissais s'occuper de sujets aussi élevés, je répondrai à cela
que je ne vois pas pourquoi un somnambule ne pourrait pas en
faire le sujet de ses méditations, aussi bien et mieux encore
que tout autre, puisque dans cet état il a l'intuition de son âme
et la conviction de son immortalité.

Sans doute, un somnambule pourrait être en défaut si on le
forçait à s'occuper de sujets trop élevés; mais dès qu'il s'y
porte naturellement, ses idées, dégagées de la surcharge des
sens, doivent être plus justes, plus nettes, plus faciles à saisir.
non pour découvrir des vérités nouvelles, puisqu'elles sont
déjà connues et professées depuis long-temps, mais pour les
corroborer par des aperçus pris dans une situation nouvelle,
par des témoignages qui peuvent avoir une grande valeur pour
ceux qui ont besoin de voies nouvelles pour revenir à la
vérité.

ne doivent pas s'accorder ; cependant on sait que ce qui est substantiel peut n'être pas matériel, puisqu'on parle de la substance de Dieu et de la consubstantialité des personnes divines.

L'âme n'est spécialement ni dans le sang, ni dans les nerfs, elle est par tout le corps ; elle se voit elle-même dans l'état de somnambulisme, quoiqu'elle échappe aux sens dans l'état de veille. Le fluide y échappe aussi, mais il est matériel, quoique d'une matière extrêmement subtile.

De ce qu'il y aurait des somnambules qui ne pourraient voir leur âme, et rendre compte de cette intuition, il n'en faudrait pas conclure que cette perception n'existerait pas ; elle pourrait être faible ou trop enveloppée chez eux, s'ils n'étaient pas assez religieux et assez dégagés de cette matière qui obscurcit les facultés morales. Souvent aussi les somnambules, dans le commencement de leur lucidité, ne peuvent jouir du développement complet des hautes facultés ; moi-même, il y a un an, je n'en jouissais pas comme aujourd'hui.

Le somnambule, en récupérant les facultés primitives, jouit d'un don de Dieu qui lui permet de voir son âme et de connaître avec certitude sa spiritualité et son immortalité.

L'âme, dans cet état, voit et comprend l'enchaînement de toutes les perfections de Dieu, et tout ce qui concerne les intelligences immortelles dont elle reconnaît qu'elle fait partie.

Cette connaissance est l'effet d'un sens moral qui s'est développé, et qui produit la même évidence que celui de la vue.

Il n'est pas possible d'expliquer ce genre de perception, parce que ceux qui ne l'ont pas éprouvé ne pourraient pas plus le comprendre qu'un aveugle né ne pourrait avoir l'idée de tout ce que le sens de la vue fait connaître à ceux qui en jouissent.

Le corps est l'habitation temporaire de l'âme pendant la vie ; pour faciliter toutes les fonctions nécessaires à ce genre d'existence, l'homme est échelonné de plusieurs substances, l'âme, l'instinct et le corps.

L'instinct étant un moyen entre l'âme et le corps, est l'auxiliaire de l'âme, et lui transmet le service des organes par un effet que l'on peut comparer à celui d'une chaîne électrique. Quoique immatériel, l'instinct n'est cependant que temporaire, parce que c'est une faculté que Dieu n'a jointe à l'âme que pour le temps de la vie, au-delà elle ne lui est plus nécessaire.

Il n'est donc pas étonnant que l'on sente s'éteindre chez soi certaines facultés sur la nature desquelles on serait tenté de se méprendre, en supposant que c'est l'âme qui s'éteint ; la mémoire, par exemple, qui appartient à l'instinct (1), est temporaire comme lui; elle ne serait d'aucune utilité dans l'éternité où l'on a mieux qu'elle; en effet le temps n'existant plus, le passé est présent comme l'avenir, et n'a plus besoin d'être rappelé.

Quand on éprouve d'autres genres d'affaiblissements, comme dans les maladies et la vieillesse, ce serait encore très-faussement qu'on s'imaginerait que l'âme s'affaiblit et descend vers le néant, ce n'est point elle qui subit cette révolution, mais l'instinct et ce principe de vie produit par le fluide qui communique les perceptions à l'instinct, et par lui à l'âme (2). Quand ce principe est entravé par une maladie ou qu'il n'agit plus que faiblement par l'effet de l'âge, le service des organes ne se fait plus de même, il y a perte de forces, anéantissement; le principe de vie semble s'éteindre, mais ce principe n'est pas

(1) Une preuve que la mémoire appartient spécialement à l'instinct, c'est que, dans le jeune âge, l'acte d'apprendre par cœur est plutôt un acte de l'instinct qu'un acte de l'intelligence; on apprend très-souvent sans comprendre, et on répète instinctivement ce qu'on a appris, sans savoir ce qu'on dit. Si la mémoire appartenait à l'âme, la coopération de l'intelligence serait indispensable.

(2) L'âme qui, par sa situation est identifiée à toutes les parties construites de notre être, et qui perçoit toutes leurs impressions, doit percevoir aussi celle de leur anéantissement; c'est une conséquence nécessaire de leur union, ce n'est qu'à la mort qu'elle pourra être affranchie de toute communauté avec elle, et qu'elle se sentira revivre en redevenant elle-même.

l'âme; elle traverse sans aucune altération de sa substance, mais non sans être impressionnée, toutes les crises par lesquelles passent les diverses parties qui constituent notre personne.

Les mêmes observations s'appliquent à l'enfance et à l'état de sommeil.

Lorsque l'enfant vient au monde, son intelligence existe ; mais pour se faire une idée de l'état où elle se trouve, on peut se figurer qu'elle est comme recouverte par une grosse peau, par une enveloppe qui s'étend à mesure que l'enfant croît. Mais son âme est effectivement la même à toutes les époques de sa vie ; les divers états auxquels elle se trouve associée durant cette période, ne proviennent d'aucun développement ni d'aucune altération de sa nature, mais du plus ou du moins d'extension des facultés qu'elle doit aux substances auxquelles elle est unie et qui deviennent ses auxiliaires.

Le sommeil est un repos que Dieu procure à l'homme pour lui faire récupérer ses forces ; car tout ce qui constitue l'organisation physique a besoin d'être détendu tous les jours pour conserver son élasticité.

Cette succession apparente d'être et de non être est comme celle du jour et de la nuit, à laquelle elle se trouve associée ; l'être peut sommeiller sans cesser d'exister ; ici-bas tout est entrecoupé d'ombre et de lumière, de sommeil et de veille; le sommeil n'est pas plus la cessation de l'être que l'éclipse n'est la destruction de l'astre.

Toute faculté qui n'existe pas par elle même (et il n'y a que Dieu qui existe par lui-même), peut être enveloppée, son exercice peut-être suspendu, mais elle reparaît ensuite aussi brillante qu'auparavant, lorsqu'elle se trouve dégagée de ce qui lui faisait obstacle.

Le sommeil est un anéantissement presque complet des sens et de l'instinct, pendant lequel l'action de l'âme se continue comme celle de la circulation du sang, du fluide, et tout ce qui constitue la vie des organes; mais pour qu'elle ne dérange en rien le calme nécessaire à la réparation des forces, elle s'exerce dans les rêves, elle en perd le souvenir lorsque l'instinct a été tout-à-fait absorbé pendant le sommeil, elle le conserve lorsqu'il en a subsisté assez pour que la mémoire, qui est une de ses principales attributions, puisse le retracer.

Dans l'état de somnambulisme complet, la mémoire ne joue aucun rôle (1). L'âme étant dégagée

(1) J'ai demandé à Victor des explications sur cette assertion qui a besoin d'être éclaircie. Il serait inexact de la prendre à la lettre, et de prétendre que dans le somnambulisme la mémoire n'est d'aucun secours. Ceci regarde seulement la lucidité qui n'est point un effet de mémoire, ni le résultat des connaissances acquises dans l'état de veille; celles que le somnambulisme procure sont particulières à cet état, et elles peu-

de son enveloppe terrestre, jouit des facultés attachées à son immortalité, c'est pourquoi, en rai-

vent s'étendre par l'exercice, par l'habitude de donner des
consultations; ce sont des jallons déjà posés pour diriger le
somnambule, c'est, pour ainsi dire, un rapport d'attraction, qui
rend plus prompt l'exercice des facultés somnambuliques. Mais
ce serait une fausse combinaison blâmée par Victor, que de
prétendre augmenter ses connaissances thérapeutiques par la
lecture de livres de médecine; il faut, pour être justes, qu'elles
proviennent de la lucidité somnambulique, qu'elles soient
comme une inspiration naturelle, et que la mémoire ne serve
qu'à transmettre des souvenirs de cette nature; cela n'empêche pas de pouvoir juger de la bonté de quelques remèdes, de
les approuver ou de les rejeter, ou de les appliquer quand ils
sont utiles, mais il ne faut pas les chercher, en faire une
étude; l'influence de ces connaissances étrangères pourrait
atténuer la justesse du sens intuitif, qui d'ailleurs n'en a pas besoin quand il est bien développé, et qui, quand il ne l'est pas,
ne doit pas être surexcité. C'est sans aucun travail de l'état de
veille, et sans aucun secours étranger, que Victor a acquis sa
lucidité. Avec l'étude, on fait des médecins, mais non des
somnambules. Comme il est dans l'ordre naturel qu'il n'y ait
aucun souvenir qui établisse une rapport de l'état magnétique
à l'état de veille, il faut éviter de contrevenir à cet ordre en répé-
tant au somnambule éveillé ce qu'il a dit dans l'état magnétique.
Il faut qu'il ignore les prescriptions qu'il a données et leurs résultats, et qu'il n'ait pas lieu de s'énorgueillir des cures qu'il
aura faites. C'est surtout nécessaire lorsqu'on commence à cultiver le somnambulisme chez un sujet. Les impressions de
l'amour-propre, surtout chez des personnes qui sentent vivement, peuvent attérer ce calme, qui est une condition de la
lucidité, et elles ne sont que trop naturelles lorsqu'on sait
qu'on est doué d'une des prérogatives les plus distinguées; de
là, cet excès de confiance en soi-même, et ce dédain des somnambules pour ceux qui n'ont obtenu que par l'étude les con-

son de l'innovation divine qui reflète sur elle, le passé est comme présent , et quelques fois, quoique rarement, elle entrevoit des éclairs de l'avenir.

C'est pour cela qu'en sortant de cet état tout est perdu , et qu'on ne conserve aucun souvenir d'une situation que la mémoire ne peut servir à rappeler.

Lorsque le magnétiseur parvient par sa volonté à faire passer un souvenir de l'état magnétique dans l'état de veille, c'est l'action de son âme qui s'est exercée sur celle du somnambule, et qui a suppléé à l'absence de la mémoire.

Enfin, en réfléchissant sur toutes les impressions diverses que l'âme éprouve, ou reconnaît que Dieu a voulu qu'elle participât aux infirmités du corps, et que son union avec des organes sous la dépendance desquels elle s'est trop abaissée, lui en fit ressentir les faiblesses et les douleurs, afin que les hautes facultés dont elle jouit d'autre part, ne la fissent pas tomber dans le panthéisme, en l'exaltant au point de lui persuader qu'elle est une fraction de la divinité, tandis que tout ce qu'il y a de plus élevé en elle, ne possède un peu d'éclat que par le faible reflet qu'il en reçoit.

Si l'âme, dans le somnambulisme magnétique,

______

naissances qu'ils possèdent , tandis que chez eux elles sont l'effet du sens intuitif.

se voit elle-même distincte du corps, elle s'y voit aussi très-distrincte de la divinité, et à une distance infinie de ses perfections qu'elle connaît cependant, mais qu'elle ne peut faire connaître. Elle sait qu'il n'y a aucune espèce d'identité possible entre elle et Dieu, que seulement il l'a créée à son image, animée du souffle de l'immortalité, et douée des facultés qui doivent l'élever jusqu'à la rendre apte à lui être unie.

J'ai réfléchi longtemps sur ces matières élevées, j'ai eu l'intuition de la vérité, mais il m'est impossible de la mettre à la portée des intelligences humaines.

La nature divine est trop au-dessus de nous, trop incompréhensible à notre faible raison, pour qu'il nous soit possible de l'étudier, et de nous convaincre par cette étude qu'elle est bien différente de la nôtre. Mais cette impossibilité même suffit pour nous le démontrer.

D'ailleurs cet extravagant système du panthéisme impliquerait une monstrueuse confusion entre l'auteur et l'ouvrage; entre l'Eternel et l'être créé d'hier; entre l'infini et ce qui est très-restreint; entre la Sagesse-Suprême, et un être rempli d'imperfections; entre le Tout-Puissant, et celui qui éprouve à chaque instant son défaut de moyens; ce serait le comble de l'absurdité.

L'homme ne possédant que ce qu'il reçoit de Dieu,

ne peut-être éclairé, soutenu, agrandi, que par lui; tout ce qu'il possède de bon, de beau, de grand, d'élevé, est un effet de sa munificence, et l'inégale répartition de cette munificence a pour but de faire repousser toute supposition d'identité.

Les organes du corps peuvent être comparés à des fenêtres par lesquelles les perceptions arrivent à l'instinct, et par lui à l'âme quand elle n'est pas isolée de l'instinct, et dans ce qu'on appelle un état de distraction, ce qui a lieu, par exemple, quand l'instinct lit en son absence et que pendant ce temps là elle pense à toute autre chose qu'au sujet de sa lecture.

Les facultés de l'âme n'ont point de bornes (1), Dieu n'en a point, et l'âme étant créée pour lui être unie, doit être de nature à participer aux conséquences de cette union.

Avant le péché elle jouissait des prérogatives les plus élevées ; elles n'ont pas été détruites par l'effet du péché, car rien d'immortel ne peut être détruit, mais elles ont été comme enveloppées d'une croûte (2).

(1) Victor entendait par là la faculté de connaître, l'homme étant créé pour connaître Dieu, et Dieu qui n'a point de bornes étant sa fin dernière.

(2) Ici des personnes plus portées à l'esprit de critique qu'à celui d'observation, diront peut-être : comment peut-on supposer que le magnétisme ou plutôt le somnambulisme, puisse remédier en quelque sorte à des effets du péché originel ? je ré-

Le magnétisme dans le somnambulisme peut percer ou attendrir plus ou moins cette croûte, mais ne peut le faire complétement; le résultat de cet effet est de rapprocher l'âme de Dieu.

C'est pourquoi les somnambules ont une grande propension vers les idées religieuses, et le magnétisme bien dirigé pourrait devenir un auxiliaire de la religion.

L'extase est l'acheminement de l'âme vers un état plus élevé.

Elle est produite par l'affranchissement de l'âme, par sa prédominence sur le corps. Cet effet, dans l'état de veille, est toujours le produit d'une action divine. Il en est de même dans l'état magnétique.

L'influence du corps et de l'instinct sur l'âme étant la principale cause qui nous éloigne de Dieu et nous fait perdre ainsi nos plus éminentes prérogatives,

ponds à cela qu'on n'y remédie que sous un rapport temporel dans des cas exceptionnels, et de bien peu de durée. En second lieu, que ces effets ayant eu pour cause et pour résultat le trop grand ascendant des sens sur l'esprit, tout ce qui paralise momentanément l'action de la partie animale, rend par cela même, momentanément aussi, à l'âme plus ou moins de cette supériorité qu'elle avait perdue. La doctrine de l'Église sur le jeûne, l'abstinence et la mortification des sens est aussi fondée sur l'influence du physique sur le moral; la prière, dit-on, est jointe au jeûne, mais si l'on joint aussi la prière au magnétisme, il se trouve par cela même élevé à sa plus grande puissance; aussi la propension des somnambules vers les idées religieuses est-elle un fait incontestable, quand même ils ne s'y trouveraient nullement portés dans leur état de veille.

tout ce qui l'en affranchit l'élève vers l'état primitif.

La religion et le magnétisme concourent donc au même but par l'annulation ou l'affaiblissement des influences inférieures.

Sous ce rapport, on peut dire que le somnambulisme est une chose sainte par sa nature, puisqu'il nous porte à Dieu, à la piété, à la vérité; lorsque ce résultat n'a pas lieu, c'est que le magnétisme a été mal compris, mal employé, qu'il a dévié de son but.

Une connaissance parfaite de sa spécialité le ferait devenir ce qu'il doit être, et le ferait concourir à l'amélioration religieuse et morale, comme à celle de la santé (1).

(1) Voici un fait que cite M. Deleuze dans sa correspondance avec M. Billot :

Le docteur Chap*** magnétise une dame malade depuis dix ans; il la rend somnambule, pendant trois jours il l'engage à découvrir la cause de son mal ; il ne peut rien obtenir; elle dit seulement qu'elle a des chagrins. Enfin, le cinquième jour, elle fond en larmes, et lui dit qu'elle a une passion à laquelle elle a toujours résisté, parceque ses principes et sa délicatesse s'opposent à ce qu'elle puisse s'y livrer, et que les efforts qu'elle a toujours faits pour vaincre ce sentiment qu'elle désapprouve, ont détruit sa santé; « Je vous ai donné ma confiance, dit-elle, parceque vous la méritez; vous réussirez à me guérir parceque vous le voulez.

M. Chap*** employa toute sa volonté à changer des pensées importunes; trois jours après, la malade a été très-étonnée de se trouver dans un état de calme et de gaîté lorsqu'elle sortait

C'est pourquoi il importe de donner une bonne direction à une science dont la portée est si étendue, afin qu'on en puisse recueillir tous les avantages.

Pour exercer une bonne influence morale sur un somnambule, il faut que le magnétiseur profite de la faculté que le somnambule possède dans l'état magnétique, de considérer les choses sous le point de vue le plus vrai et de sa propension vers le bien, pour exciter en lui les meilleurs sentiments, les développer, les fortifier; qu'il lui ordonne de prier Dieu avec ferveur, qu'il le prie lui-même, et lorsque le somnambule sera bien pénétré de toutes les bonnes idées et qu'il aura pris des résolutions bien fermes, qu'il établisse la communication entre l'état magnétique et l'état de veille, afin de les y faire passer, qu'il suive pour cela la marche que le somnambule aura indiquée, car on doit le consulter pour ce qui doit concourir à la guérison et au régime de son moral, comme on le fait pour son physique. Après le réveil, l'impression produite dans l'état de somnambulisme durera encore et fera accueillir favorablement tout ce que l'on sera convenu de dire; il ne s'a-

de l'état de somnambulisme, et quelques jours plus tard elle ne s'est plus occupée de ce qui l'inquiétait, elle a joui d'une tranquillité parfaite et a recouvré la santé. (Correspondance sur le magnétisme vital entre un solitaire et M. Deleuze, par M. Billot, T. 1er, pag. 144.)

gira plus que d'entretenir ces bonnes dispositions et de répéter le remède moral et magnétique, autant qu'il sera nécessaire (1).

§ 6. De la folie (2).

1842. — La folie est occasionnée par diverses

(1) J'ai fait plusieurs fois avec succès l'essai de cette influence morale, mais il faut pour cela un peu de suite ; on peut comparer son effet au coup qui produit une vibration qui va toujours s'affaiblissant ; je magnétisai, dans ce but, une somnambule qui, étant très-impressionnable, avait des défauts de caractère qu'elle ne pouvait vaincre, de sorte qu'il lui échappait quelquefois des réparties très-inconvenantes ; je lui fis sentir combien ces défauts étaient fâcheux, elle en convint, les pleura, et je tâchai de la pénétrer de ce sentiment ; en sortant de sa crise elle se trouva toute changée et ne se reconnaissait pas ; je fis une absence de huit jours, elle me dit au retour qu'elle avait été calme, douce et heureuse ; mais comme je ne la magnétisai que de loin en loin, elle fut détraquée dix jours après à la suite d'un temps chaud, orageux et irritable. Je la mis en crise, elle ne fut point lucide, et me dit qu'elle aimait à grogner et qu'elle y trouvait du plaisir ; je lui en fis sentir tout l'odieux, elle fut toujours en crise, ce ne fut qu'à la fin, à force d'observations, d'actes de volonté et d'action magnétique, que ses mauvaises dispositions cédèrent un peu ; elle reprit ses prières qu'elle avait interrompues ; quelques jours après je la remis en crise, elle était parfaitement bien, et redevenue lucide ; elle me raconta son état passé en le déplorant et m'assurant qu'elle en était guérie, mais qu'elle ne pouvait se soutenir que par la pratique de ses devoirs religieux ; elle me parla avec une grande satisfaction du bonheur qu'elle éprouvait. Cette heureuse situation dura quelque temps, mais comme je ne pus m'occuper avec quelque suite de ce traitement moral, la cure est restée incomplète pour le moment, et ne s'acheva que plus tard.

(2) Victor ayant eu occasion d'étudier cette question, com-

causes, c'est ordinairement un dérangement du fluide; comme les nerfs dans lesquels il circule se réunissent principalement à la tête, ceux qui sont attaqués de la folie sont ceux qui ont été plus ou moins nerveux, ceux qui ont éprouvé des impressions trop vives. et chez lesquels il y a eu désorganisation.

Cette désorganisation est un dérangement dans les fonctions du fluide. Il circule sans interruption dans les nerfs à peu près comme le sang dans les veines par un mouvement réglé. Il part de la tête pour se répandre dans tout le corps, la tête est pour lui ce que le cœur est pour le sang. Si les nerfs sont le principe de la sensation, c'est à cause du fluide qui les pénètre et leur donne cette faculté, parce que le fluide est le principe de vie et de sensibilité.

L'homme étant une intelligence servie par des organes (1), tout ce qui dérange ces organes dérange le service que l'intelligence en reçoit. C'est le fluide qui est le principal acteur de ce service; les impressions trop vives troublent son action, quand elles

mença par ce sujet son exposé sur les divers genres de maladies.

(2) Victor n'avait point lu M. de Bonald, mais il avait trouvé tellement juste l'expression d'*intelligence servie par des organes* que j'avais employée avec lui. qu'il en tira ici tout le parti qu'elle présentait.

sont plus fortes que le principe qui constitue leur organisation (1).

Ce service se fait en vertu de l'ordre que Dieu a établi. L'âme est immatérielle et immortelle, le corps est matériel et mortel. Dieu a voulu qu'ils fussent unis dans un seul et même être, il nous est impossible de révéler le lien de leur union, qui est un acte de la puissance de Dieu.

C'est par l'effet de cette union que le fluide et les organes qu'il vivifie servent l'intelligence, et que la volonté agit sur le fluide; il y a identité de personne, malgré la dissimilitude de ces substances.

Ainsi, lorsque par un dérangement quelconque qui a presque toujours pour cause des impressions trop vives sur des organes trop faibles, le service que le fluide concourt à faire n'a plus lieu, l'âme se trouve comme isolée du corps, et le corps est abandonné à l'instinct.

Les personnes attaquées de la folie n'ont pas seulement la tête affectée, mais tout le corps, parce que le fluide est répandu dans tout le corps; cepen-

______

(1) Je lui demandai de pénétrer dans cette organisation et de voir comment le fluide fait ce service ; après quelque temps d'un recueillement profond, il me dit qu'il en avait bien l'intuition, mais que les expressions lui manquaient; elles lui étaient peut-être refusées, ceci tenant au mystère de l'union de l'âme et du corps qu'il ne nous est pas donné de pénétrer. Cela est, dit-il, parce que Dieu l'a fait ainsi, l'âme est immatérielle et immortelle....

dant l'effet est plus sensible à la tête, parce qu'elle est le point de réunion des nerfs.

Tout ce qui affecte l'âme trop vivement et avec trop de continuité, porte à la folie, en occasionnant un trouble qui détruit l'harmonie établie par le fluide.

§ 7. — Des maladies.

Je n'ai relaté ici que sommairement quelques-unes des maladies et leur principe. On regrettera peut-être que les remèdes ne soient pas indiqués, mais les maladies étant très-variées dans les divers sujets et souvent compliquées avec d'autres, on ne peut indiquer de remède avec quelque certitude, que quand on connaît la situation du malade. Cette première condition de leur application ne peut être remplie que par un somnambule lucide ou par un médecin très-instruit. Un aperçu général des remèdes pourrait donc être plus dangereux qu'utile, parce qu'on pourrait se méprendre dans l'application et se faire plus de mal que de bien.

Dans les maladies ou crises du corps, il y a deux choses à considérer, le principe morbide et le principe de vie.

Le principe morbide est une des conséquences de l'introduction du désordre dans l'espèce humaine.

Le principe de vie est le principe conservateur établi par Dieu, et qui combat le principe morbide.

Le principe morbide est modifié de bien des manières.

Dans la goutte, il est causé par une vapeur extrêmement âcre et légère, resserrée entre les os et la chair et quelquefois dans la moëlle des os ; plus souvent elle se jette sur les articulations où elle forme un nœud. La goutte est produite par diverses causes, elle est quelquefois héréditaire ; le plus souvent les personnes qui en sont attaquées sont celles qui ont les nerfs très-sensibles, ou qui ont donné dans des excès.

Chez ceux qui la tiennent de famille, le germe en est dans le sang et dans les nerfs, et par suite prend son siége dans un endroit quelconque des membres.

La cause des douleurs qu'on souffre quand on en est atteint, vient de ce que cette vapeur âcre et brûlante comme le feu, irrite violemment les nerfs ; elle peut se placer dans toutes les parties du corps, on peut rarement la guérir. On la croit quelquefois guérie lorsqu'elle n'est que neutralisée, paralysée, endormie, et si elle ne reparaît plus, c'est que le malade meurt par une autre cause avant son retour. Lorsqu'elle cesse de faire souffrir, c'est que le principe de vie a neutralisé le venin pour quelque temps.

Il se neutralise ainsi : lorqu'on éprouve une douleur très-vive, l'action du principe de vie fait arriver une substance dont l'effet est de neutraliser la douleur lorsque la personne est plus forte que la douleur. Cette action du principe de vie est produite par le fluide et finit par dompter la douleur. La même chose arrive lorsqu'un violent mal de dents est neutralisé par une fluxion, quand on est piqué par une guêpe, et dans toute espèce de circonstance où la douleur produit l'enflure. Cette enflure se manifeste aussi dans la goutte par la même cause. Une fois que la douleur est enlevée, cette action n'a plus lieu, et le venin peut, avec le temps, reprendre son âcreté, et amener d'autres crises. On peut ranger dans cette classe les rhumatismes aigus et autres qui sont du même genre et un diminutif de la goutte. Ils ne sont pas ordinairement héréditaires, et ne sont pas produits par la même cause. Ils sont occasionnés le plus souvent par des fraîcheurs, des coups, par trop de fatigue, par l'affaiblissement de l'action du fluide, et aussi par des excès. Ces maladies ne sont pas toujours incurables et se fixent rarement sur quelque partie du corps, si ce n'est dans un âge avancé, c'est alors sur la partie la plus faible ; cette partie n'ayant plus la force d'appeler à elle le principe de vie, le mal ne peut plus être neutralisé, on ne l'est que faiblement.

Le tic douloureux et tous les genres de névralgies ont le même principe.

Les maladies de nerfs sont très-communes à présent. Elles se divisent en deux classes, l'épilepsie et les irritations de nerfs (on peut comprendre dans

cette dernière classe les gastrites où presque toujours les nerfs sont attaqués).

L'épilepsie a lieu chez ceux dont les nerfs sont
naturellement faibles. L'irritation peut avoir lieu sur
toutes sortes de personnes ; elle est produite par bien
des causes, par le jeûne, la fatigue, les chagrins, les
affections trop vives, et par les excès ; une partie
de ces affections produit des palpitations de cœur
et des anévrismes.

L'irritation est aussi occasionnée par un principe
morbide qui se porte sur les nerfs, et qui souvent y
est attiré par les causes dont nous venons de parler.

Ces maladies ne sont pas toujours incurables, si
ce n'est chez les personnes qui en sont fortement attaquées et depuis long-temps. Quant aux autres, elles
peuvent guérir par suite d'un traitement approprié
à leur position et suivi bien exactement, cette irritation donne toujours une espèce de fièvre.

L'épilepsie est également une irritation de nerfs
plus forte, et qui n'est pas continuelle. Elle prend
par de très-fortes crises plus ou moins fréquentes,
suivant qu'on est plus ou moins attaqué, et que le
principe de vie agit avec plus ou moins de force sur
le principe morbide. Il y a peu de remèdes. Le principe morbide est dans les nerfs, il n'est pas âcre et
brûlant comme celui de la goutte, mais son action
se porte au cerveau et produit des effets qui vont
jusqu'à faire perdre connaissance.

La fièvre n'est pas toujours une maladie, mais le combat des deux principes. On n'a jamais la fièvre sans avoir autre chose. C'est une crise qui a lieu lorsque la nature oppose une vive résistance à un mal quelconque. Elle a lieu encore lorsque les nerfs ont été irrités par un travail de tête ou par toute autre cause.

Nous ne la traiterons donc pas en particulier, mais nous la suivrons dans les diverses modifications des maladies. Dans presque toutes les circonstances elle est une crise salutaire, le malade ne succombe que quand on attaque le principe de vie, ou quand il n'a plus la force de résister au principe morbide devenu prédominant.

On peut couper la fièvre, c'est-à-dire, absorber, paralyser cet effort de la nature; mais le principe morbide étant resté, elle revient lorsque le principe de vie reprend ses forces, ou bien le principe morbide qui n'a pas été vaincu change de place et cause une autre indisposition, comme des obstructions, un grand échauffement, des maux d'estomac, etc. Pour traiter les maladies il faut donc attaquer le principe morbide et non l'effort que fait la nature pour le combattre.

Lorsque la fièvre provient de surexcitation, et particulièrement d'un travail de tête qui agace les nerfs, il faut d'abord faire cesser cette cause, et comme il n'y a pas de principe morbide à attaquer, calmer cette surexcitation, et éviter tout ce qui pourrait la reproduire.

Dans les fluxions de poitrine, la fièvre n'est pas contraire; il faut, aussitôt que la maladie commence, en attaquer le principe, qui consiste dans la trop grande abondance du sang qui se porte principalement à la poitrine.

Les fièvres cérébrales sont occasionnées presque toujours par un excès de travail de tête et par les excès de débauche qui affaiblissent le principe de vie. Le principe morbide se place alors dans la tête; c'est une vapeur brûlante qu'on a dans le cerveau qui fait éprouver des douleurs très-aiguës dans la tête et dans la moëlle épinière; il en résulte quelquefois une décomposition du cerveau. Les fièvres cérébrales sont très-rares, on en guérit peu; le meilleur traitement consiste dans des douches d'eau froide et dans l'application de la glace sur la tête.

Il y a d'autres fièvres auxquelles on donne ce nom sans qu'elles en aient véritablement le caractère, cela fait qu'on les croit plus communes qu'elles ne le sont, et qu'on croit en guérir davantage.

La fièvre maligne est produite par deux causes, par la trop grande fatigue et les excès, et par la mauvaise disposition du sang lorsqu'il se trouve mêlé avec la bile. Le principe morbide se place souvent dans la tête, à l'estomac, et vers le cœur. Il n'a pas le même principe que celui de la goutte, il est plus matériel ; les humeurs ayant été mises en mouvement et troublées s'arrêtent dans l'endroit le plus faible, et se renferment dans une espèce de poche qui forme ce qu'on appelle le dépôt critique de ces sortes de fièvres ; ce dépôt renferme le principe morbide, et s'il peut être évacué le malade est sauvé ; le principe de vie cherche à opérer cette sécrétion, cette expulsion de principe morbide et de la bile qui sont dans le sang ; lorsque cela ne se fait pas, le malade succombe. Le principe morbide ayant beaucoup d'action et étant très-mauvais, il en résulte une grande fièvre, parce qu'il faut que le principe de vie fasse un grand effort pour le vaincre. Lorsque le dépôt de ce poison crève dans l'intérieur sans pouvoir être expulsé, et qu'il attaque les organes, il emporte ordinairement le malade.

Ces fièvres durent ordinairement quarante jours, quand elles excèdent ce terme, c'est l'effet d'une lutte plus ou moins prolongée du principe de vie qui l'emporte rarement.

Les personnes qui sont atteintes des fièvres putrides sont principalement celles qui ont une prédisposition à être attaquées de l'estomac ; les causes en sont la fatigue, le refroidissement, la débauche. Cette maladie consiste en un amas d'humeurs sur l'estomac ; quelquefois les canaux qui conduisent la bile au foie sont obstrués, il en résulte que l'humeur ne pouvant plus circuler est obligé de se jeter sur quelque partie et contracte une putridité qui est un commencement de corruption ; il faut alors l'évacuer beaucoup, et combattre la nature de ce principe morbide.

La petite-vérole par elle-même n'est qu'une peste, un venin contagieux qui se communique par l'air. Il y a cette différence entre elle et le choléra, c'est que ce dernier se communique par l'air sans que personne l'ait infecté, c'est pourquoi il peut être considéré comme un fléau, au lieu que l'air qui porte la petite-vérole n'est infecté que par les personnes qui l'ont.

Une personne forte qui se trouve près d'un malade peut ne pas la gagner, et peut cependant la donner à un plus faible par la communication du fluide morbide ambiant dont elle est environnée.

Le vaccin est très-utile pour en enlever le germe en le faisant éclore sous son influence. Les personnes qui n'ont pas été vaccinées ayant conservé le germe, peuvent gagner la maladie par contagion, il en est de même lorsque cet effet n'a pas eu lieu complétement à cause de la mauvaise qualité du vaccin pris sur une personne malade ou faible.

Le principe morbide de la petite-vérole est une vapeur chaude et âcre qui infecte la partie lymphatique, et le principe de vie repousse au dehors tout ce qu'elle a infecté.

Si le principe de vie ne produisait pas cette action

ou la faisait d'une manière incomplète, le venin ne sortant pas pourrait se jeter sur la poitrine ou sur d'autres parties, et si la personne était fortement attaquée elle succomberait.

La petite-vérole étant un poison, on est sauvé quand il est complétement jeté au dehors, on périt quand il reste.

La pulmonie n'est pas toujours héréditaire, quoiqu'elle le soit souvent, le principe morbide est alors dans le sang; ceux sur lesquels il existe sont souffrants avant qu'il soit développé; il ne se développe pas toujours complétement, ceux-là sont ordinairement très-irritables.

Le principe morbide qui est dans le sang passe dans les nerfs, il ne se développe que quand la croissance est prise, c'est une substance très-âcre qui se jette sur les poumons, les attaque, et y fait venir une espèce d'ulcère; dans ce cas l'action du principe de vie, pour combattre le principe morbide, fait arriver, sur la partie qui est attaquée, une substance qui y est attirée pour le neutraliser, et qui ensuite est corrompue par lui. C'est la cause de l'expectoration et de la mauvaise odeur des matières rejetées.

Il en est de même pour tous les ulcères sur quelque partie qu'ils se jettent.

Ceux qui n'ont pas le germe héréditaire de la pulmonie peuvent gagner cette maladie par la fatigue et surtout par la débauche.

Les ulcères et les cancers sont les effets d'un principe morbide existant dans le sang, c'est un amas d'humeurs qui se corrompt en se portant à l'endroit attaqué pour en neutraliser le venin.

Les cancers peuvent aussi venir aux femmes à la suite d'un coup qu'elles ont reçu au sein. Il n'y a pas là de principe morbide préexistant, c'est l'effet d'une contusion qui n'a pas fait sortir le sang ; il s'amasse alors dans le sein où il y a beaucoup de petits vaisseaux destinés à loger le lait, l'humeur que le principe de vie fait arriver pour neutraliser la douleur s'y mêle et produit un engorgement qui devient un cancer.

Si aussitôt le coup on prenait des précautions comme application de sangsus, bains de pieds, cataplasmes fortifiants, l'accident n'aurait pas lieu.

Dans les affections légères de poitrine, le principe morbide est le même que dans la pulmonie, mais moins âcre ; on en souffre alors plus ou moins, selon qu'on est plus ou moins fort ; mais les personnes qui en sont incommodées sont long-temps susceptibles de ces impressions.

La rougeole est une fièvre rouge et chaude ; le principe morbide est dans le sang ; c'est une vapeur très-chaude et cuisante ; c'est comme une peste, parce que c'est contagieux, et la maladie se gagne par l'air infecté de la vapeur morbide ; ce sont surtout les enfants qui la gagnent, parce que le principe est trop faible pour attaquer des personnes fortes. C'est moins dangereux que la petite-vérole, mais les suites demandent des précautions. Quoique la maladie dure peu de jours, les malades n'en sont pas quittes lorsqu'elle semble passée ; elle ressort quelque temps après à la gorge, à l'estomac et à la poitrine ; si alors on néglige les précautions, il en peut résulter de graves inconvénients. Il faut se tenir chaudement, prendre des boissons rafraîchissantes, des cataplasmes émollients pour favoriser la sortie du principe morbide ; quand il n'est pas rejeté au-dehors il se porte quelquefois sur la poitrine, et lorsque cela arrive vers l'âge où la pulmonie se manifeste, il provoque l'invasion de cet autre principe morbide qui ne s'était pas encore manifesté.

Les obstructions au foie et au pilore sont accidentelles, et il n'y a pas pour cela de prédisposition, elles sont produites par le rétrécissement des canaux qui doivent conduire la bile, laquelle ne pouvant plus couler s'y engorge ; il en arrive encore par d'autres petits canaux imperceptibles, elle se corrompt, et cette corruption forme un principe morbide dont la masse s'accroît et occasionne une enflure par l'effet qu'il produit. Ou souffre des douleurs très-aigües.

Il y a encore obstruction quand l'humeur séjourne trop-longtemps dans un canal, se durcit, et fait éprouver un tiraillement et une douleur lourde ; celle-ci est presque toujours dans l'intérieur du foie, l'autre autour du foie.

Dans l'obstruction au pilore, l'humeur s'amasse, se corrompt et se vide de temps en temps comme si elle était dans une espèce de poche, ce qui produit des alternatives dans la situation du malade; quand la poche est remplie, le malade souffre beaucoup; quand elle est vide, il se croit soulagé, le principe morbide semble parti, mais il a laissé un levain qui reproduit les mêmes accidents comme dans les ulcères; il y a plaie au pilore et suppuration d'une humeur que le principe morbide rend âcre et chaude; ces personnes ont des maux de tête à cause de la correspondance qui existe entre les nerfs de l'estomac et ceux de la tête, il n'y a pas de remède, on ne peut que lutter plus ou moins long-temps contre le mal.

Les maladies de foie sont occasionnées quelquefois par un coup reçu dans cette partie, d'autres fois par une inflammation ou par un ulcère formé près du foie par l'action d'un principe morbide qui gagne le foie et le corrode. Il peut y avoir par conséquent différents principes, celui qui est l'effet du principe âcre et brûlant fait souffrir beaucoup; celui des contusions occasionne une enflure et par suite quelques bulles d'eau qui s'élèvent autour du foie, plus souvent en bas, alimentées toutes par le même canal.

Les gastrites, souvent effet de débauches et d'intempérance, ont leur siége à l'estomac, et quelquefois il s'étend jusqu'au cœur. Elles sont occasionnées par la présence d'un principe morbide âcre et brulant; tous les nerfs se trouvent fatigués en même temps; l'estomac cassé et démoli ne peut plus supporter de nourriture et ne la digère pas, il la rend comme il l'a prise. On en guérit difficilement parce que le principe de vie est trop affaibli.

Ceux qui en sont attaqués et dont le mal ne s'étend pas jusqu'au cœur, peuvent guérir plus facilement; quand le cœur est attaqué, l'inflammation le gagne et le fait enfler.

La saignée épuisant le principe de vie doit s'éviter autant qu'il est possible dans le traitement des maladies, il y a cependant des cas où elle est absolument nécessaire; par exemple dans les fluxions de poitrine, dans les circonstances où les femmes ont trop d'abondance de sang, dans les contusions, dans ce dernier cas (où il faut l'employer le plus tôt possible), l'application des sangsues est préférable à la saignée; elle est indispensable encore dans l'apoplexie sanguine où le sang éprouve beaucoup de difficulté à circuler, parce qu'il est devenu trop épais. On doit y recourir aussi dans d'autres circonstances d'inflammation, mais l'application des sangsues produisant une dérivation locale, est préférable; elle l'est d'autant plus que par ce moyen on peut rendre la saignée très-légère.

La purgation n'est nécessaire que pour enlever les humeurs viciées et détournées de leurs voies naturelles, lorsquelles ont été envoyées par le principe de vie pour neutraliser un principe morbide intérieur, et lorsque la bile est détournée de ses voies naturelles, ouqu'elle est devenue trop abondante par dé-défaut d'écoulement.

La transpiration est une action du principe de vie qui a pour but de faire sortir au dehors une partie du principe morbide quand on est malade; ou, quand on est en santé, les vapeurs qui pourraient en former un. Elle est nécessaire aussi pour renouveler le corps en le purgeant du liquide destiné à la transpiration, lequel se détériorerait par un séjour trop long dans les vaisseaux qui le contiennent. Les chaleurs de l'été et l'exercice sont très-utiles pour favoriser cette sécrétion. C'est pourquoi le défaut de transpiration rend sujet à beaucoup d'incommodités; elles sont plus graves lorsqu'une transpiration commencée se trouve arrêtée, et qu'un principe morbide dont la sueur s'était emparé pour le porter au dehors, reste fixé sur la partie par laquelle il devait s'échapper, ou sur le plus faible des organes. C'est pourquoi on guérit beaucoup d'incommodités par des bains de vapeurs qui ont pour effet d'entraîner au dehors par une transpiration forcée, tout ou partie d'un principe morbide qui est de nature à se sécréter par cette voie.

Il existe donc chez nous comme un réservoir d'eau ; chez certaines personnes l'eau est plus abondante ; lorsquelle n'est pas secrétée, elle se répand partout le corps et remplit beancoup de petits canaux ; cela arrive surtout quand le principe de vie est affaibli. L'hydropisie résulte de la trop grande abondance d'eau et de la décomposition du sang.

§ 8. — Du Magnétisme dans les diverses maladies

On ressent du magnétisme un bien plus ou moins grand, suivant les diverses maladies qu'on éprouve.

Il est toujours bon pour calmer les maux de tête, surtout occasionnés par les migraines, par le défaut de circulation du sang, et par les chagrins ; il fait plus de bien quand le sommeil a lieu, et quand le sang n'est pas trop abondant.

Il n'est pas suffisant dans les indispositions qui font remonter le sang à la tête, et quand il s'y fixe un principe morbide qui cause des névralgies (1).

Il est bon pour mettre le malade en état de subir un traitement, et pour calmer, mais il n'est pas suffi-

(1) Dans les névralgies et douleurs intolérables aux dents, aux oreilles, ou à telle autre partie de la tête, si l'on agit directement on augmente le mal ; j'ai employé un moyen contraire, qui était d'empoigner les pieds pendant quelque temps, et par cette espèce de sinapisme magnétique, j'ai opéré une dérivation et dégagé la tête ; j'ai fait ensuite des passes, des jambes aux pieds, de l'estomac aux jambes, et je suis arrivé ainsi par degré à la tête, à laquelle il était alors devenu possible de faire éprouver cet allégement que produit l'action magnétique.

sant pour guérir ; pour l'employer il faut magnétiser tous les jours et à la même heure.

Pour les migraines et les maux de tête occasionnés par les chagrins, le magnétiseur devra d'abord faire de grandes passes, appliquer ensuite une main sur la tête et l'autre sur la partie du cœur ; faire de grandes passes de la tête aux pieds en chassant le principe morbide, finir par soutirer le fluide aux tempes avec les doigts en pointe, et dégager le front. L'exercice devra durer une demie-heure au moins.

Lorsqu'il y a dans la tête un principe morbide, on ne doit faire que de grandes passe de la tête aux pieds, et finir par toucher, passer surtout sur les bras, et terminer en dégageant la tête comme ci-dessus ; cela aide les remèdes, arrête le principe morbide, et l'empêche de gagner.

Pour les rhumatismes et toute espèce de douleur, il peut être employé, mais il n'est pas suffisant ; il suffit cependant pour faire sortir le malade de l'accès de la douleur ; il faut qu'il soit suivi exactement, car s'il y a interruption le mal revient plus fort ; la même chose arrive encore lorsqu'on change de magnéti-seur. Le magnétisme dans ce cas-là n'enlève pas le mal, surtout quand le rhumatisme est aigu, mais il le calme et l'endort ; il peut l'enlever quand il est lé-ger. On doit commencer par mettre les doigts en pointe sur la place de la douleur, et les y laisser vingt minutes, en faisant dans l'intervalle quelques passes,

et finissent par de grandes passes en touchant le malade.

Pour les maux d'estomac occasionnés par la fatigue ou par les nerfs, le magnétisme est suffisant
quand le mal n'est pas trop ancien, et qu'il n'y a pas
d'irritation ; dans tous les cas il aide l'action des remèdes. On doit l'employer comme dans le cas précédent, en observant également de magnétiser tous
les jours et à la même heure. Il faut surtout éviter la
cause qui a produit le mal, sans cela les remèdes seraient inutiles.

Les mêmes procédés peuvent être employés pour
toutes sortes de maladies. L'effet du magnétisme est
toujours de paralyser le mal et quelquefois de l'enlever (1). Il produit cet effet en donnant au principe
de vie plus de force pour combattre le principe morbide, et en aidant son action sur la partie malade ;
dans les pulmonies, et en général quand il y un organe gravement attaqué, il est insuffisant.

§ 9. — De l'Hygiène.

La conservation de la santé dépend du maintien
de l'ordre voulu par le Créateur. Tout désordre,
tout excès, tout trouble qui dérangent cet ordre,
usent le principe de vie, fatiguent l'organisme ;

______

(1) Il y a aussi des personnes qui ont un principe d'action
très-puissant pour la guérison des maladies et qui font ce que
d'autres ne pourraient pas faire.

c'est la principale cause des maladies et des diverses incommodités.

L'estomac se débilite lorsqu'on le fatigue par des
digestions difficiles, produites soit par la trop grande
quantité, soit par la nature des aliments, soit encore
par des chagrins, par un excès de travail de tête,
par de trop fortes préoccupations qui troublent l'action du fluide vital ou la dérangent, en la portant
sur d'autres points. Alors, toute l'économie animale
est en souffrance, les organes ne peuvent plus faire
leurs fonctions, et souvent pour avoir été intempé-
rant, on se voit condamné à une abstinence forcée.
La sobriété est donc la première condition de la conservation de la santé; tout ce qui est irritant et surtout l'usage des liqueurs fortes abrége la vie et hâte
les infirmités.

L'ordre qu'il faut observer sur ce chapitre, s'applique à tous les autres et doit être suivi avec la même
exactitude.

Comme le moral exerce sur le physique une action
bien puissante, c'est surtout lui qu'il convient de
régler, il faut éviter les émotions trop vives comme
les liqueurs fortes, elles sont aussi nuisibles les unes
que les autres. Il faut savoir se gouverner en tout
point, être maître de soi, conserver son âme en paix
autant qu'il est possible, ne jamais se laisser débor-
der par l'inquiétude et les chagrins, s'armer de courage et de patience dans les positions difficiles, et

savoir se résigner. C'est dans la confiance en Dieu et dans la soumission à sa volonté qu'on trouve ce calme et ce courage; ainsi la religion qui prescrit la sobriété et la résignation, qui calme les passions et fait régner l'ordre dans toutes les facultés, contribue puissamment à la santé et à la longévité, en même temps qu'elle procure les consolations qui rendent supportables les anxiétés de tout genre dont la vie est remplie.

La modération est nécessaire en tout, même dans le travail; on ne doit rien faire au-delà de ses forces, ou plutôt au-delà des règles de la prudence, car quelquefois les forces paraissent se soutenir par un effet de la nature, mais on devient comme un terrain miné en dessous qui, à la fin, s'écroule tout-à-coup.

C'est parce qu'on ne sait pas se gouverner qu'il y a tant de gastrites, tant de santés délabrées, tant de nerfs fatigués, tant d'affections cérébrales, tant d'accidents imprévus, tant de personnes usées avant la vieillesse, et qu'on voit les complexions les plus robustes se démolir sans motif apparent.

Pour nous faire éviter toutes ces misères, Dieu nous a prescrit la foi et l'espérance, en même temps il nous a tracé la voie que nous devons suivre, et si nous étions dociles à ses enseignements, il n'y aurait plus ni sollicitudes ni désordre.

§ 10. — Questions sur divers sujets.

Un jour, je demandai à Victor, à l'occasion des extases qu'il avait eues, pourquoi les somnambules ne peuvent se les rappeler dans l'état de veille; il me répondit : c'est que Dieu ne le veut pas (1). Voici les raisons qu'il me donna : notre état de veille, celui dans lequel nous sommes habituellement, est un état d'ignorance et d'obscurcissement, parce que les facultés de notre âme se trouvent enveloppées sous l'influence du corps, à laquelle l'âme s'est abandonnée en voulant se soustraire à celle de Dieu. La conséquence de ce désordre a été l'asservissement aux sens, à la partie animale de notre être; Dieu nous a donné les moyens d'en triompher et de nous réunir à lui, mais pour que cette réhabilitation puisse avoir lieu, il faut que nous correspondions à ses grâces et qu'il se manifeste en nous de bonnes dispositions; la vie est donc un temps d'épreuve; or, si les

(1) Pourquoi, disait un magnétiseur à son somnambule, ne mettriez-vous pas par écrit vos doutes, les questions dont la solution vous embarrasse? on vous les soumettrait dans votre état de somnambulisme pour les résoudre. — Parce que Dieu ne le veut pas.

Le même somnambule paraissant agité par de grandes idées qu'il ne pouvait communiquer, son magnétiseur lui dit : — Si je voulais que vous conservassiez à votre réveil le souvenir des pensées qui vous occupent maintenant, vous les rappelleriez-vous? — Qu'est-ce que peut, dit-il, la volonté de la fourmi sous le pied de l'éléphant qui l'écrase.

hommes avaient l'intuition des vérités, ou ce qui serait la même chose, s'ils pouvaient, dans leur état de veille, conserver le souvenir de cette intuition qu'ils auraient eue dans un état exceptionnel, la foi ne serait plus une vertu (1), il n'y aurait plus de mérite à faire le bien, et la vie ne serait plus un temps d'épreuve ; cependant Dieu a jugé qu'elle était nécessaire afin que tout ce qui sera reçu près de lui soit recevable, et que personne ne soit plus dans le cas d'en être rejeté comme l'ont été ceux des anges qui sont devenus mauvais, malgré les éminentes faveurs dont ils avaient été comblés, circonstance qui a rendu leur faute irrémissible.

Le récit que l'on peut faire aux somnambules, des choses qu'ils ont pu dire dans leur somnambulisme en rendant compte de leurs extases, ne produit pas, à beaucoup près, le même effet sur eux que celui que produirait un souvenir récent, qui serait pour ainsi dire la continuation des vives impressions qu'ils auraient ressenties ; il faut encore observer que dans cet état, ils ont l'intuition de choses qu'il ne leur est ni permis ni même possible de révéler.

Si dans le cours des choses de la vie il existe une grande différence entre ce que fait éprouver un récit et la réalité de la chose, il doit y en avoir bien davantage lorsqu'il s'agit d'intuitions de la nature de

(1) Voir ci-dessus, p. 72.

celles que les somnambules perçoivent, et qui ne peuvent pas même être exprimées dans le langage ordinaire (1).

Victor me dit un jour qu'il n'était pas isolé naturellement, mais seulement lorsqu'il était occupé d'un travail; que quand il ne faisait plus rien et que par le séjour prolongé des personnes qui assistaient à la séance, l'air était empreigné de leur fluide, il les entendait souvent lorsqu'ils lui adressaient la parole; c'est pourquoi, quelquefois il était isolé, et d'autres fois il ne l'était pas; il me dit aussi qu'il pourrait être en rapport avec tous les assistants, s'ils formaient une chaîne en se tenant par la main, tandis qu'il tiendrait la main du premier, communication de rapport semblable à celle de l'effet électrique.

Je soumis aussi à Victor des questions de M. Billot; d'abord dans sa correspondance avec M. Deleure, il attribue à l'action des anges les phénomènes du somnambulisme et la lucidité magnétique; les anges en sont selon lui les agents primitifs.

M. Deleuze (2) ne nie pas l'intervention des anges,

____

(1) Dieu a permis seulement par une faveur particulière que, dans un siècle où les hommes étaient plus portés à l'étude des sciences naturelles qu'à celle de la religion, ils trouvassent sur les voies qu'ils suivaient quelques-unes des vérités qu'ils avaient méconnues, et que plusieurs fussent ramenés par elles à la foi dont ils s'étaient éloignés.

(2) Tome 2, p. 161 de sa correspondance avec M. Billot.

mais il soutient que l'état de somnambulisme est un état naturel à l'homme, produit par l'action et la volonté du magnétiseur, qui donne à l'homme la faculté de correspondre avec les anges ou les esprits; ainsi M. Deleuze regardait comme une conséquence ce que M. Billot regardait comme un principe.

Victor se rangea sans hésiter à l'opinion de M. Deleure.

M. Billot avait aussi engagé M. Deleure à soumettre à des somnambules les questions suivantes, et cela n'avait pas été fait.

1° Quel est le principe qui entretient la vie?

2° De quelle nature est ce principe?

3° Qu'est-ce que la vie? (1).

Victor me renvoya à ce qu'il avait dit sur ce sujet au paragraphe 3 ci-dessus; on y voit que le fluide est l'élément du principe qui entretient la vie, que ce principe est l'ordre établi par Dieu, qu'il concourt, à l'insu de l'homme, au soutien de la vie et à l'exercice de tous les organes; que la vie est cette union temporaire de l'âme et du corps, maintenue par ce principe de vie qui est l'instrument de la puissance divine.

Une somnambule avait dit à M. Billot : le magnétisme vient d'en haut, il émane de la divinité, il vivifie, il échauffe, il éclaire, c'est l'âme de l'univers....

(2) Tome 2, pag. 139.

le soleil est le principal ministre de Dieu sur la terre (1); d'où M. Billot avait conclu que la lumière vierge qui n'a point subi de modification, vient de plus haut que le soleil.

Il avait encore prié M. Deleuze de soumettre aux somnambules les questions suivantes :

1° Voyez-vous la lumière? 2° D'où vient cette lumière? Vient-elle du soleil? 3° Si elle ne vient pas du soleil, d'où vient-elle, et quelle est sa nature? 4° Cette lumière qui éclaire les somnambules et celle du soleil ont-elles la même origine? 5° En quoi diffèrent-elles et où est leur source commune (2).

Victor répondit à ces questions : C'est le fluide magnétique humain qui est la cause de la lucidité ; il diffère du fluide magnétique solaire (il me renvoya là-dessus à la théorie sur le fluide du traité de M. P. (3) qu'il avait trouvée parfaitement juste). Il ajouta que la lumière avait été créée avant le so-

(1) Tome 2, pag. 271,

(2) Correspondance de M. Billot avec M. Deleuze, tome 2, pag. 140.

(3) La base du fluide humain, dit M. P., dans son traité ci-dessus exposé, étant le calorique, il y a homogénéité entre sa nature et celle du fluide universellement répandu dans l'espace; ce dernier circule dans toutes les parties de la terre et de tout ce qu'elle produit ; mais s'en suit-il qu'il soit de la même nature que le nôtre? Non, il y a corrélation, il y a rapport, mais il n'y a pas de similitude, il n'y a pas parité. Voyez ci-dessus pag. 41 et 49.

leil, mais il ne vit nullement dans cette lumière ou ce fluide, une émanation de la divinité, l'âme de l'univers. C'est un élément très-subtil dont Dieu se sert pour manifester sa puissance et qui devient entre ses mains un principe de vie. Ainsi le fluide magnétique humain est le principe de vie de l'homme, et le fluide magnétique ambiant est le principe de vie de tout ce qui végète.

Plus tard, Victor me répondit ainsi à des questions que je lui avais faites sur la lumière et le calorique :

La lumière a été créée avant le soleil pour être le grand réservoir de la vie ; elle n'émane pas plus du soleil que le calorique, elle est le fluide vital sur lequel le reflet du soleil se projetant, produit à nos yeux la lumière par un effet électrique et subit. Les sujets qui sont somnambules naturels ou magnétiques à un degré élevé, voyent clair par le moyen de ce fluide, sans qu'il ait besoin d'être électrisé par la présence du soleil ou d'une flamme quelconque. Il y a aussi des animaux qui voyent clair la nuit.

La flamme est produite par une espèce de phosphore qui n'existe plus dans le charbon.

Il en est de même du calorique qui est rendu sensible par l'action du soleil, il existe dans tous les corps et en sort par l'effet du calorique ardent, à un tel point, qu'une étincelle peut produire par la multiplication de ses effets un grand incendie, c'est-à-dire, une grande manifestation du fluide igné contenu dans les corps.

Les rayons du soleil n'étant pas du calorique igné, ne produisent pas d'incendie lorsqu'ils restent à l'état naturel, mais ils développent le calorique existant dans les corps, et particulièrement celui qui existe dans la terre, car c'est son action sur la terre qui en fait sortir la chaleur que nous éprouvons.

Je demandai à Victor si le froid était seulement l'absence de la chaleur, ou l'effet d'un élément particulier, en un mot, s'il existe un frigorique comme un calorique. Il fut étonné que l'on mît en doute l'existence du frigorique.

Question sur la sensation éprouvée par certaines personnes à la mort de leurs parents ou de leurs amis éloignés d'eux à une grande distance.

Réponse. Lorsque des parents ou des amis ont éprouvé à l'instant de la mort des personnes qui leur étaient chères, une impression qui leur a révélé cette perte, on leur a seulement fait sentir une angoisse vague ; cela a eu lieu par l'ébranlement du fluide qui constituait leur rapport, et comme si un fil à la fois extrêmement délié et très-fort qui les unissait se trouvait rompu ; c'était chez eux l'effet d'une grande délicatesse de perceptions.

Question sur les songes où l'on a quelquefois des manifestations ou des pressentiments de choses qui s'accomplissent alors ou qui sont sur le point de s'accomplir.

Réponse. Les manifestations qui se font dans les songes, lorsqu'elles ne sont pas des illusions, sont comme des éclairs de ces facultés de l'âme qui scintillent dans l'état somnambulique, et quelquefois en dehors de cet état; c'est sous ce dernier rapport surtout qu'on peut dire que toute personne a été ou dû être somnambule dans quelque instant de sa vie; il en doit être de même des traits de lucidité dont jouissent les cataleptiques, et ces Ecossais qui se trouvent parfois doués de ce qu'on appelle la seconde vue. Ces facultés qui appartiennent essentiellement à l'âme, reparaissent dans toutes les circonstances où, se trouvant un peu dégagée de son enveloppe, elle laisse poindre quelques-uns de ses rayons.

Question sur les morts qui ont commmuniqué avec les vivants.

Réponse. Si des morts ont communiqué avec des vivants, c'est par une permission particulière de Dieu; cela n'a aucun rapport avec le magnétisme, c'est en dehors de ses attributions; il ne faut pas occuper les somnambules de ce qui est en dehors de leur sphère.

Quelques magnétiseurs ayant prétendu rattacher

au somnambulisme la question des oracles, je demandai à Victor ce qu'il en pensait.

Il ne vit aucune connexion entre les somnambules et les pythies ou les sibylles. Voici le résumé de son opinion : La question de savoir si les oracles doivent être attribués à l'inspiration du démon, et si les sibylles ont reçu de Dieu le don de prophétie, est une de celles que je n'ai pas la prétention de décider ; ce que je sais c'est qu'il faut bien se garder de confondre les sibylles ou les pythies avec les somnambules. L'existence des êtres de diverse nature est le principe d'une grande diversité d'effets dans le monde ; on appelle surnaturels ceux qui sont produits par des êtres supérieurs à la nature de l'homme, et naturels ceux qui émanent d'elle, ou des causes physiques que nous avons sous les yeux. Le somnambulisme est dans cette catégorie des effets naturels. Dans les œuvres surnaturelles se trouvent classées les œuvres extraordinaires de Dieu, et celles que les saints ont opérées en son nom, soit pendant leur vie, soit après leur mort, ce sont les miracles.

Puisqu'il existe encore des intelligences d'un ordre supérieur à l'homme, bonnes et mauvaises, leur influence particulière peut aussi se faire sentir dans le monde où tout ce qui existe peut donner un signe d'existence, subordonné toutefois à la permission de Dieu ; pour rester dans le vrai, il ne faut point attribuer à une cause ce qui appartient à une

autre, et savoir discerner le principe de chacune
par la nature de ses effets.

§ 11 — De la Phrénologie

1844. — La science de la Phrénologie a pour but
de faire reconnaître les facultés de l'individu par la
forme du crâne, par la disposition de certaines pro-
tubérances qui indiquent les parties les plus dilatées
du cerveau; nous repoussons les divisions trop multipliées de Gall et des autres phrénologistes; nous
en admettons seulement trois grandes, qui sont le
front, la partie supérieure et le derrière de la tête.

Le front est le siége de l'intelligence et des facultés qui en ressortent ou qui la secondent, c'est celui
de la mémoire, de l'aptitude aux mathématiques, à
la métaphysique, à l'étude des langues, c'est encore
celui du génie de la musique, de la peinture et de la
poésie.

La région supérieure est le siége des idées élevées
les plus pures, les plus particulières à l'âme, comme
les sentiments religieux, la conscience et tout ce qui
en émane.

Le derrière de la tête est le siége de l'animalité,
à cause du voisinage de la moëlle épinière, qui transmet au cerveau les sensations que le corps éprouve;
là se trouve donc le siége des diverses passions
qui résultent des impressions des sens.

Il est à remarquer que lorsqu'il y a une tendance

naturelle vers un désordre , il y en a d'un autre côté pour faire contre-poids.

Le facultés supérieures , qui doivent commander à toutes les autres , occupent la région la plus élevée; celles de l'intelligence sont éloignées des impressions de l'animalité, pour n'en être point distraites.

On a prétendu subdiviser ces divisions principales en un assez grand nombre de particulières : c'est une faute, on s'est exposé à tomber dans de fréquentes erreurs, car dans cette multiplicité de subdivisions les dispositions ne sont plus appréciables.

Toutes ces dispositions sont naturelles et constituent la diversité des caractères, il est impossible de les changer ; elles se développent plus ou moins par l'exercice, l'âme peut seulement en reformer les effets sans en détruire les causes.

La tête est le siége des facultés, et chacun des organes du cerveau est destiné à l'exercice de chacune d'elles, mais elles n'appartiennent pas plus au cerveau que celui qui habite une maison n'appartient à l'édifice, dont toutes les parties servent à son usage. Elles dépendent de l'âme, qui est immatérielle et immortelle, et nullement du cerveau, qui n'est que son habitation; les impressions des sens deviennent en quelque façon spirituelles, du moment qu'elles ont atteint l'âme et établi un rapport avec elle. Mais ces impressions ne sont que relatives et dues à la cohabitation de l'âme avec le corps. Lorsque l'âme quitte cette habitation, elle conserve toutes ses facultés supérieures et recouvre en outre celles qu'elle avait perdues par son asservissement aux impressions des sens.

Nous voyons déjà un prélude de cet affranchissement dans l'état somnambulique où l'âme récupère des facultés qui lui étaient entièrement étrangères dans l'état de veille, et cela en raison de l'isolement où elle s'y trouve déjà jusqu'à un certain point de l'impression des sens; après la mort où la séparation sera complète, les facultés seront entièrement recouvrées.

L'âme est servie par les organes et n'y est point asservie comme à quelque chose de fatal; ce ne sont que des prédispositions, des inclinations auxquelles elle peut toujours être supérieure en raison de la prééminence de sa nature.

Dieu en créant l'homme, l'a composé d'un corps et d'une âme, et a tellement lié leurs rapports, qu'ils semblent confondus sans qu'on puisse démêler l'un de l'autre pendant tout le temps de leur union; de là, l'erreur dans laquelle sont tombés les matérialistes qui, perdant l'âme de vue, n'ont plus aperçu que le corps et lui ont attribué toutes les facultés de l'âme. Tous les éléments constitutifs de l'homme, l'âme, l'instinct, le fluide, les nerfs, le sang, le cerveau et toute la charpente du corps, sont comme fondus ensemble, et cette fusion d'éléments divers est un mystère qu'on ne peut pénétrer, il faut seulement ne pas confondre le service des organes avec l'action du principe immortel.

Les physiologistes qui n'ont étudié l'homme qu'en disséquant des cadavres, n'y ont aperçu que de la matière, mais cette étude est bien différente dans l'état du somnambulisme où l'homme vivant est présenté à l'intuition, où l'âme se perçoit elle-même avec tous les rouages dont elle est entourée; alors l'illusion du matérialisme n'est plus possible.

Le cerveau est le siége des sensations, c'est là qu'elles se communiquent à l'âme, sans cette communication il n'y aurait point de rapport établi entre l'âme et le corps, entre elle et le monde matériel; il fallait donc que cela fût ainsi pour constituer l'homme tel qu'il est ici-bas, cet être intermédiaire entre le ciel et la terre qui réunit en lui la nature spirituelle, la nature animale, et la nature matérielle : l'âme, l'instinct et le corps. Il ne nous est pas donné de comprendre comment cette union existe, comment ces rapports sont établis, pas plus qu'une infinité d'autres choses de la réalité desquelles nous ne pouvons douter.

Il ne faut pas considérer l'homme comme une horloge où il n'y a que des rouages de même sorte.

Dans l'union du corps et de l'âme la volonté de Dieu y est pour beaucoup, il a voulu que l'âme immortelle fût unie à un corps matériel, cette union est inexplicable, et Dieu veut qu'elle reste telle, afin de nous disposer par les mystères qui sont en nous à croire ceux qui son au-dessus de nous.

CHAPITRE V.

—

RECUEIL DES TÉMOIGNAGES D'AUTRES SOMNAMBULES.

§ I. — M. C.

1839 et 1840. — L'homme, dans le somnambulisme magnétique, est dans l'état *naturel*, *humain*, *parfait*. Je m'explique : Cet état est *naturel*, c'est-à-dire, que ce n'est ni l'état extatique ni aucun autre état au-dessus des forces de la nature ; ce serait l'état où était Adam avant son péché ; mais cependant moins parfait, le péché ayant vicié cet état. *Humain*, c'est-à-dire, que cet état est l'état de l'homme en tant qu'il est composé de l'âme et du corps. *Parfait* autant que l'état de l'homme peut l'être après le péché.

Ce que je voudrais bien vous dire, c'est la cause

du bonheur dont je jouis. Si nous le comparons à celui qu'on peut éprouver dans l'état de veille, les hommes l'appelleront parfait. Ce bonheur là est si différent de tous ceux qu'ils se font! Oh! pour eux ce serait bien un bonheur parfait, et pourtant en lui-même, et comparé au dernier dégré de cet autre bonheur surnaturel auquel nous sommes destinés... non, ce n'est rien.... rien... car ce n'est pas encore la peine d'en parler. Eh bien! maintenant, que sont toutes ces espèces de bonheur de félicités de la terre, si celui dont je parle, que j'éprouve, est pour ainsi dire rien.

QUESTION. Ce bonheur dans le somnambulisme souffre-t-il des fautes personnelles du somnambule? — Cet état de l'homme est un don de la Providence qui est indépendant du mérite personnel de l'individu.... la compassion que l'on a dans cet état pour les maux d'autrui est une compassion qui rend heureux, tout en faisant souffrir. — Quel est donc l'état de l'homme dans le somnambulisme? — C'est un de ces moments, où sans s'occuper de lui-même ni d'autrui, il jouit du bonheur que lui procure cette harmonie à peu près parfaite rétablie en lui par le magnétisme, harmonie rétablie par rapport à l'âme, et au corps en tant qu'il est uni à l'âme... Oh! si on pouvait comprendre comme je le sens!.... Nous disons quelquefois, je suis heureux, mais nous ne sentons pas.

Le même somnambule avait fait un reproche à

son magnétiseur de ce que, dans l'usage de sa faculté magnétique, il oubliait trop l'action providentielle dont il n'était que l'instrument. Dans la séance suivante, il se souvint de cet avis, et s'abandonna entièrement à la Providence. Le somnambule en éprouva un bien sensible qu'il attribua à cette intention.

Il paraissait plongé depuis quelques instants dans une sorte d'extase de bonheur. Il demanda ensuite à son magnétiseur s'il avait quelque question à lui adresser.

Il lui fit celle-ci : — Pourquoi se trouve-t-il des personnes susceptibles de somnambulisme, tandis que d'autres ne le sont pas?

Réponse. Il faut distinguer en Dieu deux sortes de providence par rapport aux objets sur lesquels elle s'exerce. Donc avec les auteurs de morale nous admettons la providence surnaturelle, c'est-à-dire, cette providence par rapport aux choses du salut et de l'autre vie... la grâce, et la gloire. Secondement une providence que j'appelle naturelle, parce qu'elle s'exerce sur l'ordre de l'univers, non seulement physique, mais en tant qu'il est soumis à *une intelligence servie par des organes*, comme le dit un auteur célèbre.

Je subdiviserai encore cette providence naturelle en deux, selon qu'elle s'applique aux empires, aux sociétés, ou aux individus comme individus.

Or, Dieu, par cette providence naturelle qui s'exerce sur les empires, lannce de loin en loin, et à des époques plus ou moins éloignées, des hommes de génie.... qui imposent à leur siècle leurs pensées, leurs desseins, leurs vues, pour l'accomplissement de leur volonté qui n'est autre que celle de Dieu ; ces grands hommes restent tels, tantôt dans le cours de leur vie plus ou moins longue, tantôt ne font que répandre une lueur passagère pour rentrer aussitôt dans la condition des autres hommes.

Quelquefois, ils se montrent grands, presque dans toutes leurs actions ; d'autres fois seulement pour une chose, étant bien petits quelquefois pour le reste. Mais, quoi qu'il en soit, toujours ils ont quelque travers, quelque faiblesse, quelque défaut, quelque misère, qui, dans leur côté faible les ravale au-dessous des autres hommes. Puis le moment pour lequel ils existaient, tels une fois passé, les choses pour lesquelles ils étaient utiles faites, ils tombent, sauf à être parfois, mais rarement, relevés par Dieu qui s'en servirait encore pour une circonstance.

De même aussi le somnambule, par l'acte providentiel de Dieu sur les individus, est placé pour les particuliers, quelquefois pour un seul individu, pour lui-même peut-être, comme ces génies sont donnés pour les empires. Aussi le même individu peut long-temps être somnambule, comme il peut ne l'être qu'une fois selon le temps nécessaire à l'achèvement de ce pour quoi Dieu l'a fait somnambule, peut voir et dire beaucoup de choses dans des sortes d'idées différentes, comme il peut ne pouvoir dire qu'une chose, et une fois, selon qu'il est besoin qu'il voie plus ou moins pour l'œuvre pour laquelle il est entré dans le somnambulisme (1).

Dans une séance précédente, le somnambule avait demandé qu'on lui posât cette question : — Quels dangers peuvent résulter de l'emploi du magnétisme?

Réponse. Il est important de remarquer que les dangers dont-il est ici question ne regardent nullement l'emploi du magnétisme en lui-même. Cet exercice de la faculté que possède le magnétiseur, ne peut pas plus par lui-même entraîner de danger que l'administration des sacrements ; seulement, comme à l'occasion de l'administration des sacrements il peut y avoir des abus, de même l'usage du magnétisme peut aussi fournir occasion ou plutôt prétexte à des inconvénients graves, qui, dans

---

(1) De quels faibles moyens, disait un somnambule à son magnétiseur, Dieu se sert donc pour obtenir d'immenses résultats ; sans vous, qui êtes à ses yeux, moins qu'un grain de poussière ne l'est aux vôtres, mon âme, la vôtre, et celles de beaucoup d'autres encore, eussent été perdues pour l'éternité.

aucuu cas, ne devront être attribués au magnétisme, mais bien à l'imprudence où au mauvais vouloir du magnétiseur.

Cela étant posé, les dangers qui peuvent résulter de l'emploi du magnétisme regardent : 1° le magnétiseur ; 2° le magnétisé ; 3° les personnes mises en rapport avec le magnétisé ; 4° les personnes qui sont témoins d'une séance magnétique.

1° Un danger que doit éviter attentivement le magnétiseur, c'est d'imposer des volontés à son magnétisé (1). Pour comprendre ceci, rappellons-nous que dans l'état somnambulique, le magnétisé est entièrement sous la dépendance du magnétiseur, tellement que la volonté, la liberté sont presque nulles.

Ainsi, si le magnétiseur, au lieu d'assouplir sa volonté à celle de son magnétisé, voulait au contraire lui imposer la sienne, alors le somnambule soumis à l'action de son magnétiseur obéirait sans s'en dou-

---

(1) C'est un abus de vouloir exercer un trop grand empire sur les somnambules, d'en faire comme une machine, se levant, s'esseyant, marchant, agissant selon le désir du magnétiseur; il faut au contraire tendre à les faire jouir de tout l'affranchissement qui convient à la supériorité de leur position, les relever au-dessus de cet état dans lequel la volonté et la liberté sont presque nulles ; en agissant de cette manière on évitera l'écueil signalé ici. C'est ce que j'ai toujours eu soin d'observer ; j'ai évité toutes les expériences d'action, de volonté aussi ai-je toujours eu des somnambules parfaitement indépendants, et jouissant dans leurs actes et surtout dans l'étude des doctrines, de la liberté d'esprit la plus complète.

ter à la volonté qui lui commanderait en adoptant
lui-même une chose bonne ou indifférente, mais bien
motivée dans l'esprit de son magnétiseur ; j'ai dit
une chose bonne ou indifférente, car il ne pourrait
pas en être de même pour une volonté mauvaise ;
car 1° magnétiser, c'est avant tout vouloir du bien
au magnétisé, or, lui imposer une volonté mauvaise,
n'est plus lui vouloir du bien. 2° Magnétiser c'est
user d'une faculté, il faut appliquer son esprit, sa
volonté ; donc en appliquant cette volonté tout entière à l'action même du magnétisme, il n'y a plus
pour ainsi dire de place laissée à la volonté du mal ;
ceci doit bien rassurer un magnétiseur quand il doit
agir sur une personne de sexe différent, car s'il était
assez pervers pour s'arrêter à la pensée de profiter
de l'empire qu'il a sur elle pour arriver à des fins
criminelles, dès-lors, ou son action magnétique ces-
serait sur elle, ou il la tirerait de son sommeil par
des crises plus ou moins violentes, dont le premier
effet serait de lui inspirer un mouvement involon-
taire de haine et d'aversion contre son magnétiseur.

Le second danger pour le magnétiseur, c'est que
dans l'état de veille il se rende l'esclave des volontés, des caprices de son magnétisé, comme il doit
le faire dans l'état de somnambulisme. Il doit au
contraire profiter de l'ascendant qu'il conserve
sur lui, même dans l'état habituel, pour lui ouvrir

les yeux sur ses travers, et l'aider à s'en corriger.

Dans une séance suivante on lui demanda quels étaient les dangers pour le somnambule.

Un premier danger, dit-il, contre lequel doit se prémunir le somnambule, c'est la préoccupation d'esprit. Il faut, en entrant dans cet état, que le somnambule abandonne ses propres idées, sa manière de voir, ses préjugés ; il faut en quelque sorte qu'il se vide de lui-même. Ainsi disposé, il entre insensiblement dans le sommeil, et dès les premiers pas qu'il fait dans cette nouvelle existence, la vérité luit à ses yeux ; car ce sommeil n'est jamais inactif. L'aurore en apparaissant, apporte la lumière et dissipe les ténèbres, de même le sommeil magnétique en se manifestant, fait luire la vérité; mais il faut en même temps que les ténèbres de l'état de veille se dissipent : autrement, si le somnambule entre dans cet état sans s'abandonner, si bien qu'il ne se dépouille de sa première vie, il arrivera que ses idées de la veille influeront sur sa manière de juger la vérité qu'il voit, alors cette disposition fera l'effet d'un nuage qui vient obscurcir la lumière. Il mêlera l'erreur à la vérité, il retranchera de cette vérité, ou il y ajoutera selon qu'il aura propension à la faire cadrer avec ses préjugés. A vrai dire, il en coûte quelquefois, même dans cet état, pour se dépouiller ainsi de soi-même. Vous avez pu juger dans mille occasions

des secousses que fait éprouver une volonté rebelle,
qui refuse de marcher à la clarté du flambeau qui
l'éclaire.....

On fit au somnambule la question suivante : — Ne
peut-il pas, à la suite du magnétisme, s'établir entre
le magnétiseur et le magnétisé une inclination, une
affection trop charnelle ?

RÉPONSE. Oui, et cela peut arriver sans mêmeque
ce soit l'effet de la transmission du fluide ; ainsi, le
magnétiseur, par l'effet salutaire de son action, procure un soulagement à son sujet. Ce soulagement ex-
cite en celui-ci la reconnaissance, cette gratitude le
portera au besoin, à recourir de nouveau à ce moyen
de guérison, et la condescendance qu'y apportera le
magnétiseur, augmentera encore cette reconnaissance. De là naîtra de l'affection chez le magnétiseur, affection qui sera aussi payée de retour. Ainsi,
il y aura gratitude chez le magnétisé, pour le bien
qu'il aura éprouvé, gratitude pour la complaisance
du magnétiseur et pour l'affection qu'il aura manifestée.

2ᵉ QUESTION. Un magnétiseur peut-il faire ressentir les effets de son action magnétique à toutes sortes
de personnes ?

RÉPONSE. Oui, il peut soulager toute personne
qu'il magnétise, quoiqu'il ne réussisse pas toujours

à procurer le sommeil. Ce n'est même pas là ce qu'il doit surtout avoir en vue, ce qu'il doit avant tout se proposer, c'est de faire du bien au malade, et avec cette volonté le sommeil s'en suivra si le sommeil est nécessaire pour l'effet du magnétisme. (Ce chapitre n'a pas été achevé).

Le 1er mai 1840, je fis passer au magnétiseur la note suivante, pour qu'il la communiquât au somnambule.

M. Billot, médecin, magnétiseur, religieux, digne de foi, a publié l'année dernière un ouvage où il cite plusieurs exemples de somnambules qui sont en rapport avec leurs anges gardiens et éclairés par eux ; il en conclut que la lucidité des somnambules dépend uniquement de ces communications. Ici, il tire une conclusion générale de circonstances particulières.

Je suis loin de nier ces communications, puisqu'elles sont appuyées sur des faits, j'en ai d'ailleurs recueilli de même nature, puisque à ma connaissance, quatre somnambules jouissent en ce moment de ces avantages. Je n'en citerai qu'un, les autres n'étant pas du nombre de ceux que l'on peut faire connaître sans indiscrétion.

Victor, jeune jardinier, très-illétré, et nullement mystique, somnambule depuis près de quatre mois, magnétisé par M. Florion et par moi, qui n'étions nullement portés ni l'un ni l'autre vers ces communications, parlait quelquefois d'un ange ; on lui demanda s'il le voyait souvent. — L'ange, dit-il, vient me rendre visite tous les jours que je dors , il est auprès de moi, je le vois, mais il n'a point de corps. Je le vois bien, on dirait qu'il est à genoux , qu'il a une figure naturelle ; jamais je n'ai pu le toucher, j'ai essayé quelquefois, il m'échappe toujours. — Mais, lui dis-je, tous les somnambules ne voient pas leur ange. — Non, mais j'en connais un qui voit l'ange à Châlons. (Victor ne l'avait jamais vu , n'en avait jamais entendu parler, et ne le connaissait que par son intuition à distance).

Je ne nie donc point ces communications des anges gardiens à des somnambules, ni les connaissances de l'avenir que quelques-uns peuvent en recevoir. Mais je ne crois point, comme le prétend M. Billot, que toutes les connaissances des somnambules leur sont données par des anges.

A mon avis, M. P. a parfaitement bien expliqué l'origine de ces connaissances, lorsqu'il a dit : *par suite de la concentration des facultés morales et de l'anéantissement presque complet des facultés physiques, l'âme du somnambule se trouvant pour ainsi dire dégagée de son enveloppe terrestre, recouvre à un degré assez élevé, quelques-unes des facultés attachées à l'immortalité.* Il fait ensuite l'énumération de ces facultés, qui sont l'intuition, la lucidité, l'intelligence, la clairvoyance et la vue à distance. Il me semble qu'on pourrait y ajouter la faculté pour certains sujets, d'être mis en rapport avec des êtres immortels, avec son ange gardien, par exemple, avec lequel doivent exister naturellement les rapports les plus intimes; ces rapports, qui ont cessé d'être sensibles depuis la chute de l'homme, peuvent être rétablis dans un état qui, affranchissant momentanément l'âme de l'empire des sens, lui rend quelques-unes des prérogatives naturelles attachées à son immortalité. Ainsi, de même que les facultés somnambuliques ne se développent pas toutes à fois, ni au même degré, ni de la même manière, chez les divers sujets, il est tout naturel que l'on voie des exemples multipliés de toutes ces variétés. De là, les somnambules qui jouissent des facultés attachées à l'immortalité de leur âme, et encore de celles qui peuvent y être ajoutées par la communication qu'ils peuvent avoir avec leurs anges gardiens; c'est à ces dernières que l'on pourrait attribuer certaines manifestations de l'avenir (bien rares à la vérité), mais qui ne sont pas sans exemple. Je crois qu'il n'y a qu'un petit nombre de somnambules qui correspondent avec leur ange gardien, et reçoivent sa visite et ses révélations.

Réponse. Il y a, tout le monde le reconnaît, plusieurs moyens par lesquels Dieu nous fait connaître sa volonté. au nonbre de ces moyens on trouve la révélation manifestée par le ministère des anges. Dieu s'est servi de ce moyen dans bien des circonstances, dans l'état naturel. Pourquoi, quand il le juge à propos, ne s'en s'enservirait-il pas dans l'état somnambulique? mais c'est mal raisonner que de conclure que c'est *toujours* le moyen dont Dieu se sert dans le magnétisme. Donc il n'y a rien d'incroyable dans ce que rapporte le jeune Victor de ses propres visions. Il faut bien que ces anges prennent une forme visible quelle qu'elle soit.

Petit commentaire sur l'article de M. P.

Il faut prendre garde à bien comprendre les expressions de M. P. J'approuve celle de *concentration des facultés morales;* quant à ces autres *l'anéantissement presque complet des facultés physiques,* je crains qu'on ne les prenne dans un sens inexact, car les facultés physiques ne sont pas éteintes chez le somnambule, seulement l'exercice de ces facultés est comme suspendu momentanément; mais en aucun cas, il n'y a anéantissement de ces facultés (1).

L'âme du somnambule se trouvant pour ainsi dire dégagée de son enveloppe terrestre, il n'y a rien à reprendre à cet énoncé, pourvu qu'on l'entende dans son vé-

(1) La diversité de situation suit celle des sujets ; on voit des somnambules chez lesquels il y a anéantissement presque complet, qui parlent même si bas qu'on a peine à les attendre; d'autres, comme Victor, sont tout-à-fait anéantis dans la première et la dernière partie de leur sommeil, mais sont d'une grande activité pendant leur état de veille magnétique, et peuvent parfaitement magnétiser, et même avec plus de force et d'action que dans leur état naturel.

ritable sens. On dit la même chose quoique avec moins d'étendue d'une personne absorbée dans une profonde méditation.

Il recouvre à un degré assez élevé quelques-unes de facultés attachées à l'immortalité, qu'on se reporte à la défininion du somnambulisme et on verra que ceci est parfaitement exact, pourvu qu'on prenne le mot *immortalité* dans le sens de la définition, c'est-à-dire, comme présentant l'état où était Adam avant son péché.

Relativement à la proposition que j'avais faite au somnambule de faire ajouter aux cinq facultés somnambuliques énoncées par M. P., une sixième qui serait celle pour certaines personnes d'être mises en rapport avec des êtres immortels, il repoussa cette addition, s'en tenant à ce qu'il venait de dire, que nous sommes tous en rapport avec nos anges gardiens; seulement que quand dans le somnambulisme, Dieu veut faire connaître quelque vérité par le ministère des anges, il choisit ce moyen comme il pourrait en prendre une autre, sans que ce soit pour cela une faculté inhérente au somnambulisme. Il donna ensuite sa définition des cinq facultés, intuition, lucidité, intelligence, clairvoyance et vue à distance. Par l'intuition, dit-il, le somnambule voit, mais il faut qu'il regarde, ce qui suppose un acte de sa part; sa vue se porte vers l'objet, *intuitur;* par la lucidité il voit, mais il n'a pas pour ainsi dire à aller au devant de l'objet, l'objet se présente de lui-même, *tacet*; l'intelligence tient de l'une et de l'autre, mais ici il voit quelque chose de plus que la chose même qui fait l'objet de l'intuition et de la lucidité; il voit en quelque sorte quelque chose derrière cet objet. Par la clairvoyance, non seulement il voit les conséquences immédiates de l'objet qui l'occupe (1), mais sa vue perce plus loin, il en voit les conséquences, même éloignées. Enfin, par la vue à distance (et le somnambule dit que c'était la faculté dont il était doué spécialement), il voit ce qui se passe loin de lui, aussi bien pour les temps que pour les lieux. De plus, outre la chose qui l'occupe, il voit au-delà, bien loin les suites qui doivent en résulter; quoiqu'il ne voie pas toujours le lien qui unit ces deux points entre eux. Pour se faire comprendre, voici l'exemple dont il se servit : Derrière cet objet que je considère s'attache une chaîne, je vois bien loin l'autre extrémité de la chaîne se rattacher à un autre objet; mais les anneaux intermédiaires échappent souvent à ma vue (et il rappelait plusieurs circonstances où il avait fait usage de cette faculté).

Comme on demandait au même somnambule la raison de ces légères imperfections que l'on trouve

(1) Ici le somnambule ne tient aucun compte de la clairvoyance matérielle qui est bien peu de chose sous le point de vue élevé, sous lequel il envisage le somnambulisme, il la laisse de côté et n'en parle pas.

quelquesfois dans les énoncés des somnambules, il répondit : Le somnambule, en parlant, a surtout l'intention de se faire comprendre de la personne à laquelle il s'adresse ; ainsi, il ne tient pas tant à se servir de ce qu'on appelle *l'expression propre*, que de celle qui est la plus adaptée à la disposition actuelle de l'auditeur ; de là il arrive qu'en citant, même textuellement les paroles d'un somnambule, elles offrent aux personnes à qui elles ne s'adressent pas, et qui ne sont pas préparées à ce qu'il veut dire, un sens qu'il n'a pas eu en vue.

Question. Comment le somnambule lucide a-t-il connaissance des noms, des choses, des objets, des personnes dont il n'a aucune idée dans l'état de veille ?

Réponse. Rappelez-vous toujours ce que j'ai dit, que le somnambule était doué par la providence de la faculté somnambulique dans un but quelconque. Quand pour atteindre ce but, il est nécessaire ou utile que le somnambule ait la connaissance des noms, des choses, des objets, etc., cette connaissance lui est donnée comme les autres qu'il acquiert dans cet état ; voilà pourquoi il y a des somnambules qui n'ont pas cette connaissance, d'autres qui ne l'ont que dans certains moments ou pour certaines choses ; c'est aussi la raison pour laquelle les somnambules se servent souvent, pour représenter les

choses ou les personnes , non pas du nom propre ,
mais du sobriquet sous lequel elles sont plus connues
des personnes auxquelles elles s'adressent.

Ainsi , quand pour expliquer ce phénomène , on
affirme que dans le somnambulisme l'âme remonte
presque à ce premier degré de connaissances dont
jouissait l'homme dans son état d'innocence (1), on
a raison , mais seulement il faut l'entendre selon les
proportions qu'il convient à Dieu de garder vis-à-
vis de chaque somnambule.

Un jour, voulant mettre en garde contre les abus
qu'une indiscrète curiosité pourrait faire naître, il dit
qu'on ait bien soin de ne passe servir du magnétisme
pour s'élever à des découvertes que Dieu n'a pas eu
en vue de nous faire connaître. Il est certaines choses
que Dieu veut bien que nous connaissions par le
somnambulisme, il nous les manifeste ; mais dès
que nous y mettons notre propre raisonnement , dès
que nous voulons nous servir de ces connaissances
pour étayer nos opinions, nos systèmes , nous cou-
rons risque de donner dans l'erreur.

Cependant, lui fit observer son magnétiseur , il me
semble bien naturel que nous nous servions des

(1) C'est pourquoi il est reconnu que plus le sujet est dans
l'état d'innocence , plus il est propre à acquérir des facultés
élevées ; et même lorsqu'il est arrivé à l'état de somnambulisme , s'il n'a pas toute la pureté nécessaire, il en acquiert , il
devient meilleur , plus religieux , plus porté au bien , plus disposé à se corriger de ses défauts , et à les déplorer.

connaissances que Dieu nous donne pour nous élever à d'autres, qu'il ne nous donne pas à la vérité, mais qu'il ne nous défend pas d'acquérir.

Sans doute, reprit-il, Dieu ne nous défend pas d'occuper notre esprit à la recherche de la vérité, même à l'aide du magnétisme; ce que je blâme, c'est, je le répète, de s'en servir comme d'un degré, *d'un escabeau*, pour arriver à des découvertes nouvelles que l'on rédigerait après cela en traité suivi, et que l'on donnerait comme ayant toute la certitude de choses dites dans le somnambulisme (1).

Un autre jour il dit : dans l'état de somnambulisme les idées sont plus vivement senties, plus dévelop-

---

(1) C'est là l'écueil assez ordinaire de ceux qui explorent des connaissances nouvelles, et qui non contents de ce qu'elles font découvrir, ont une ambition démésurée qui les fait tom ber dans beaucoup d'écarts ; souvent ils veulent adapter ces notions nouvelles à leurs systèmes particuliers et en tirer des conséquences forcées ; souvent aussi c'est un empressement qui étourdit en faisant courir après de la primeure, on voudrait être le premier à prononcer, on voudrait se faire un nom à l'occasion d'une science, et on se hâte d'émettre des doctrines avant d'avoir recueilli tout ce qui doit leur servir de base, sans réfléchir qu'elles ne peuvent naître que d'une longue expérience, et que si elles ne sont pas ses filles, ce sont des produits bâtards de l'imagination et de l'amour-propre ; c'est pourquoi, dans ce qui concerne le magnétisme, il importe de s'en tenir aux faits, aux doctrines des somnambules, et se contenter de les analyser, d'en prendre l'esprit sans avoir la prétention d'y mettre du sien. C'est un peu sévère, mais c'est le seul moyen de ne pas s'égarer, et de ne pas induire en erreur ceux à qui on a pu inspirer de la confiance.

pées, plus complètes parce qu'elles, remplissent l'âme exclusivement, sans que l'on soit distrait par aucune autre, en raison de l'état de concentration qui réunit et concentre toutes les facultés intellectuelles sur le même objet; en raison de cela les expressions sont plus nettes, plus précises, plus justes.

On a, dans cet état, l'intelligence, l'intuition des choses les plus relevées qui reluisent dans l'âme par la lucidité, sans qu'il soit possible de les exprimer, parce que les expressions manquent dans la langue; car le cercle des expressions est circonscrit aux idées ordinaires, celles auxquelles l'homme n'atteint jamais dans l'état de veille reluisent sans être revêtues de leur expression, parce que cette expression n'a jamais été parlée, et n'existe pas dans le vocabulaire usuel.

Les voies de la Providence sont admirables, mais il faut que l'homme les seconde pour qu'il puisse en profiter. Le mystère de la grâce et son concours avec la liberté, qui est un problême et un sujet d'écueils pour les intelligences d'ici-bas, n'en est plus un dans l'état élevé, mais on manque d'expressions pour le faire comprendre; il faut que l'homme coopère à la grâce et mette un peu du sien dans la balance pour que ses œuvres soient siennes. Ce peu qu'il fait lui coûte encore beaucoup à cause de son imperfection native..... toutes les volontés sont faussées, fêlées, par suite du premier acte de la volonté de l'homme qui s'est heurtée contre la volonté de Dieu , et qui depuis a toujours de la peine à s'y conformer. On peut donc dire encore à ce sujet : *in labore vultus tui vesceris pane.*

Sans ce désordre, combien la vie aurait été agréable ! Cette conformité à la volonté de Dieu qui eût été si naturelle , qui eût été un plaisir , est devenue une peine , un effort, un sacrifice, et n'a pas toujours lieu malgré tout ce que Dieu fait pour nous. Dieu est si bon ! il se contente du peu que nous faisons , tandis qu'il fait presque tout ! et ce peu, nous avons tant de peine à le faire !

Combien cet état de la vie est déplorable et humiliant ! Combien nous devons désirer en sortir ! *Desiderium habens dissolvi et esse cum Christo.*

Si nous pensions au bonheur qui nous attend ! Combien il est grand !

§ 2. — M. B.

Février 1840. — M. B., fatigué d'un violent mal de tête, a désiré être magnétisé ; on lui demanda la définition du fluide ; le fluide, répondit-il, n'est autre chose que la chaleur animale qui se joint à la mienne, et qui par ce redoublement de force dégage l'âme, et lui permet de voir d'une manière plus claire tous les objets.

QUESTION. Quel est l'état de l'âme dans cette situation ?

Réponse. Mon âme est telle qu'elle est sortie des mains du Créateur, c'est-à-dire, qu'elle n'est plus enchaînée dans son enveloppe, qu'elle n'est plus abrutie et comme absorbée par les sens qui la retiennent captive.

Question. Votre âme est-elle séparée du corps?

Réponse. Elle n'est pas séparée du corps, mais elle ne se sert pas des organes de mon corps pour agir, pour voir, c'est par elle-même et immédiatement qu'elle voit.

Question. Votre âme peut-elle se transporter loin d'ici?

Réponse. Non, cela ne m'est pas donné; c'est un privilége accordé à certaines personnes (1)... ah! voilà mon ange... sa fonction est de veiller sur moi, il est à la porte de mon cœur, il examine si ce qui est dit est selon la vérité, la prudence... Le magnétisme rentre dans l'ordre divin, il est au-dessus de l'intelligence de l'homme de pouvoir connaître l'état de l'âme dans le sommeil magnétique..; dans l'opération magnétique il faut prendre beaucoup de précautions, ne jamais magnétiser par curiosité..; pour bien magnétiser il faut un motif pur..; une conscience pure y fait beaucoup... je vois votre motif, c'est de

____

(1) M. B. ne possédait pas la vue à distance; il n'était encore d'ailleurs qu'à sa sixième séance, et souvent cette faculté se développe tardivement. Ses dispositions n'ont point été cultivées.

vous éclaircir sur le magnétisme, afin d'en parler ensuite avec plus de liberté.

Le magnétisme deviendra bientôt vulgaire; mais il y aura beaucoup d'abus..; dans certaines circonstances il fera du bien, dans d'autres il sera mauvais.

OBSERVATION.

Mais, dira-t-on, si des abus peuvent et doivent naître du magnétisme, ne serait-il pas convenable de l'interdire? Je réponds à cela, que cette interdiction serait injuste à prescrire, impossible à réaliser, désastreuse dans ses résultats; elle serait injuste, car elle nous priverait de l'exercice d'une des plus éminentes facultés dont l'homme ait été doué par le Créateur; il peut résulter du mal de son mauvais emploi, sans doute, mais de quoi ne peut-on pas abuser? On abuse de l'expression de la pensée, de toutes les facultés physiques et morales, de la liberté, du pouvoir, des richesses, de la confiance, de l'amitié, des choses les plus saintes; il ne s'agit donc pas dans le gouvernement de la société, de mettre de côté tout ce dont on pourrait faire un mauvais usage, mais d'empêcher les abus; cette régularisation des facultés de l'être le plus libéralement partagé ici-bas est le principal objet de la législation divine et humaine, qui régit et défend de mutiler; j'ajoute que cette interdiction serait impossible à réaliser, car à notre époque, moins que jamais, on ne pourrait réduire à

néant une connaissance acquise, dont la société est
en jouissance, et dont aucune puissance ne pourrait
la dessaisir, et dans le cas où l'on ferait la faute de
le tenter, le remède aggraverait le mal ; car il arriverait de deux choses l'une, ou la défense serait sans
effet et l'autorité qui l'aurait intimée se serait com-
promise en vain, ou les hommes consciencieux y ob-
tempéreraient seuls, et la société se trouvant privée
de leur action, la voie serait ouverte à tous les abus
qu'on aurait prétendu éviter.

Il ne faut pas perdre de vue que le principe de
vie des sociétés se trouve dans l'influence des gens
de bien qui doivent marcher à la tête de toutes les
sciences pour leur donner cette bonne direction
qu'elles ne peuvent recevoir que de leur concours.
C'est à cela que doivent servir les heureuses facultés
dont ils ont été doués, et les études auxquelles ils
ont pu se livrer. Car si la religion et les sciences se
prêtent un mutuel appui, c'est un devoir pour les
hommes religieux de porter le fanal des saines doctrines dans la vaste carrière des connaissances humaines, et de chercher à s'y distinguer, non par
ambition, mais pour se rendre utiles ; c'est par le
fait de leur intervention que bien des nuages se sont
dissipés, et que les divers ordres de doctrines se
coordonnent ; ainsi on ne trouve plus aujourd'hui
d'incompatibilité entre la géologie et la Genèse,
entre les antiques traditions de l'Orient et la chro-

nologie sacrée, entre la phrénologie et la spiritualité
de l'âme. L'étude du magnétisme, faite consciencieusement, fera reconnaître également que les aperçus psychologiques des somnambules sont entièrement conformes aux doctrines que la religion nous
enseigne, et fera disparaître des erreurs qui ne pouvaient provenir que d'une confusion d'idées. Il faut
que cet accord se trouve nécessairement, car toutes
les vérités forment un ensemble immense dont toutes
les parties s'enchaînent et se coordonnent, c'est
l'édifice de l'unité; si l'esprit de l'homme s'égare,
c'est qu'il ne peut tout embrasser, et posséder dans
ce grand tout cette mesure de laquelle dépend la
justesse des rapports, et qui empêche les empiète-
ments; aussi l'empreinte de la vérité est-elle long-
temps à se graver dans tous les genres de connaissances, et avant qu'elle le soit d'une manière à peu
près exacte, il se fait bien des rectifications qu'on
appelle des progrès; c'est une conséquence de la
brièveté de la vie qui laisse beaucoup de lacunes
dans les esprits, et de l'impatience de l'imagination
qui, trop pressée d'exercer son activité, précipite
ses jugements et produit bien des systèmes hazar-
dés. Or, comme de toutes les connaissances, la plus
négligée est celle de la religion, c'est dans les vides
qu'elle laisse que s'insinuent surtout ces faux aperçus qu'il importe de redresser; aussi le concours
des hommes religieux et instruits est-il nécessaire

dans les diverses carrières que parcourt l'esprit humain; mais s'il en existe une dans laquelle ce concours soit indispensable, c'est assurément celle du magnétisme, car c'est celle de la science de l'homme dans son développement le plus étendu; les doctrines qui résultent des faits multipliés qui surgissent, et les intuitions somnambuliques, ouvrent les voies à la plus haute philosophie, et cela doit être ainsi; car si l'homme est placé au point de contact du ciel et de la terre, s'il est initié aux connaissances des deux mondes qu'il embrasse dans sa carrière, la science qui le concerne doit comprendre à la fois les deux ordres physique et psychique, et s'élever de la terre jusqu'au ciel; or, pour qu'il ne s'égare pas dans une si vaste étude, il est nécessaire qu'il y soit guidé par la philosophie religieuse. Ce point de direction es même indiqué par les somnambules et ils s'y trouvent naturellement portés, car les plus lucides ont l'intuition de leur âme, de son immortalité, de ses hautes facultés, et quelles que soient leurs dispositions et leurs idées dans l'état de veille, les sentiments religieux sont généralement développés chez eux à un tel point, que bien des magnétiseurs ont été ramenés par leurs somnambules à des vérités qu'ils méconnaissaient. On peut donc, sous ce rapport et sous celui de l'exercice de l'action bienfaisante, considérer le magnétisme comme une chose sainte dont l'abus serait une véritable profanation;

et lorsqu'on aperçoit la carrière qu'il ouvre à l'intelligence et aux bonnes œuvres, on reconnaît qu'il doit exciter l'intérêt des gens de bien, et obtenir leur concours.

₰ 3. — Plusieurs Somnambules

Oh ! disait un somnambule, les belles choses que l'on voit sur l'éternité ! -- L'état dans lequel vous êtes, lui dis-je, n'est-il pas comme celui d'Adam avant son péché, comme celui de l'âme sortant des mains de Dieu ? — Oui, c'est bien cela. Je ne puis vous dire le bonheur que j'éprouve de voir de si belles choses ; mon âme est trop petite pour contenir les belles choses que je vois sur l'éternité. Oh ! l'état heureux ! On jouit de toutes les douceurs du ciel. Je ne connais pas d'expression pour vous faire sentir le bonheur que j'éprouve. Oh ! c'est bien vrai que nous avons un paradis à espérer et un enfer à éviter ! Oh ! que l'Evangile est donc bien vrai ! C'est qu'on en devrait bien faire la règle de sa conduite ! Si tout le monde sentait comme je le sens combien les récompenses que Dieu nous prépare sont grandes !.... (1).

(1) Ce n'est rien de transcrire les paroles des somnambules, il faudrait peindre leur expression, et communiquer la puissance des sentiments qui les animent. Lorsqu'ils sont dans un état élevé, on pourrait dire que leur âme sort par tous leurs pores ; ce qu'ils disent n'est rien en comparaison de ce qu'ils inspirent quand on les voit. Je pourrais mention-

Voici la définition qu'une autre somnambule donnait de l'état où elle se trouvait : — Je ne puis, disait-elle, vous en donner une idée que par une image. Dans notre état naturel, l'esprit et le corps, fondus ensemble, agissent sans se distinguer, à moins d'un acte de réflexion. Dans l'état où je suis, l'esprit en moi se reconnaît distinct du corps; il s'y voit enfermé comme un oiseau dans une cage et posé au milieu d'un bâton placé au centre de la cage, d'où il peut en observer toutes les parties. La porte de la cage est ouverte, je puis m'y arrêter, voler au dehors, au près ou au loin, très-loin même, et prendre connaissance de ce qui est utile à vous et à moi; je le pourrais pour d'autres, mais soyez sobre de cette faculté; je suis en paix, heureuse, je désirerais rester toujours comme je suis et ne plus retourner à l'état naturel de la pauvre bête Sophie; mais cette séparation n'a lieu qu'à la mort. A présent, quand vous me réveillez, quoique je me sois sentie très-libre dans mon vol, un fil d'une si extrême légèreté qu'il est insensible, mais en même temps d'une très-grande force, me ramène avec une promptitude inexprimable sur le milieu du bâton de la cage; la porte se referme, le sommeil fuit, et je ne suis plus que la pauvre Sophie. A la mort le fil est rompu,

ner ici beaucoup de ces mouvements de l'âme des somnambules, mais ce serait les affaiblir. Il y a des choses qu'il faut avoir vu pour les bien sentir, pour en avoir une idée.

l'esprit s'échappe , et lorsqu'il rentre en grâce , il est bien joyeux d'être débarrassé...... Notre état naturel, quelque sujet qu'il soit à de malheureuses influences, est une sauve-garde donnée par la miséricorde depuis la première grande faute.

Fragments des conversations d'un somnambule (1).

Le Magnétiseur. Quelle idée avez-vous du magnétisme ?

La Somnambule. L'idée que l'on peut avoir de la merveille de la nature la plus bienfaisante.

M. Peut-on en abuser ?

S. C'est clair, on l'a fait.

M. Quelqu'un qui n'aurait pas de bonnes intentions, des intentions pures, pourrait-il magnétiser ?

S. On appelle cela du magnétisme , mais ce ne l'est pas quand on ne veut pas le bien sincèrement et

(1) Cette personne devenue somnambule pendant le traitement d'une maladie , a cessé d'éprouver des effets aussitôt que l'équilibre a été rétabli ; elle ne l'était pas au premier degré , mais elle avait le tact des étincelles, et pouvait discerner par le fluide des effets quelles étaient les personnes qui les avaient portés elle avait aussi un tact extrêmement délicat et juste sur tout ce dont elle s'occupait. Ces conversations étaient de simples causeries faites dans l'intimité , et qui n'étaient nullement destinées à être publiées, je les ai recueillies dans tout leur naturel et leur abandon, et j'en transcris ici littéralement quelques fragments à cause de l'intérêt qu'ils peuvent présenter.

purement (1); comment voulez-vous que des âmes
qui ne sentent pas.... dans lesquelles il n'y a rien
de spirituel, puissent faire le bien ! elles ne le peu
vent pas.... Non ! des êtres qui n'ont pas l'idée du
vrai bien ne peuvent pas l'opérer... Un magnétiseur
qui ne serait pas bien sain au moral, vous repousse-
rait comme ces corps étrangers qui repoussent les
mains..... (2). Certainement les mauavises personnes
peuvent magnétiser, elles peuvent opérer l'action
physique ; mais ce qui fait du bien, ce qui dépend
de l'âme, du bon vouloir, elles ne le peuvent opérer.... Elles ne font que comme une médecine. Si
l'effet physique est utile à la maladie, à la bonne
heure ; alors elles feront du bien, mais elles ne
peuvent opérer qu'un effet de machine, un effet
d'électricité.

M. Voyez-vous que j'ai l'intention de vous faire
du bien ?

S. Oui, puisque vous m'en faites, et que vous ne
m'en feriez pas si vous n'en aviez pas l'intention.....
Vous êtes tout ce qu'il faut pour opérer le bien dans
le magnétisme ; vous avez le cœur bon et l'âme sensible (3).

---

(1) C'est pourquoi on ne doit donner le nom de magnétisme
humain, qu'à l'exercice de l'action *bienfaisante*.

(2) Une fois qu'elle était en crise magnétique, elle ne pouvait
plus toucher d'objets étrangers qu'ils ne fussent magnétisés.

(3) Les magnétiseurs qui ont le cœur bon et l'âme sensible, et

Enfin, vous faites du bien, vous êtes bien heureux, tout le monde ne peut pas se dire, je fais du bien… c'est singulier, on ne pense pas à cela…. à honorer les hommes qui sont les instruments de Dieu pour faire le bien aux autres comme vous le faites…. On se tue à ôter son chapeau à des hommes qui ne sont les instruments que des grands, ou plutôt de ceux qu'on regarde comme tels, dans une place qui n'est peut-être rien moins qu'utile…. Chacun met son bel habit pour les aller voir, et on ne pense pas à honorer l'homme qui est l'instrument de Dieu pour opérer le bien. Mais c'est égal pour ceux-là, leur gloire, leur honneur est d'être les instruments du beau par excellence, du maître par excellence, et ils la portent en eux….. Quelle drôle de chose que la vie!… que de rideaux à tirer pour voir les choses telles qu'elles

qui joignent à cela toutes les qualités morales, surtout les sentiments religieux qui en sont la base la plus solide, font à leurs malades tout le bien qu'il est possible de leur procurer, parce qu'ils ne pensent qu'à les guérir. Ceux qui ne magnétisent que pour s'amuser des phénomènes qu'ils provoquent, ne devraient pas être honorés du nom de magnétiseurs. Leur magnétisme peut être puissant, il peut ébranler toute l'organisation, mais il doit être moins propre à y rétablir l'ordre, le calme, et l'harmonie de la santé. En général, on oublie trop que le magnétisme ne doit être employé que dans un but de charité pour le soulagement physique et moral de ceux qui souffrent, et qu'on ne doit jamais user d'une influence acquise sur son semblable autrement que pour le bien de celui sur lequel on l'exerce.

sont.... Qu'il y en a ! qu'il y en a ! qu'il y en a ! si on les soulevait, on verrait des choses bien comiques, bien plaisantes... Oh ! si un homme avait le bonheur d'avoir conserver ses premiers yeux ! ses premiers yeux ! ses premiers yeux !

M. Qu'est-ce donc que les yeux que nous avons ?

S. C'est dans ceux-là qu'il y a bien des rideaux.

M. Est-ce que vous ne les avez pas, vos premiers yeux ?

S. Non.

M. Qu'est-ce qui vous empêche de les avoir ?

S. Ah ! j'ai trop de rideaux pour voir cela... un jour nous n'en aurons point par exemple, mais c'est qu'il faut sauter ce fossé pour y arriver.... Au fait nous y allons tous, c'est qu'il est bien désagréable à franchir. Mais après, si nous avons marché bien droit, bien droit, bien droit, comme nous serons content quand ce fossé sera sauté.

D. Mais si nous avons tant de rideaux, nous ne pouvons peut-être pas voir assez clair pour marcher bien droit ?

R. On n'en a pas trop pour ne pas voir clair à son chemin. C'est sûr.... on sent bien ce qu'il faut faire..... nous en sommes avertis.... (1). Si tous ne

(1) Le magnétiseur n'était pas tout-à-fait ce qu'il fallait qu'il fût sous le rapport religieux, et la somnambule désirait qu'il s'améliorât, tel était le but de cette causerie, bien simple, et où les avis sont donnés avec autant de zèle que d'adresse.

l'entendent pas, c'est qu'ils ne veulent pas l'entendre.... Tenez, c'est comme cette petite sonnette qui
courait le long des rues pour avertir de balayer;
ceux qui ne voulaient pas balayer ont fait du bruit
pour ne pas entendre, et puis ils ont dit : — Monsieur,
je n'ai pas entendu; ils sont bien contents avec cela....
il est certain que tous ces rideaux-là nous cachent
des choses agréables et qu'il serait bien curieux
de voir, mais ils ne nous empêchent pas de voir
ce qu'il faut pour marcher droit.

M. Mais je n'entends peut-être pas la petite
sonnette?

S. (*Avec vivacité*). Oh! vous l'entendez.

M. Il faut donc que je marche droit?

S. (*Avec beaucoup de chaleur*). Oh ! mais il le faut
absolument, absolument, je vous en prie.

M. Mais si on fait ce qu'on peut pour marcher droit?

S. Oh ! mais il faut y prendre garde, en s'imagi-
nant qu'on va si droit on irait de travers sans s'en
apercevoir, il faut que tous ces gens à qui vous
avez fait du bien et qui auront sauté le fossé, vous
retrouvent là-bas.... Oh! nous verrons de belles choses, ce sera bien plus beau que tout ce que nous
pouvons voir, que toutes les belles fêtes et les illuminations (1); on se remue beaucoup pour les

---

(1) C'était le 15 juillet 1801 , et la veille il y avait eu dans la
ville des illuminations qu'on avait été voir, et on avait lancé un
ballon.

aller voir, on y va tous ensemble, on est fâché quand il manque quelqu'un ; eh bien ! si nous n'étions pas tous ensemble pour voir ces belles choses là-bas, cela nous ferait du chagrin... (*silence assez long*). Que l'on est sot et bête...; que vous êtes donc comiques, je le suis toute la première, je ris de vous et vous devez rire de moi.

M. Est-ce de moi que vous riez ?

S. Vous ! oh ! non je ne vous vois que d'un côté, je vous vois toujours bienfaisant, je vous vois avec les yeux de l'estime et de la reconnaissance... jusqu'à la fin... et puis encore après la fin.

Dans une autre séance où l'on parlait de la clairvoyance somnambulique, et de ce que l'on voit dans cet état, elle dit à ce sujet : — Autrefois nous l'aurions vu.

M. Pourquoi ne le voyons-nous plus ?

S. C'est que nous sommes trop matériels... nous avons trop d'enveloppe ; (il y avait là aussi une autre somnambule et chacune de son côté parla de cette clairvoyance primitive que l'homme a perdue depuis sa chûte).

—

C'est un état extrêmement heureux pour moi que ma crise.... tout se détend dans ce moment-ci.... ce resserrement affreux... Ah ! comme j'étais !..... j'aurais pris toutes les drogues du monde, j'aurais desséché une rivière avant que toutes ces vapeurs-là soient dissipées, que tout cela se soit détendu, avant que j'aie la tête allégée, car il n'y a que le magnétisme.

M. Etes-vous bien sûre que c'est au magnétisme que vous devez l'amélioration de votre santé ?

S. C'est à vous que je devrai ma résurrection (1),

(1) Elle a été guérie par le magnétisme et par les prescriptions d'une somnambule uniquement occupée d'elle, qui dans, l'espace de plus de trois mois, lui a prodigué les soins les plus assidus, et même l'a magnétisée souvent; elle secondait un magnétiseur excellent et rempli de dévoûment, et combattait pour ainsi dire corps à corps le mal qu'elle voyait; rien n'était plus intéressant que les causeries entre les deux somnambules, quel qu'en fut le sujet; leur état leur donnait un naturel, une justesse, une expression qu'on ne rencontre pas dans les conversations ordinaires. Les premières crises de la malade avaient commencé par un état de souffrance causé par le travail du magnétisme auquel succédait un allégement de tous les maux, et un état de bien-être tout particulier; à mesure que l'état de concentration se caractérisait et se trouvait affranchi des souffrances, il devenait un état de renouvellement pour elle; son corps et son âme, depuis long-temps abattus par les souffrances et les chagrins, se régénéraient dans le principe vital. Son corps renaissait, son âme était élevée jusqu'au sublime. La sensation de bonheur que cet état de résurrection lui faisait éprouver pendant ses crises, se prolongeait dans les intervalles comme la vibration d'un son harmonieux; aussi, pendant les deux premiers mois de son traitement, elle ne pouvait penser à autre chose qu'à ce bienfait de la Providence, elle ne cessait pas d'en sentir l'effet et d'en être pénétrée d'admiration et de reconnaissance. Ces impressions soutenues établirent entre son existence passée et celle qui suivit, un mur impénétrable à tous les souvenirs pénibles qui avaient causé ses maux. Le principal était celui que lui occasionnait la perte récente d'un enfant; ce sentiment, qui était pour elle un

oh ! bien sûrement.... comme je m'affaissais, comme je tombais , je me doutais bien que je mourrais bientôt.... Quand je voyais ce printemps , les arbres et les fleurs , je croyais que c'était pour la dernière fois.

Quand est-ce donc que je n'occuperai plus de ma personne comme cela... Je ne suis bonne à rien... Ah ! J'ai été bonne à quelque chose, c'est à faire voir et sentir ce que c'est que le magnétisme et ce que vous valez tous deux (le magnétiseur et la somnambule), pour cela je suis bien aise d'avoir été malade.

Le magnétisme opère en moi une détente profonde, oui, profonde , parce qu'elle est dans l'intérieur.... Toutes ces humeurs-là qui avaient tout crispé, n'y étant plus, le fluide pénètre sans obstacle dans toutes ses parties ; il les détend, il les calme, il les adoucit, il les amollit, il les fortifie ; il agit doucement sur le sang, l'allége ; cette chaleur-là divise le sang.... Je sens le bien qui s'opère en moi.... Voyez-vous ce sang, il était presque grumelé, le voilà qui s'éclaircit, cette chaleur-là fond...

Je suis isolée dans ce moment-ci, tout m'est étranger ; il n'y a que les souvenirs satisfaisants qui en-

sujet continuel de douleur, s'adoucit sans s'effacer ; il grandit au contraire et arriva jusqu'au sublime à l'aide des idées religieuses qui, en se développant et se fortifiant dans l'état de somnambulisme, exercent aussi leur action sur l'état de veille.

trent et peuvent parvenir à me dilater.... je ne m'en-
nuirai plus à présent, parce que quand je serai
seule, quand j'aurai l'esprit sec, j'irai trouver mon
cœur et je penserai à tous les bienfaits que j'ai re-
çus. Je m'occuperai d'abord de l'être par-dessus
tout, voilà un nouveau bienfait de lui.

Ce fluide que nous avons tous, entoure tous nos
organes intérieurs, nos muscles, nos nerfs; quand
il se trouve écarté par quelque chose, qu'il ne circule
pas également, il laisse quelques parties découvertes ou peu enveloppées, alors on éprouve de l'irritation; il est difficile de conserver la circulation régulière du fluide, le magnétisme rétablit ce défaut
d'équilibre.

Je sens le fluide, il m'arrive.... je me réchauffe
comme devant un feu, c'est plutôt de la chaleur
que du feu, c'est une chaleur toute vivifiante.....
quelle bonne chaleur! elle est vive et douce.
Votre main est comme ces petites touffes d'herbes
larges, qui ont infiniment de racines toutes cour-
tes. Ces petites racines se plantent dans mes chairs,
cela fond toutes les humeurs qui sont là-dedans...
cela m'occupe de suivre tous ces effets-là; c'est
drôle, cette façon d'observer. Ce n'est pas mon esprit ni mon jugement qui observent, c'est une observation de sensation. Je sens avec méthode tout ce
qui se passe en moi, je ne sais comment vous rendre cela; si je voyais plus clair, je vous expliquerais

tout cela. C'est désagréable d'avoir l'esprit entortillé, il y a tant d'enveloppes autour de cet esprit; on ne voit qu'à travers toutes ces gazes. Cela fait une chose obscure, on ne saisit qu'en gros les objets. La délicatesse des détails échappe, et c'est pourtant ce qu'il y a de plus beau (1).

Je suis bien aujourd'hui, je me repose.... il y a long-temps que je n'ai joui d'un calme pareil. Je suis bien occupée, je ne puis vous rendre tout cela, vous exprimer toutes mes idées. Quel délice de rentrer comme cela en soi-même, de se dégager de tout ce qui environne. (Le magnétiseur, d'après le désir qu'on lui avait exprimé, eut la volonté de la faire parler ; quelque temps après elle dit) :

— Comment voulez-vous, il est bien difficile d'exprimer des sentiments. Ce sont des sentiments plutôt que des idées qui m'occupent.

M. De quelle espèce sont ces sentiments ?

S. Ils sont aisés à deviner, quand on dit sentiment.

M. Mais il y a des sentiments d'amitié, il y en a de haine, d'indifférence, de jalousie.

S. Oh! mon Dieu, on ne peut pas être calme avec des sentiments comme ceux-là... ce sont tous les

______

(1) Elle ne jouissait pas de la perfection des facultés somnambuliques parce qu'elle était trop enveloppée, cependant elle entrevoyait une multitude de choses, et aurait eu une grande finesse et surtout une grande justesse de perceptions, si elle avait pu parvenir à ce degré élevé auquel elle témoignait souvent le regret de ne pouvoir atteindre.

sentiments qui épanouissent l'âme et l'élèvent qui m'occupent; c'est un état d'élévation et d'épanouissement que celui dans lequel je suis..; il serait bien monstrueux de devenir méchant, c'est-à-dire, ingrat, après avoir senti un si grand bien, car c'est être méchant que d'être ingrat envers celui qui nous envoie tant de bien..; l'ingratitude! quelle monstruosité !... j'ai été bien aujourd'hui... j'espère que cela laissera des traces dans moi...; j'espère que cette pensée-ci me reviendra et que je m'en occuperai à loisir.

M. Pourrait-on savoir quelle est cette pensée, est-elle bonne?

S. Elle n'est pas mauvaise et ne fera de mal à personne, je vous la dirai si je puis parvenir à la fixer; oh! la fixer, se serait un grand avantage; oh, quel avantage!

M. Pour qui?

S. Pour moi et pour ce qui m'entoure.

M. Si nous connaissions votre pensée, nous pourrions vous la rappeler à votre réveil.

S. Les hommes ne peuvent pas me la rappeler... elle est là, cela suffit, elle est à moi... (1).

---

(1) Son magnétiseur n'a jamais pu lui faire dire ce qu'il ne lui convenait pas de lui faire savoir; et même dans ses crises, lorsqu'elle était occupé de quelque sujet particulier, elle en parlait quelquefois sans qu'il y pût rien comprendre; les personnes intimes qui étaient présentes pouvaient seules le péné-

M. Quelle différence mettez-vous entre le sommeil ordinaire et le sommeil magnétique.

S. Dans le sommeil magnétique, l'esprit ne dort pas, mon esprit ne dort pas du tout (1).

M. Est-ce que l'esprit dort dans le sommeil ordinaire?

S. L'esprit est entortillé bien plus que dans l'état naturel; au lieu qu'à présent, mon esprit est moins enveloppé que dans l'état naturel; les idées s'enveloppent et se barbouillent avec le sommeil, mais dans cet état-ci elles se développent, et puis les sens ne sont pas éteints; si je n'entends pas bien quelquefois ce n'est pas la faute de l'organe de l'ouïe, c'est le recueillement de la personne (quelqu'un qui n'était pas en rapport avec elle, lui ayant parlé deux ou trois fois, elle lui dit:) il me parle toujours, il croit que je peux lui répondre!

trer. Les somnambules sont en général d'une grande discrétion; jamais ils ne disent ce qui ne leur convient pas de dire, ni ce qui n'est pas convenable.

(1) Elle se plaignit souvent de ce que le mot dormir dont on se sert pour exprimer l'état de crise magnétique, est on ne peut plus impropre. Son magnétiseur lui dit un jour de chercher le plus convenable; je ne l'ai pas encore vu ce terme-là, dit-elle, mais il est certain que c'est mal dit, *dormir*, parce que l'on ne dort pas. Eh bien! reprit-il, cherchez l'expression. — Vous me dites de chercher, répondit-elle, vous savez bien qu'on ne peut rien chercher; s'il se présente, à la bonne heure.

En effet, c'est le propre de la lucidité de faire reluire à l'idée, comme une espèce d'inspiration, les choses que le somnambule perçoit.

M. Pourquoi entendez-vous les autres moins que moi?

S. C'est que je n'ai pas leur rapport, je ne puis parler bien qu'à vous... j'entends bien quelquefois ce que l'on me dit, mais cela me dérange tout-à-fait; il faut que tout m'arrive par vous, autrement cela défait mon recueillement... Oh! je suis bien.

Je fais en ce moment une provision de magnétisme sur vous... j'ai besoin de lui pour mon sang..... le fluide parcourt dans toutes les veines, il se fait passage au milieu de tout ces petits amas; en passant il les divise, il les agite, il les fond.

Mais il y a une autre détente que vous opérez, c'est celle de l'âme, elle est bien aussi bonne. Vous me mettez dans un état où il n'existe plus de contrainte, ni physique, ni morale; vous faites couler les humeurs, vous les allégez, vous les fondez, elles ne sont pas contraintes de rester.... Le moral est à même, la contrainte fait tant de mal! C'est une des grandes causes des maux physiques. Il faut quelque chose qui enveloppe davantage le physique, afin qu'il ne se ressente pas des impressions du moral. Quand le cœur est serré par la peine, l'angoisse ou la tristesse, l'estomac se resserre, puis les humeurs ne coulent pas, puis je suis malade. Voilà le pourquoi de ma maladie....

Il y a trois temps dans les souffrances que vous causez; dans le premier la souffrance est profonde, dans le second je souffre moins , dans le troisième la souffrance est superficielle. Dans le premier cas les souffrances empâtent le mal, dans le second je suis libre, dans le troisième je jouis. Oh ! je pense beaucoup ; ce ne sont pas toujours des sujets agréables, mais c'est égal , la manière de s'occuper des sujets les plus tristes n'est pas pénible (1).

M. Mais ne pouvez-vous pas en chercher d'agréables ?

S. Non, il faut que je m'occupe de tout ce qui se présente, il ne faut pas se contraindre.... dans l'état naturel cela n'est pas toujours bon ; pour n'être pas gêné il faudrait avoir la faculté de ne pas se contraindre ; dans l'état magnétique les sujets tristes et l'impression qu'on en ressent, portent à la mélancolie plutôt qu'au chagrin ; la détente se fait toujours, soit que vous riez, soit que vous pleuriez.

M. Mais la gaîté préférable ?

S. C'est égal...., si vous avez des larmes dans votre intérieur que vous puissiez répandre, c'est le plus grand bien de pouvoir pleurer.... quand vous ne pleurez pas, le chagrin ne s'en allant pas, reste ; voilà ce qui irrite...

J'ai aussi une pensée qui me fait du bien, je pense

(1) C'est dans le commencement de son traitement qu'elle décrivait ainsi les effets qu'elle éprouvait; il y avait chez elle souffrance parce qu'il y avait lutte entre le magnétisme et le principe du mal; à mesure que le mal a cédé, la souffrance a diminué d'intensité et de durée.

aux soins que vous me prodiguez, j'en ai de la reconnaissance, c'est un baume qui détend ; je ne puis vous exprimer comme ce sentiment me fait du bien.

C'est un bien doux échange que celui des bienfaits contre la reconnaissance, oh ! le bel échange ! Tous les commerces cesseront, mais celui-là ne finira jamais.... C'est celui qui nous lie à la divinité, il ne peut exister qu'entre ce qui est bon, estimable...

C'est un grand service que celui qu'on rend en magnétisant ; l'action de la volonté est tout entière au bien de la personne ; il est grand, il est digne de l'homme, de l'homme ressemblant à son auteur. Oui, cela lui ressemble un peu, c'est faire par soi-même, de soi-même, du bien à son semblable.

Quand on avait des idées tristes avant la crise, la crise fait du bien à ces pensées-là, elle les dissipe pour le temps où l'on rentrera dans son état naturel. Ces crises-ci calment nécessairement le physique, elles font bien au moral aussi, elles n'endurcissent pas le cœur, mais en fortifiant le physique elles donnent plus de force pour se mettre au-dessus de son cœur.

J'ai été chercher beaucoup de raisons de tranquillité, j'ai été en chercher où l'on en trouve, dans la source inépuisable de tout. Quand on va là, on en revient toujours avec quelque chose de bon, d'avantageux.

Un jour que ses idées s'étaient portées sur quelque

chose qui lui faisait de la peine et que son magnétiseur l'engageait à n'être pas si sensible, elle lui répondit : — Je vous remercie beaucoup de ce que vous
me dites, je suis fort reconnaissante de cet intérêt.

Vous dites que ma sensibilité est un obstacle à ma
santé, qu'il faut chercher à la détruire, hé bien ! point
du tout, ce n'est pas ce sentiment qu'il faut détruire,
c'est un autre qu'il faut agrandir. Il est impossible
de détruire sa sensibilité ; on ne peut parvenir qu'à
en modérer les marques, à l'empêcher de paraître
au dehors, à la concentrer, et c'est alors qu'elle fait
bien du mal. Oh ! tous les efforts contre la sensibilité
sont dangereux, ce sont eux qui m'ont fait du
mal. Oh ! oui, ils m'en ont fait... tenez, laissez-moi
ma sensibilité, laissez-la moi ; elle sera bien certainement pour moi une source de souffrances, mais
aussi elle me procurera bien des jouissances ; l'un
compensera l'autre. Il faut seulement que je trouve
un moyen de fortifier ce cœur, cette âme.... Il y a
une organisation spirituelle comme une corporelle ; il
faut que l'équilibre soit bien maintenu pour que toutes choses aillent bien ; où il y beaucoup de sensibilité, il faut beaucoup de force pour faire équilibre. Il
a une grande différence entre la force et la raideur.
Se raidir contre soi-même, contre ses impressions,
ses sentiments, ses affections, cela ne vaut rien, ni
à l'âme, ni au corps ; et on croit que c'est cela qu'il
faut faire ! point du tout, cela occasionne une con-

traction bien dangereuse sous bien des rapports. Il n'y a pas de calme avec la raideur. Je ne vois d'autre remède, contre les effets d'une trop grande sensibilité, que de se faire une habitude de fortifier son âme; la piété est ce baume fortifiant, la force qu'il procure a quelque chose de doux, de moëlleux, qui vous fait supporter avec calme, et sans en être renversé, les chocs de la sensibilité. L'âme, une belle âme, est naturellement pieuse; le sentiment de la piété lui est naturel, mais l'action de ce sentiment est souvent embarrassé par différents obstacles; il est en nous ce sentiment, il ne s'agit pas de l'exciter, il faut seulement lever les obstacles qui en empêchent l'action, alors ce baume coulera tout naturellement. C'est une cascade, il y a des feuilles mortes qui s'y arrêtent et empêchent l'eau de couler, il faut dégager ces feuilles-là, puis l'eau coulera, puis ce baume coulera, il humectera, il fortifiera, et le reste ira, et la crise ne fera point de mal; cela fera toujours de la douleur mais pas de mal essentiel.... Ah! c'est qu'il y a des personnes qui ont plus que d'autres besoin d'être fortifiées, parce qu'il y a une certaine combinaison des organes spirituels qui tend toujours à les faire souffrir, il y a bien des nuances dans la sensibilité....

Pour être heureux, il faut ne se proposer d'autre bonheur que celui de pouvoir se dire : j'ai bien fait, pas d'autre, pas d'autre.

M. Mais c'est de l'amour propre.

S. Oh; il n'est pas dangereux comme je l'entends ; ainsi, que le bien que vous avez fait ait un résultat heureux ou malheureux, c'est égal pourvu qu'avec vérité on puisse se dire, j'ai bien fait. Ce n'est pas dans les avantages qu'une bonne conduite procure qu'il faut mettre son bonheur, mais seulement dans celui de l'avoir tenue : et souvent, voilà le malheur, on place son bonheur dans les avantages résultants d'une bonne conduite, et on veut les avoir sans se donner la peine de les gagner véritablement. C'est une paresse qui occasionne dans le monde la dissimulation, le faux, et toutes ces petites villenies-là. Il n'en coûterait pas plus pour bien faire véritablement que pour se donner l'air de bien faire.

—

Nous sommes sur la terre avec nos semblables (1), nous avons nécessairement beaucoup de liaisons avec eux. Ce que vous me faites, le magnétisme, est en nous... Nous sommes sur la terre les uns pour les autres, tous ceux qui ne font rien pour les autres s'écartent de l'ordre. Celui qui s'isole ne peut rien faire pour ses semballbles... Je vois des chaînes qui unissent tous les hommes... Je suis dans ce moment-ci

(1) Elle finit ce discours avec beaucoup de solennité et d'expression. On n'a pu recueillir toutes ses paroles, mais elles ne rendaient pas encore tout ce que son âme sentait et faisait voir.

comme au haut du clocher de la ville... Que de chaînes cassées... Que de chaînes rompues, c'est là la causée des maux de l'humanité. Voilà ce qu'a causé le premier mal, le mal fondamental; le mal primitif... quand nous ne serons plus entortillés dans notre enveloppe, nous serons tout de suite casés; tous ceux qui auront conservé la chaîne unissante de l'ordre... oh! la belle chaîne... rien ne la dérangera... et ce sera un bonheur, oh! un bonheur!.. Ah! si vous voyiez cela comme je le vois, vous seriez bien content. Elles se réunissent toutes à un centre, et il en part une de ce centre qui nous unit au Créateur, alors quand rien ne dérangera ces chaînes-là, voilà le bonheur, l'accord parfait... mais c'est qu'elles sont bien dérangées. Nous avons deux liens, un qui nous attache à notre semblable et un qui nous unit au centre universel... Ne nous détachons ni de notre semblable ni de notre centre... L'être qui n'aura pas conservé ce cercle de l'ordre, ne pourra entrer dans le centre d'union. S'il se dérange, il ne pourra plus entrer à la place qui lui est destinée... Je vous vois tous, je vois le centre universel, je vois Dieu, je vois tout. Je vous vois tous et les places où nous devons être ,... et si nous nous dérangeons de la place où nous devons entrer nous ne pouvons plus retrouver nos places.... On nous a envoyé faire un voyage, il faut nous retrouver juste pour rentrer dans notre petite case.... Observez bien de tenir ces deux chaînes d'union, de ne pas les déranger, de ne pas les froisser. Il ne faut rompre ni l'une ni l'autre... Ah ! oui, l'homme qui s'isole sort de l'ordre de la nature.

M. Mais celui qui se retire dans une solitude s'isole, c'est donc mal ?

S. Oh ! il ne s'isole pas. Je puis aller me percher sur la hauteur du mont Émé, et je ne serai pas isolée pour cela si je conserve ma chaîne... Si j'y vais pour ma satisfaction personnelle et pour oublier les autres, je m'isole.... mais on peut s'isoler dans la société comme dans la solitude....

Je suis bien, très-bien, je voudrais que vous soyiez un peu comme moi.... (Dans une autre séance elle dit) : tous ces liens d'union qui partent de notre cœur et qui vont s'attacher à ceux que nous aimons, comme ils sont sensibles ! Comme chaque secousse se fait ressentir ! Nous avons deux liens qui nous attachent à nos amis. Il y en a un qui nous attache à leur personne tout entière telle qu'elle est. Il y en a un autre d'une matière plus pure et plus transparente qui nous attache à la partie d'eux qui subsiste toujours, et ces deux liens-là nous font souffrir ou nous font jouir. Celui qui nous attache à leur personne, oh ! qu'il est fort ! qu'il tient à nous-mêmes ! qu'il doit être ébranlé bien des fois ! enfin il doit être coupé.... Oh ! quel horrible déchirement ! D'autant plus qu'il tient à la partie de nous-mêmes la plus sensible et la plus matérielle. L'autre qui nous attache à leur âme tient à la partie la plus pure de nous-mêmes, à la partie céleste, il peut toujours subsister... Ah ! c'est pour qu'il nous console du déchirement... Oh ! mon Dieu ! Oh ! la rupture de ce lien sensible, quelle est déchirante !.... Ce lien spirituel est d'autant plus fort que la partie spirituelle du cœur est plus considérable. Plus il est fort, plus il diminue le mal qui nous vient.

L'esprit prend sa part du magnétisme comme le corps, il a sa façon d'enjouir. Le corps se dilate, se met à son aise ; l'esprit galope, il se divertit ; il galope, il galope, ce pauvre corps reste où il est, il ne peut s'élever, mais tout animalement il profite du bienfait du magnétisme, voilà sa jouissance... L'esprit est enchanté, il n'est plus contenu dans des bornes si étroites, il n'est plus resserré dans sa prison. Un magnétiseur chez lequel la partie animale domine beaucoup ne peut pas faire autant de bien que celui chez lequel la partie spirituelle domine. Celui-là opère des crises purement animales ; comme son action est plus matérielle que spirituelle, il n'opère pas de crises complètes ; il n'opère que sur la partie animale.

Depuis que mon physique est mieux, elles sont bien plus utiles pour mon moral que pour mon physique. Si votre moral n'avait pas dominé sur votre physique, je n'aurais ressenti que le bien physique. A présent je n'ai plus besoin de crises que pour mon moral. Ce n'est pas que mon physique soit parfaitement bien, mais il n'a plus besoin de remèdes que passés par le moral.

Un jour, à l'approche de son réveil, elle dit : Je serai bientôt réveillée, la crise va en descendant.

M. Qu'entendez-vous par la crise qui va en descendant.

S. — Je veux dire qu'elle finit. Les enveloppes se déroulent d'un côté et d'un autre. Quand on entre en crise on laisse une enveloppe et on en reprend une autre... On est isolé de tout ce qui est matière.

Elle ne jouissait pas de la faculté de connaître les maladies des autres ni les siennes ; cependant elle avait le tact du fluide, et lorsqu'on lui en jetait sur les bras, elle éprouvait une sensation analogue au caractère de ceux d'où il provenait ; par suite du même tact elle reconnaissait qu'elles étaient les personnes qui avaient porté les effets qu'on lui présentait ; mais le contact des objets étrangers lui faisant mal, on évitait de renouveler ces sortes d'expériences. Son magnétiseur lui tirait des étincelles par le nez pour lui dégager la tête de vapeurs morbides causées par les peines morales et les sollicitudes ; elle dit à ce sujet : Les maux qui vous affectent ici (au creux de l'estomac), c'est gros sur le cœur, il me semble qu'il

monte des vapeurs au cerveau de ces gros inconvé-
nients-là…. Ce qu'on a sur le cœur, c'est là ce qui
trouble la tête, c'est la vapeur de ce mal qui est dans
mon cœur, qui remonte dans ma tête…. On est af-
fecté de bien des façons, je vois toutes les affections
différentes, les affections de sensibilité et les affections des passions…. Celles des passions montent
plus haut dans la tête…. C'est rude, c'est pointu,
c'est âpre ; les étincelles des êtres chez lesquels la
sensibilité domine, vous assomment ; la sensation que
vous éprouvez est celle d'un gros corps qui vous repousse. Les étincelles des êtres chez lesquels la passion domine, vous piquent ; c'est un tas de petits
cônes qui vous frappent ; les autres sont carrées….
Ces cônes ont des aspérités ; cela dépend encore de
la nature des passions…. Qui dit passion, dit une
chose sèche ; l'égoïsme est contre nature, car nous
sommes sur la terre avec nos semblables…..

On serait bien malheureux dans le monde si on
avait la susceptibilité que j'ai dans ce moment-ci.

Le M. Vous sentiriez quelqu'un qui serait faux ?

S. Je le sentirais si je le touchais… deux choses
composent une bonne colonne (1), l'absence du mal
moral et l'absence du mal physique.

(1) Les deux somnambules donnaient le nom de colonne à
l'ensemble d'une personne.

M. D. Voyez-vous le fluide magnétique?

B. Oh! sûrement, je le vois, c'est comme des étincelles. Je vois les étincelles que l'on retire de mon corps et celles qu'on me jette.

M. D. Comment voyez-vous ce que vous voyez?

B. Je vois par le cœur, comme par l'estomac (par l'épigastre).

M. D. Tomberez-vous toujours en somnambulisme?

B. Oui.

M. D. Pourquoi cela?

B. C'est que j'ai les organes extrêmement faibles.

M. D. Vous n'êtes pas malade?

B. Pas autrement.

M. D. Vous voyez donc dans le corps, dans l'état de somnambulisme?

B. Oui, je vous vois tous dans l'intérieur... je vois votre foie, votre cœur, votre estomac et le mou, je vois les boyaux qui sont comme en un paquet. Ils sont là.

M. D. Quel est le meilleur moyen de renforcer un homme faible qui voudrait magnétiser?

B. Un homme faible ne doit pas magnétiser.

M. D. Mais un homme fort qui s'affaiblirait; le soleil est-il bon?

(1) Babet était très-bonne somnambule, mais très-illétrée.

B. Oh! oui, c'est ce qu'il y a de mieux.

Le M. Quelle différence y a-t-il entre le sommeil ordinaire et le sommeil magnétique?

B. Dans le sommeil ordinaire, on dort pour se reposer, mais dans le sommeil magnétique on est éveillé; on ne l'est pas dans le sommeil ordinaire, on ne pense pas.

M. Mais il y a des somnambules naturels, est-ce qu'ils ne pensent pas, est-ce qu'ils ne voient pas?

B. Oh! dans le somnambulisme naturel on voit bien clair, on peut aller partout sans risque; allez, il n'y a rien à craindre; on voit bien.

M. Quelle est la cause de ce somnambulisme?

B. C'est dans le sang.

M. Y a-t-il de la différence entre le somnambule magnétique et le somnambule naturel?

B. Oui, sûrement. Les corps ne les intéressent pas, ce n'est que l'agitation d'aller et de venir. Ils ne voient pas dans les corps, ils ne sentent point ce qu'il faut pour leur conservation et leur guérison.

M. Peut-on se mettre en rapport avec eux?

B. Oh! il faut y aller doucement; oui, sûrement, on peut se mettre en rapport.

M. Par quel moyen?

B. Il faut leur tendre les mains et répondre à toutes leurs questions; ne point les brusquer.

M. Comment se fait-il que vous m'entendez et que vous n'entendez pas les personnes qui vous parlent?

_— 359 —_

B. C'est parce que votre fluide est avec le mien,
c'est différent d'avec les autres.

M. Quand d'autres personnes que moi vous parlent, entendez-vous quelque chose ?

B. J'entends bien un bourdonnement, mais je ne
comprends pas.

———

M. D. Peut-on magnétiser par la seule volonté ?

B. Oui, mais ce n'est pas là le plus sûr.... Oh ! il
faut que le magnétiseur soit bien au fait et bien sain.

M. D. Que faites-vous en retirant les étincelles,
lorsque vous magnétisez ?

B. Je retire le mauvais fluide.

M. D. Est-il magnétique ?

B. Oui, il est mélangé... Il ne faut jamais se faire
toucher par les personnes incommodées, elles ne
vous rendraient jamais la santé.

M. D. Les mauvaises étincelles que jette le magnétiseur, se purifient-elles dans l'air ?

B. Oui.

———

M. D. Parlez du magnétisme sous les arbres ?

B. L'arbre vous rend de la gaîté, du fluide, cela
renforce... le magnétisme est meilleur au grand air,
et quand on est dans une chambre, il faut avoir donné
de l'air.

M. D. Que pensez-vous des chaînes magnétiques ?

B. La chaîne des bonnes colonnes est bonne, celle

des malades ne vaut rien. Il faut qu'il n'y ait qu'un seul malade à la chaîne, les organes forts l'emporteraient sur les faibles. Les mauvais vices se communiquent, cela occasionne des convulsions.

M. D. Serait-il également dangereux que plusieurs malades se réunissent autour d'un arbre magnétisé ?

B. Oui, c'est mauvais.

M. D. Comment faut-il faire pour magnétiser un arbre ?

B. Il faut étendre les mains vers les branches les plus hautes, avec l'intention de communiquer de son fluide et de le faire circuler dans celui de l'arbre, de haut en bas, jusqu'à l'extrémité des racines. On touche les branches que l'on peut toucher et on va toujours en descendant jusqu'à terre.

M. D. Faut-il faire cela long-temps ?

B. Une demi-heure ou trois quarts d'heure.

M. D. Un arbre magnétisé dure-t-il long-temps dans cet état ?

B. Oui, cela tue tous les vers qui absorbent le fluide dont il se nourrit.

M. D. Peut-il renforcer un magnétiseur ?

B. Oui, il communique de son fluide, c'est très-bon.

M. D. Qu'est-ce que vous appelez les principes du magnétisme ?

B. C'est de ne pas faire de faux coups.

M. D. Qu'est-ce que faire des faux coups?

B. C'est de ne pas faire circuler le fluide jusqu'aux extrémités du corps, c'est de le laisser en chemin, cela fait bien du mal (1).

M. D. Le mauvais fluide est donc les étincelles que vous retirez?

B. Oui, c'est le fluide qui est en vous, mais qui est imprégné de mauvais principes, des principes de la maladie, de mauvaises vapeurs; il s'en forme toujours de mauvaises quand on a un principe de maladie.

M. D. Ainsi l'opération du magnétisme se réduit donc à ôter le mauvais fluide et à en rendre du bon?

B. Oui, précisément.

M. D. Quand on tire les étincelles par le nez, quel effet cela produit-il?

B. Cela débarrasse les yeux, le cerveau, et toute la tête, du mauvais fluide.

M. D. Quand un malade qu'on magnétise a des convulsions, que faut-il faire?

(1) Babet et son magnétiseur opéraient d'une manière très-laborieuse et très-perfectionnée, aussi produisaient-ils des effets admirables et très-puissants; ils suivaient dans leurs manipulations toutes les parties du corps, jusqu'à éplucher les doigts les uns après les autres, tiraient les étincelles par le nez, et renouvelaient toute la masse du fluide en enlevant celui qui était imprégné de vapeurs morbides, et en en rendant de l'autre. Ils se livraient quelquefois à ce travail pendant deux et trois heures.

B. Il faut le calmer.

M. D. De quelle manière ?

B. Il faut lui envoyer continuellement du nouveau fluide qu'on tire de soi-même, le regarder fixement avec l'intention de le soulager et ne le point quitter.

M. D. Qu'appelez-vous une mauvaise colonne ?

B. C'est quand le cœur est mauvais, c'est une mauvaise intention.

M. D. Est-ce que ce n'est pas le fluide qui va à vous ?

B. Non, ce sont les sentiments du cœur, cela repousse.

M. D. Vous voyez donc dans l'âme des personnes ce qu'elles pensent ?

B. Oui (1).

M. D. Est-il bien vrai que les désirs des femmes enceintes influent sur les enfants qu'elles portent ?

B. Oui certainement.

—

Quelques mois plus tard, en janvier 1802, une dame qui avait des engorgements au col, aux pieds et aux mains, envoya à Babet une cravatte, des

(1) Il y a des somnambules qui pénètrent la pensée. Babet n'était pas de cette force-là, mais sans précisément apercevoir la pensée, elle sentait l'impression de la situation morale qui constitue une bonne ou une mauvaise colonne. Il y a aussi des personnes d'une grande sagacité qui sont douées de ce tact dans leur état de veille.

chaussons, et des bandelettes qu'elle avait mises autour de ses poignets. Celle-ci, après avoir examiné ces objets, dit : c'est *tatiné* de maladies ; elle vit trois rapports, trois personnes, trois maladies, et fut long-temps à démêler tout cela ; enfin elle dit : il y a un homme, une femme et un enfant ; elle trouva le rapport de l'homme dans la cravatte, celui de la femme dans les chaussons, et celui de l'enfant dans les bandelettes. Le mari, qui était porteur de ces objets et présent à la consultation, fut dans le plus grand étonnement, et nous expliqua comme la cravatte avait été imprégnée de son rapport, les bandelettes de celui de son fils, âgé de quatre ans, qui, étant le matin sur le lit de sa mère, les avait maniées long-temps, en lui demandant ce qu'elle avait au bras ; les chaussons, n'ayant été touchés par personne, n'avaient que le fluide de la mère. Or Babet, après avoir démêlé laborieusement tous ces rapports, avait exposé, avec la plus grande exactitude, la position sanitaire de chacun et ses petites incommodités ; ce trait de lucidité nous parut très-remarquable.

En même temps, usant de la vue à distance, Babet alla voir mentalement, à plus de deux lieues, la personne à laquelle elle avait prodigué ses soins, qui était grosse de cinq mois ; elle annonça que c'était d'un fils, ce qui s'est réalisé.

—

J'aurais aussi beaucoup de faits à citer ; mais ici

c'est particulièrement un recueil de doctrines que j'ai l'intention de publier; quant aux faits, ils déborderont de tous les côtés, à mesure que l'on s'occupera davantage du magnétisme.

CHAPITRE VI.

—

En réfléchissant sur tout ce que nous venons de voir, nous découvrons une vaste carrière qui embrasse à la fois la physique et la psychologie ; mais cette étendue, qui par elle-même devrait exciter le plus vif intérêt, produit une impression contraire sur ceux dont elle dépasse la portée. Les uns, se figurant qu'il n'y a de réalités que dans le monde matériel, repoussent comme des rêveries tout ce qui échappe à leurs sens, tout ce qu'ils ne peuvent expliquer mathématiquement ; les autres, n'ayant pas assez d'étendue dans l'esprit pour considérer tout l'ensemble des œuvres du Créateur, et n'osant par cela même renfermer dans un même cadre l'ordre physique et l'ordre le plus élevé, éprouvent de l'ombrage lorsqu'ils croient les apercevoir tous deux réunis dans les divers effets du magnétisme humain. Mais lorsque cette science sera plus connue et que le cercle des idées aura été agrandi, on verra se rapprocher à la fois des vérités religieuses et des sciences ceux qui s'en éloignent aujourd'hui ; ce double effet résultera, je n'en doute pas, de la connaissance des faits nombreux qu'on finira par publier sans avoir la crainte de passer pour visionnaire.

C'est par suite de ce peu d'extension dans les idées que l'on croit présenter une question insoluble en demandant comment il se fait que par une action physique, comme celle que l'on exerce par le fluide magnétique, on puisse produire des effets sur le moral, et donner à l'âme des facultés extraordinaires.

Comme on ne parle ici que de l'action physique, je ne considérerai qu'elle, et il me suffira de répondre ceci : lorsque par un moyen physique quelconque on détourne ce qui faisait obstacle à une lumière, on n'agit pas sur elle, mais sur ce qui l'éclipsait ; ainsi le fluide magnétique ne donne pas à l'âme des facultés extraordinaires lorsqu'il soulève le voile qui faisait obstacle au développement de celles qui existent chez elle, pas plus qu'il ne les enlève lorsqu'il le laisse retomber ; seulement il ouvre et referme la porte de sa cage, de sa prison temporaire; après cela l'âme se retrouve comme auparavant, sans aucun souvenir de ce qui s'est passé, et sans avoir rien acquis.

C'est encore ainsi que le choc qui frappe le caillou ne produit pas le feu, mais fait paraître celui qui y était caché. Or, il n'est pas étonnant que le fluide vital, la plus subtile et la plus active des substances, celle qui unit temporairement l'âme au corps, le dégage de l'empire des sens; s'il existe un corps qui puisse posséder cette attribution, c'est à coup sûr celui-là, aussi en voyons-nous tous les jours les effets.

Quoique les hautes facultés de notre âme se trouvent plus ou moins dégagées dans d'autres circonstances, telles que la catalepsie, le somnambulisme naturel, la seconde vue, etc., le somnambulisme magnétique est l'état où elles se développent d'une manière plus régulière, et celui où on les verrait assez souvent se manifester, si le magnétisme était plus cultivé; c'est pourquoi avant qu'il fût connu, comme on n'en avait d'autres exemples que dans des cas fort rares, on n'y faisait pas plus d'attention qu'aux pressentiments, à certains songes, et aux impressions causées par la rupture des rapports, comme quelques personnes en éprouvent à l'instant de la mort d'un parent, d'un ami, quoiqu'à de grandes distances.

La découverte du somnambulisme magnétique doit donc faire une révolution dans les idées en faisant briller d'un nouvel éclat ces facultés ensevelies dans la matière, semblables à des cristallisations recouvertes de sable, dont on ne verrait que de loin en loin scintiller quelques pointes dans le désert.

§ 1. — Avis pour bien conduire les somnambules.

Les avantages de la lucidité somnambulique étant une fois reconnus, il s'agit de chercher à les obtenir, et pour cela d'apprendre à bien conduire les somnambules, c'est la partie la plus importante de la science du magnétisme. Je ne parle pas ici des procédés, ils ont été publiés dans beaucoup d'ouvrages, d'ailleurs on ne les apprend bien que par l'usage.

Il est bon que le magnétiseur, à la vue de cette vaste et intéressante carrière qui s'ouvre devant lui, ne se laisse pas emporter par cet enthousiasme trop ardent, auquel celui qui sent vivement est très-accessible. Il faut au contraire toujours conserver ce calme nécessaire à tout genre d'étude, et surtout à l'exercice du magnétisme.

Ce serait une erreur de croire qu'un somnambule est comme un instrument parfait dont tout le monde peut se servir comme il veut, il faut savoir l'employer. Sans doute la lucidité est une faculté admirable, mais elle appartient à un état extraordinaire qui exige de grands ménagements. Plus les perceptions des somnambules ont de finesse, plus elles ont besoin d'etre protégées; pour quelques-uns c'est un tact extrêmement délicat; pour d'autres c'est une onde pure, miroir fidèle des objets environnants lorsque l'atmosphère est calme; si le moindre souffle en ride la surface, le tableau s'altère et disparaît entièrement si la brise devient plus forte.

Chaque sujet en outre a son cercle plus ou moins étendu qu'il faut savoir apprécier pour ne pas l'en faire sortir; on ne doit pas exiger de l'un ce qu'on pourrait obtenir de l'autre, ni même de chacun ce qu'il a fait quelquefois; car il y a diversité, non seulement dans les sujets, mais encore dans les situations ; tel somnambule, pour une circonstance particulière, par exemple, pour avoir été surpris par une averse considérable, ou pour avoir éprouvé une impression morale trop vivement sentie, peut être devenu moins lucide jusqu'à ce que l'effet produit soit passé. C'est à tous ces détails qu'il faut faire attention.

Les facultés magnétiques ont pour objet spécial de faire connaître les maladies et les remèdes, soit pour soi-même, soit pour les autres ; tout ce qui s'éloigne de ce centre est plutôt un accessoire de la faculté que la faculté elle-même ; c'en est comme le rayonnement, comme cette exubérance de fleurs qui ne se résume pas toute entière en fruits. Ainsi la vue à distance est une faculté qui souvent s'exerce avec une grande précision ; mais si on en abuse, si le magnétiseur ou le somnambule trouvent des jouissances d'amour-propre à ce tour de force, et s'ils veulent le répéter trop souvent, ils risquent d'user la lucidité en peu de temps. Quelquefois un somnambule se transporte mentalement à des lieux que vous lui indiquez, où il n'a jamais été, et perçoit d'une manière étonnante des particularités dont il vous rend compte ; si vous le pressez d'entrer dans de plus grands détails, il se trouble, et dans le désir qu'il a de voir ce que vous lui demandez, il prend son imagination pour la réalité. On est quelquefois étonné de rencontrer des perceptions très-justes, mêlées de faux aperçus, et on ne se figure pas que ces illusions sont presque toujours le résultat de questions trop multipliées, et qu'en général avec les somnambules il faut en être très-sobre.

Ce que je dis ici peut s'appliquer également aux consultations sur des cheveux ou sur des effets portés, qui sont toujours un travail de vue à distance fort fatiguant, et à plus forte raison à la vue à distance pour les temps. Lorsqu'on obtient le somnambulisme d'un sujet que l'on commence à magnétiser, il faut avoir soin de diriger vers leur spécialité les facultés qui se développent ; la méthode à suivre avec lui peut se comparer à celle qui apprend à conduire un jeune arbre : on évite de laisser prendre le dessus à ces branches gourmandes de la plus belle végétation qui donnent à la sève une fausse direction au préjudice des fruits ; telles doivent être considérées ces facultés brillantes que l'on serait tenté de cultiver , parce qu'elles piquent la curiosité ; si l'on s'y attachait en les considérant comme l'objet principal , on dissiperait en vaines expériences le trésor le plus précieux , et on fatiguerait singulièrement le sujet en l'occupant de choses pour lesquelles il n'est pas fait. C'est surtout avec les somnambules d'une grande susceptibilité , chez lesquels les facultés les plus étonnantes se manifestent de prime abord , qu'il faut suivre cette règle avec le plus d'exactitude.

Pour bien conduire des somnambules, il faut donc beaucoup d'attention et de tact, bien étudier les sujets, les consulter sur la marche à suivre avec eux , aider avec patience et sans trop d'empressement le développement successif de leurs facultés , surtout au commencement, et ne leur demander que ce qu'ils sont en état de faire. Lorsqu'ils entrent dans l'état magnétique, il est essentiel de leur laisser tout le temps dont ils ont besoin pour passer de l'état de sommeil à celui de veille magnétique ; quand ils donnent des consultations, il faut un silence absolu, que la personne qui les consulte les laisse réfléchir tranquillement, se contente de répondre en peu de mots à leurs questions ; et, si elle a des observations à faire, qu'elle ne leur parle pas trop, ni trop tôt, ni trop vite, ni trop haut. S'ils dissertent sur un sujet, il faut les laisser parler sans les interrompre, et attendre qu'ils aient fini pour leur demander des détails ou des explications. Ce qu'il faut surtout éviter, c'est de donner ses somnambules en spectacle à des personnes qui les accableraient de questions et d'épreuves qui les fatigueraient ; il est bon encore de ne pas leur parler dans l'état de veille de ce qu'ils ont dit dans l'état magnétique.

On compromettrait aussi singulièrement leur lucidité, si on les interrogeait sur des choses qui seraient en dehors de leur spécialité ; si on les prenait pour des devins ou des discurs de bonne aventure , si on les lançait dans des questions mystiques, si on les portait à des investigations indiscrètes sur les actions d'autrui, ce serait là véritablement abuser du magnétisme ; il faut au contraire les maintenir dans cette réserve, dans cette discrétion à laquelle leur état les porte naturellement , et où ils resteront toujours si on ne les en détourne pas ; toutes ces choses, par cela même qu'elles seraient abusives et déplacées, tendraient à fausser les facultés instinctives ; il en serait de même si on cherchait à les faire pénétrer dans l'avenir (1), un somnambule peut très-

(1) On ne doit pas , suivant la sage recommandation d'un de nos somnambules, citée plus haut, s'en servir comme d'un escabeau pour tenter de dérober des connaissances qui nous sont interdites.

bien, par exemple, annoncer pour lui et même pour d'autres, l'époque d'une crise de maladie, car alors le germe de l'avenir existe dans le présent; mais on risquerait de l'égarer si on lui inspirait ce désir, dont l'amour-propre est si curieux, de pénétrer dans un avenir dont la connaissance ne serait pas dans ses attributions et auquel il ne serait rattaché par aucun fil. Dans tous les cas le magnétiseur ne devrait qu'à sa propre imprudence les écarts dans lesquels il l'aurait jeté, et l'habitude qu'il lui aurait fait prendre de parler inconsidérement.

Comme tout ce qui est religieux et moral, tout ce qui élève l'âme, porte à la lucidité, tout ce qui émane des passions en détourne; les Latins les désignaient sous la dénomination de *perturbationes*, et ils avaient raison, car elles sont de grandes causes de perturbation et de la perte de ce calme qui est la condition de la lucidité. Les somnambules sont plus que d'autres exposés à la passion de l'orgueil ; la transition d'un état inférieur à une situation élevée, les enfle d'autant plus que la distance est plus grande; les avantages dont ils jouissent les enivrent, et finissent par les faire sortir de l'état de calme, si l'on n'y fait pas attention.

L'intérêt, le désir de gagner de l'argent produit aussi sur eux une fâcheuse influence. Sans doute il faut que ceux qui emploient leur existence au soulagement des autres, ne sacrifient pas la leur en pure perte lorsqu'ils sont pauvres, mais il ne faut pas que le désir de faire fortune s'empare d'eux et les porte à donner un plus grand nombre de consultations que ne le permet la durée de leur lucidité; surtout qu'on ne leur mette pas dans la tête de chercher des trésors ; il faut élever leur âme autant qu'il est possible, et les rendre supérieurs à toute idée d'orgueil et de cupidité.

§ 2. — De l'harmonie.

L'harmonie embrasse l'ordre physique et l'ordre moral, elle est la condition sans laquelle aucun rapport ne peut s'établir, aucune influence ne peut s'exercer. L'art de gouverner consiste à saisir cet esprit d'harmonie qui gagne les cœurs et donne sur eux le plus grand ascendant. Cet art est l'effet d'un sens particulier, comme ce qu'on appelle avoir de l'oreille en fait de musique. Ce tact de l'à-propos, qui préserve des maladresses, qui fait juger ce qui est convenable, qui met les paroles en harmonie avec les personnes, avec les positions, avec les idées, qui inspire ce qu'il faut dire pour amener les esprits où on veut les conduire, est le premier principe d'action sur les intelligences, c'est avec cet art qu'on les persuade, qu'on les entraîne. Tout ce qui trouble l'harmonie détruit l'influence et produit un état de gêne, de maladie morale, qui obstrue toute communication vitale, soit dans les corps politiques, soit dans le corps humain, soit dans les relations sociales; partout où l'on s'aperçoit qu'elle manque, les nerfs se crispent, comme quand on entend un faux ton, un bruit désharmonieux qui offense le tympan.

Plus les sens sont délicats, plus l'harmonie est nécessaire, plus on souffre de son absence; nous pouvons donc juger combien elle est nécessaire dans le magnétisme qui est l'exercice spécial de la bonne influence, et surtout dans le somnambulisme sur lequel toutes les impressions fâcheuses produisent les plus funestes effets.

C'est sans doute ce qui a porté la société du magnétisme, établie à Strasbourg en 1785, à prendre le nom de société harmonique. La plupart des somnambules sont aussi fort sensibles à l'harmonie de la musique; il y en a sur lesquels elle produit des effets très-remarquables, qu'elle porte même à l'état d'extase magnétique.

Il faut dans le magnétiseur le désir de faire du bien et dans le magnétisé la confiance de l'obtenir; l'action de l'un est rendue plus facile, plus efficace par la bonne disposition de l'autre. Si par un motif quelconque un magnétisé perd confiance, s'il prend de la répugnance pour le magnétisme, il n'en éprouvera plus le même bien. De même le magnétiseur n'en fera pas s'il est dans une mauvaise disposition.

La santé a aussi besoin de l'harmonie pour se soutenir, c'est pourquoi les peines, les anxiétés, les sollicitudes excessives, les chagrins, les ennuis, un état habituel de contrariété, les impressions violentes des passions et surtout l'impatience de ce qui fait souffrir, usent le principe de vie et finiraient par détruire les tempéraments les plus robustes, si l'on s'abandonnait à toutes ces impressions. En fait de régime, il est aussi essentiel d'y soumettre son moral que son physique. C'est en vain que ceux qui ne savent pas se gouverner recourent à la médecine quand ils sont malades, ils sont incurables par l'effet du désordre de leur moral, car tout désordre tue le corps, et il faut avant tout qu'il cesse pour qu'il y ait possibilité de guérison. Le magnétisme, en tant que remède, requiert les mêmes conditions pour produire son effet, c'est pour cela qu'il tire de l'harmonie morale toute l'efficacité de son action, il contribue même à l'établir, surtout si l'on puise dans la religion ce principe d'ordre, de patience, de résignation, qui peut seul modérer l'effet funeste de toutes les perturbations de l'âme ; c'est dans la même source que le magnétiseur trouve cette abnégation de soi-même, qui le porte à faire son œuvre principale du soulagement de ceux qui souffrent, et à le faire de bon cœur et avec goût, malgré tous les genres d'assujétissements et de contrariétés qu'il doit rencontrer. Le magnétisme, pour produire tout le bien qu'il est appelé à réaliser doit donc être un acte religieux, un exercice de charité, il contribue en outre à élever l'âme des somnambules vers les idées religieuses, quand même ils n'y seraient pas portés dans leur état de veille.

La disposition de l'âme est encore plus nécessaire qu'on ne le pense pour l'efficacité des remèdes, en dehors même du rapport magnétique; souvent un remède manque son effet ou produit moins de bien quand il a été pris à contre-cœur. On mettra cela si l'on veut, sur le compte de ce qu'on appelle *imagination*, ce ne sera pas moins l'action de l'âme qui joue le plus grand rôle dans ce qui est relatif au corps; et cela doit être, puisque ce sont ces deux substances réunies qui constituent la personne, et que l'âme, en raison de sa supériorité, doit exercer sur cet ensemble la plus grande influence. Ainsi, un somnambule conseillant un bain de pieds à une personne d'une imagination vive, à qui cette prescription pouvait déplaire, ne le fit que conditionnellement, car, dit-il, si elle le prenait avec répugnance, cette répugnance et non le bain, serait nuisible, il ne peut faire de bien qu'en raison de la confiance. L'effet de la contrariété sur ceux qui ont une volonté forte et qui sentent trop vivement, est un mal réel, qui détruit le bon effet de tout ce qu'on pourrait faire. C'est par suite du même principe, qu'un autre somnambule prescrivant un voyage aux eaux qui devaient accélérer la guérison, le subordonna aux dispositions de la malade. Si, lui dit-il, vous êtes trop vivement affectée de l'absence où vous seriez de votre famille, de votre pays, de tout ce qui vous intéresse*, si cet éloignement est dans le cas de vous tourmenter, de vous rendre malheureuse, il ne faut par y aller, car les eaux ne vous feraient pas le bien que vous pourriez en espérer.

Ceci explique pourquoi dans beaucoup de maladies, les mêmes remèdes, appliqués dans les mêmes cas, ont un résultat différent, pourquoi la confiance en double l'efficacité, pourquoi celle qu'inspire un médecin, peut contribuer à la guérison de beaucoup de légères incommodités, pourquoi il y a des personnes essentiellement incurables, parce qu'elles se contrarient et se tourmentent de tout.

Ceci explique encore pourquoi dans les âges de foi où l'on accomplissait ses devoirs de tout son cœur, avez zèle, avec conscience, avec joie, les facultés de l'âme étant dans toute leur puissance, les corps supportaient sans être incommodés des pratiques de pénitence qui ne sont plus possibles aujourd'hui, et que l'église est obligée de modifier tous les jours, non pas parce que l'on est dégénéré physiquement, mais parce qu'on l'est moralement, et que la dégénération du moral réagit sur le physique. C'est dans l'âme que réside le principe de la force, et la volonté est la première de toutes les puissances.

On voit aussi que dans les maladies contagieuses,
la peur qui démolit le physique, leur laisse un libre
accès ; au contraire le courage préserve des impressions morbides, elles s'annulent et semblent s'é-
mousser contre la fermeté de l'âme. La même remarque s'est faite à l'égard de la rage, en certains
cas.

§ 3. *De l'analogie qui existe entre des facultés de notre âme dans l'état de veille, et celles des somnambules magnétiques.*

Les similitudes se trouvent dans des situations
analogues ; or, comme c'est l'âme dégagée du corps
qui agit dans le somnambulisme, c'est dans les opé-
rations élevées de notre âme que nous pouvons
rencontrer ces sortes d'analogies avec l'état magnétique. Ainsi, j'en vois une bien remarquable dans
l'inspiration. Je ne parle point ici de celle qui est surnaturelle, mais de celle qui appartient aux prérogatives les plus éminentes de notre esprit. Le voile qui
nous empêche de voir les causes de tout ce qui se
produit en nous, nous cache aussi celle de cette inspiration du génie qui arrive comme un trait de lumière, sans qu'on puisse savoir d'où il vient ; ainsi
on dit d'une idée bien inspirée, qu'elle est *heureuse*
parce qu'elle semble fortuite, et qu'elle est plutôt
l'effet d'une manifestation soudaine que celui d'un
travail de l'esprit. C'est un éclair qui part d'un lieu
élevé, un rayon dont le foyer est voilé, qui s'é-

chappe accidentellement et vient se refléter sur des intelligences privilégiées.

C'est par le développement d'une faculté analogue et par l'effet d'une attraction particulière, que l'expression juste se présente à l'instant et vient s'unir à l'idée pour lui donner cette vie qui la produit. C'est la précision et la promptitude de cette attraction, aussi rapide que le mouvement électrique, qui donnent cette espèce d'inspiration, par laquelle nos idées sortent de notre fond intime, revêtues de l'expression qui leur est propre. C'est de cette rapidité que dépend la rare faculté d'une heureuse et facile improvisation, et des réparties justes et promptes.

Ceux qui se trouvent au-dessous de cette situation, parce que leur âme reste enveloppée, ne peuvent y atteindre, quelle que soit leur ambition d'y arriver, leur intelligence est comme bouchée; le défaut d'inspiration et d'attraction mentale fait qu'il ne se présente à leur esprit rien de relevé, qu'ils cherchent avec lenteur et difficulté, les idées et les expressions pour les rendre, et cependant il n'y a entre eux et ce qu'on appelle un homme d'esprit, de différence que l'épaisseur de l'enveloppe. C'est pourquoi, dans l'état de somnambulisme ou cette enveloppe devient transparente, on voit dans les sujets des métamorphoses étonnantes; le même phénomène se manifeste par la même cause chez la plupart des cataleptiques et même chez les somnambules naturels, qui ne font jamais rien de mieux que ce qu'ils composent dans cet état.

Nous voyons dans la nature de notre âme dégagée de ses voiles une idée bien nette de l'unité et de la trinité divine, lorsque ces trois actes, penser, discerner, exprimer, n'en font qu'un par leur simultanéité. Ces conditions devraient toujours se trouver unies et complètes dans l'âme créée à l'image de Dieu, si par l'effet des brouillards qui l'enveloppent, elle n'était pas privée de cette lumière dont elle devrait être le reflet. Toutefois Dieu reproduit de loin en loin et dans diverses catégories des manifestations de ces hautes prérogatives, pour que nous ne soyons pas tentés de les oublier, et qu'en pensant à notre immortalité, nous ne perdions pas de vue la destination à laquelle nous sommes appelés.

Ces caractères d'inspiration que nous voyons jaillir dans l'état de veille, se retrouvent d'une manière bien plus sensible encore et plus prononcée chez les somnambules magnétiques; mais comme nous ne sommes pas encore familiarisés avec ces sortes de manifestations, elles nous étonnent davantage.

Si l'on considère ensuite certaines facultés instinctives des animaux, on reconnaît que l'homme ne jouit pas des siennes dans l'état de veille, mais qu'il les retrouve dans le somnambulisme; s'il n'en était pas ainsi, le chef-d'œuvre de la création serait le moins bien partagé de tous les êtres, ce qui ne peut s'admettre ; or elles existent chez lui et à un degré bien supérieur ; seulement elles sont dans un état latent et ne se manifestent que dans des circonstances exceptionnelles. Le chien démêle entre une infinité d'herbes celle qui doit lui servir de médicament, il distingue les émanations des divers corps, celles du gibier, celles de son maître, quoiqu'elles soient déjà anciennes et qu'elles aient pu être lavées par la pluie. Qu'est-ce que cette faculté instinctive, sinon un dérivé de celles que les somnambules possèdent à un degré bien plus éminent par leur rapport avec le fluide. Et cet autre instinct qui ramène à Anvers avec la plus grande célérité des pigeons qu'on avait transportés à Paris, n'est point l'effet d'une notion géographique, mais une analogie avec le sens magnétique de la vue à distance qui fait franchir les distances les plus éloignées pour arriver au but vers lequel la pensée se dirige.

« Le célèbre agronome John Sinclair fit acheter » tous les œufs de rossignol qu'il pût se procurer à » un shelling pièce. Il fit rechercher tous les nids de » rouge-gorge, en retira les œufs et y substitua ceux » de rossignol. Ils furent couvés, éclorent régulière- » ment, et les petits furent élevés par leur mère adop- » tive, ils s'envolèrent dès qu'ils eurent des plumes, » et on les vit pendant quelque temps près des lieux » où ils étaient nés. Mais au mois de septembre, à

» l'époque de l'émigration annuelle, ils partirent et ne revinrent plus (1).» Il est à remarquer que ces oiseaux se sont portés à cette émigration par la seule impulsion de leur instinct, dans la saison voulue, et sans y être conduits, par ceux qui les avaient élevés. On ferait un volume du narré des divers instincts des animaux (2); on y verrait que le prin-

(1) Extrait de la *Gazette de France* du 25 juillet 1838. Feuilleton.

(2) Ainsi l'oiseau, jeune encore, qui construit un nid dans une forme invariable, est nécessité à cette œuvre par un instinct plus fort que lui. Il ne sait pas, la première année de son existence, qu'il déposera dans ce nid des œufs qui naîtront de ses amours ; il ne sait pas, quand il échauffe ses œufs sous ses ailes, que la chaleur qu'il entretient fera sortir de ces globes fragiles des êtres de son espèce. L'abeille, nouvelle éclose, qui construit une cellule hexagone pour y déposer le miel des fleurs qui doit nourrir l'essaim pendant l'hiver, ne sait pas s'il y aura un hiver. Elle ne sait pas que les six pans de sa cellule coïncideront par une précision géométrique avec les six cellules que ses sœurs construisent autour de la sienne. Elle n'a pas dans sa pensée la forme totale de la ruche qu'elle contribue à édifier. La chenille qui bâtit une chrysalide, qui se retire engourdie au sein de ce tombeau, ne sait pas qu'elle doit y subir une transformation complète. Elle n'a pu calculer l'épaisseur des parois de son enveloppe, de manière à pouvoir les briser au jour de sa brillante résurrection. Si toutes ces combinaisons, tous ces admirables calculs dépassent la portée de ces êtres ; si la fin, si le but de toutes les actions qu'ils exécutent n'est point connue par eux, il faudra donc que ce but et cette fin existent dans une pensée supérieure à eux, dans une volonté qui s'est substituée à la leur.

De la vérité universelle, par M. de Lourdoueix, pages 68, 69, 70.

cipe de cette faculté instinctive est en dehors des êtres qui en sont doués, et qu'il n'est ni l'effet de la réflexion, ni le résultat des connaissances acquises. C'est pourquoi un auteur moderne a dit avec beaucoup de justesse : « *Ce qui prouve surabondamment* »*qu'une volonté intelligente a créé l'univers et le gou-* »*verne, c'est que tous les êtres créés exécutent des* »*actions qui se rapportent à des motifs que ces êtres ne* » *connaissent pas...... Si la fin, si le but de toutes les ac-* »*tions qu'ils exécutent n'est point connu par eux, il faut* » *donc que ce but et cette fin existent dans une pensée su-* »*périeure à eux, dans une volonté qui s'est substituée à la* » *leur.* »

Or les facultés instinctives qui nous étonnent chez les somnambules, viennent aussi d'une région supérieure ; seulement il y a entre celles de l'homme et celles des animaux, la proportion qui existe entre notre âme et leur principe vital ; on conçoit de plus que ces facultés étant départies à un être intelligent, qui les comprend, les possède et se les identifie, doivent par cela même recevoir la plus grande extension, et produire un ensemble des plus éminentes prérogatives.

Avec ces considérations, on peut se livrer à la recherche de tous les faits magnétiques sans en rencontrer d'inexplicables, il s'agit seulement de les bien constater ; car tout fait appartenant au domaine de la vérité, devient une autorité du moment que sa réalité est reconnue ; il n'y a pas d'autre base des sciences naturelles.

§ 4. — Pourquoi la connaissance et la pratique du magnétisme sont encore si peu répandues.

Il paraît surprenant, au premier aperçu, que le magnétisme soit encore si peu connu, si peu apprécié, depuis plus de soixante ans qu'il en est question, et cela à une époque où l'on se porte avec la plus grande ardeur vers tous les genres de découvertes; mais si l'on réfléchit sur sa nature et sur les oppositions de tout genre qu'il a dû rencontrer, on en sera peu étonné. Sans doute, il a pour lui la vérité, l'utilité, les faits, il ouvre à l'intelligence une magnifique et vaste carrière, mais tout cela n'est pas une raison pour l'empêcher d'être dédaigné et même d'avoir des ennemis.

Dabord, quiconque s'est occupé de magnétisme, a dû reconnaître qu'il ne peut être très-répandu pour beaucoup de raisons; quoique tout le monde puisse exercer une influence magnétique quelconque, il y a d'une part des personnes plus aptes que d'autres à en produire une qui réunisse la puissance à la bonté (1), et de l'autre il y en a moins encore qui aient

(1) Il y a une gradation de facultés magnétiques comme il y en a une de facultés somnambuliques, et aussi étonnantes chacune dans leur genre. M. Laforme, ancien officier, retiré à Pau, a fait dans cette ville et dans les environs, depuis plus de vingt ans, des cures innombrables ; l'affluence des malades chez lui est prodigieuse ; ces résultats d'une puissance magné-

tout ce qu'il faut pour le bien conduire : on n'est pas magnétiseur pour avoir fait quelques expériences magnétiques devant des curieux qui viennent chercher un spectacle nouveau ; on s'en occupe pendant quelque temps avec un enthousiasme passager, et bientôt on s'en lasse ; il en est de cela comme de certains talents auxquels on se livre avec ardeur et qu'on abandonne du moment que, pour y réussir, on voit qu'il faudrait se donner quelque peine ; or l'exercice du magnétisme est très-assujétissant et, pour s'y livrer il faut du courage et de la persistance, une force physique et morale suffisante, une patience à toute épreuve, une santé solide, une grande liberté de position, être exempt de toute préoccupation, dévoué au soulagement de ceux qui souffrent, posséder un caractère à la fois actif, calme et persévérant, et n'être ému ni découragé par aucune des contrariétés qui se rencontrent fréquemment. De plus, l'expérience qui est si nécessaire, ne s'acquiert que par un long exercice, car on apprend tous les jours, surtout quand on rencontre des somnambules bien lucides ; l'habitude d'exercer a encore l'avantage de donner cette confiance et cette conviction

tique bien extraordinaire, ne manqueront pas d'être publiés sans doute, lorsqu'on appréciera plus généralement la connaissance de ces faits. M. le marquis de Gilbert, à Fort-Château, près Tarrascon, jouit aussi de cette faculté au plus haut degré ; il a publié un tableau de plus de deux mille personnes guéries par lui dans l'espace de six ans.

qu'on n'obtient pas également des récits d'autrui ; alors toute l'action magnétique se concentrant sans être altérée par le doute et par l'incertitude, acquiert une force qu'on peut comparer à celle des rayons du soleil réunis par une loupe en un point lumineux et ardent.

Enfin le magnétisme est quelque chose de trop élevé, de trop grave, de trop saint, si je puis m'exprimer ainsi, pour être compris, apprécié, pratiqué par le vulgaire ; aussi ce qui importe n'est pas tant de chercher à le répandre qu'à le faire connaître à des personnes capables de l'exercer convenablement.

Le vulgaire, c'est-à-dire, l'immense majorité du genre humain, n'est capable que de le gaspiller, comme tout ce qui passe par ses mains. Les petits enfants aiment à jouer avec tout ce qui brille à leurs yeux, sans se préoccuper de l'usage qu'on en peut faire ; or on peut dire qu'en général les hommes sont de grands enfants : si quelqu'un jette un éclat qui les éblouit, ils chercheront à en éblouir d'autres ; mais si cet éclat accompagne quelque chose d'utile, ils dédaigneront cette utilité pour jeter ce qu'on appelle de la poudre aux yeux.

C'est ainsi que bien des gens ont pris le change sur le magnétisme, en n'y cherchant que ce qui pique la curiosité d'un public dominé par l'enfantillage ; en effet, ce qui occupe le plus un certain monde qui se dit savant, ce qui a été l'objet des trois mille francs du prix Burdin, des expériences faites sur Mlle Pigeaire et sur tant d'autres, c'est le phénomène de la vue, malgré l'occlusion des yeux, comme s'il pouvait mériter l'attention en comparaison des facultés bien autrement utiles que possèdent les somnambules (1).

C'est pourquoi on dépense ces précieux instants de lucidité à toutes sortes de vaines expériences; à jouer aux cartes, à lire, à reconnaître une pièce de monnaie magnétisée mêlée avec d'autres, à faire entendre ou cesser d'entendre un instrument suivant la volonté du magnétiseur, à obéir à un ordre mental et à mille autres niaiseries de cette espèce; c'est pour mettre en évidence ces minces résultats, ou plutôt pour prélever une contribution sur un public avide de futilités, que des magnétiseurs ambulants donnent en spectacle ces pauvres somnambules dont ils avilissent la condition de la manière la plus inconvenante.

Aussi ceux qui ne connaissent le magnétisme que sous ce point de vue (et c'est le plus grand nombre)

(1) Telle que le sens intuitif qui fait connaître les maladies et leurs remèdes, faculté spéciale des bons somnambules, tandis que les autres ne sont que des accessoires dont peuvent même être privés ceux qui possèdent la principale, surtout quand on en a négligé l'exercice, comme ceux chez lesquels on a cultivé les secondes peuvent avoir perdu l'usage de la première.

en ont une bien pauvre idée. Quant aux magnétiseurs, ils ont reçu la monnaie de leur pièce, et par
cela même qu'ils se sont donnés en spectacle, ils
se sont ravalés au rôle de ces faiseurs de tours qui
se montrent sur les foires ; aussi les qualifications
de jongleurs et de charlatans leur sont-elles pro-
diguées ; cependant ils ne sont ni l'un ni l'autre, ce
sont des industriels comme tant d'autres, qui ont
spéculé sur la curiosité du vulgaire, qu'ils ont cherché à exploiter à leur profit, en dégradant l'état
somnambulique.

Ensuite, comme ce qu'ils font faire aux somnambules est ce qu'il y a de moins analogue à leur situation, ils s'exposent quelquefois à ne pas remplir parfaitement leur programme, et les adversaires du
magnétisme ne manquent pas de publier et d'exa-
gérer ces petits accidents. Pour se faire une idée de
la gêne de ces pauvres somnambules dans ces sortes
de représentations, il suffit de connaître leur extrême susceptibilité et le besoin qu'ils ont de l'isolement et du calme pour le développement de leurs
facultés. Une nombreuse assistance les trouble, la
présence des épilogueurs les crispe ; lors donc qu'on
les met en scène devant un public nombreux, on les
place dans la plus pénible des situations, ils sont
obligés, pour surmonter toutes ces impressions, de
se rapprocher un peu de l'état de veille au préjudice
de leur lucidité, ou de se faire une violence qui doit

ébranler toute leur constitution. En les employant donc ainsi d'une façon contraire à la nature de leur état, pour des choses en dehors de leur spécialité, on risque de compromettre leur santé ou leur lucidité, et peut-être l'une et l'autre ; on les fait descendre à un rôle beaucoup au-dessous de leur nature et de leur dignité; enfin, on donne du somnambulisme l'idée la plus incomplète.

Il en est résulté cependant que le nombre de ceux qui ont une connaissance quelconque du magnétisme s'est accru, qu'on en a parlé davantage, et qu'aujourd'hui il y a plus de personnes qui reconnaissent ses effets et moins qui s'en raillent. Toutefois on peut dire que le magnétisme est resté en quelque façon inconnu, lorsqu'il n'a été aperçu que sous ce misérable point de vue, et il était difficile qu'il en fût autrement, car on ne peut en avoir une idée juste qu'en voyant souvent de bons somnambules, ce qui a présenté jusqu'ici de grandes difficultés, d'abord parce qu'en raison des railleries dont le magnétisme a été l'objet, peu de personnes osaient avoir recours à ce moyen de guérison, et si elles y consentaient, elles ne voulaient pas qu'on en parlât et encore moins avoir des témoins de leurs consultations ou de leurs crises magnétiques; il est résulté de cette discrétion obligée, qu'un grand nombre de faits du plus haut intérêt sont restés inconnus; ajoutez à cela que le calme et l'isolement étant néces-

saires pour le développement de la lucidité, les
meilleurs somnambules, ceux qui, par la délicatesse
et la justesse de leurs perceptions, auraient pu donner des convictions à ceux qui n'en avaient pas, ne
voulaient point être donnés en spectacle à des gens
portés à les regarder comme des jongleurs, dont la
présence aurait pu leur faire beaucoup de mal et
neutraliser leurs facultés ; on ne pouvait donc admettre que des intimes, des personnes entièrement
en harmonie avec eux ; ainsi les faits somnambuliques, déjà si rares, sont restés renfermés dans un
très-petit cercle dont on ne pouvait les tirer, et ceux
qui s'en trouvaient en dehors ont vécu dans l'ignorance des faits les plus importants, faute de moyens
de s'éclairer.

J'ajoute que le magnétisme par la nature des faits
qu'il présente et des doctrines qui en découlent, ne se
trouve nullement en analogie avec les idées sous le
règne desquelles il a paru, avec ce rationalisme qui
pose avec assurance les limites du possible et de l'impossible, qui soumet tout à l'étroiture de ses perceptions, et nie tout ce qui en excède les limites ; avec
cet éclectisme qui veut choisir dans tout l'ordre des
doctrines, soit naturelles soit surnaturelles, celles
qui sont le plus de son goût, comme il choisirait dans
un grand repas les mets qu'il aime le mieux ; aussi
existe-t-il, lorsque ces idées dominent, des prédispositions contre le magnétisme comme contre tout ce

qui est élevé, parce que de l'un et de l'autre côté on voit des faits avérés et incroyables et des mystères inexplicables; on a donc pris le parti de nier ces faits et de rejeter ces mystères, ou de même que la Providence a permis qu'il existât jusqu'à notre époque des tribus sauvages disséminées dans le monde, pour nous montrer, contrairement aux assertions des rationalistes, que l'homme isolé des traditions divines et abandonné à ses seuls moyens, est incapable de rien créer dans l'ordre religieux, scientifique et social, elle a voulu aussi que, durant la période des aberrations rationalistes, on vît ce despotisme intellectuel se méprendre de la manière la plus patente dans ses jugements sur une science naturelle dont le développement prochain prouvera à nos descendants l'ineptie de ses adversaires; alors la juste appréciation qu'ils feront de l'époque où régnait ce délire pourra les guérir de tous les genres d'erreurs qu'il a fait naître. Si donc le magnétisme doit servir à donner au genre humain cette grande et salutaire leçon, je ne m'étonnerai plus que la Providence ait retardé son triomphe d'une manière presque incroyable et l'ait fait rester sous l'oppression du rationalisme pendant toute la durée de son règne.

Je ne relaterai pas ici toutes les absurdités qui ont été débitées contre le magnétisme par des autorités imposantes; elles se sont gravement compromises comme le font toujours ceux qui se heurtent contre la vérité; tout cela entrera dans la liasse du grand procès que la postérité jugera un jour. Elle aussi aura peine à croire que soixante ans après l'établissement de la société harmonique à Strasbourg et les cures nombreuses qui s'y sont opérées, ainsi qu'à Bayonne, à Buzanci, à Valence, à Lyon, et successivement dans tous les pays, le magnétisme n'ait pas encore obtenu le droit de cité, qu'il soit resté sous le joug des lois d'exception, et n'ait pas sa part des libertés publiques. Il faut convenir que toutes les étrangetés de notre époque en donneront une bien pauvre idée à nos neveux.

Quoi qu'il en soit, tout ce qui est vrai ayant une force irrésistible, on ne tardera pas à voir prendre au magnétisme tout le développement qu'il est de nature à acquérir; c'est pourquoi il importe qu'il soit bien conduit et que des hommes sages, studieux et moraux s'en occupent consciencieusement; car ce n'est qu'entre leurs mains qu'il pourra devenir ce qu'il faut qu'il soit, *l'exercice de la bonne influence.* Tel doit être son caractère spécial; ceux qui s'en occupent ne doivent pas avoir d'autre but, tout ce que j'ai dit est fondé sur cette condition expresse; d'ailleurs elle n'est pas particulière à l'exercice de l'action magnétique, elle est la règle de chacune de nos facultés, desquelles ressort le bien ou le mal, suivant qu'elles sont bien ou mal gouvernées; toutes ont besoin d'être soumises à la législation morale, à celle de l'ordre suprême, tout acte qui s'en écarte reçoit une dénomination particulière; ainsi l'expression de la pensée (cet acte admirable dont le privilége n'appartient qu'à l'homme, parce qu'il est le moyen de communication des intelligences), doit être qualifiée différemment selon qu'elle sert d'organe à la vérité ou au mensonge, qu'elle a pour but de publier le bien ou le mal, de porter au vice ou à la vertu, d'être calme ou violente, mesurée ou injurieuse; si elle s'écarte de l'ordre, elle devient erreur, séduction, scandale, diffamation ; elle peut être le plus bel apanage de la société, ou le plus grand de ses fléaux.

Il en est de même de toutes nos autres facultés.

Les mêmes règles s'appliqueront à l'exercice de l'influence magnétique, lorsque par suite du discernement qu'on aura fait de tout ce qui peut en ressortir, on l'aura doté des expressions propres à donner de ses actes une idée juste, et à tirer les esprits de cette confusion qui règne encore sur cette science si importante.

Ce serait un admirable résultat et bien digne de la sollicitude de ceux qu'anime la véritable philanthropie, que le magnétisme humain rendu parfait, dégagé de tous les abus, prémuni contre tous les genres d'écarts et présentant à la société une infinité d'avantages.

§ 5. — De la classification des faits.

Quoique toutes les œuvres de Dieu soient les effets de sa puissance, on les a partagées en deux classes ; on a renfermé dans le domaine de ce qu'on appelle la nature, celles qui sont réglées par des lois uniformes qu'on nomme lois de la nature, et on a qualifié de surnaturel tout ce qui s'en écarte. Il est résulté de là que les limites de l'ordre naturel ont été déterminées en raison de ce cours ordinaire des choses auxquelles on est habitué, et qui ne fait plus éprouver aucune espèce d'étonnement, quelles que soient les merveilles qui en ressortent tous les jours ; mais ces limites dépendant de l'étendue des connaissances, il arrive qu'en raison de leur progrès journalier, on est obligé de les reculer lorsqu'une nouvelle découverte nous manifeste des faits extraordinaires (*extrà ordinem*), en dehors du cercle dans lequel on avait prétendu circonscrire l'ordre naturel. De ce mouvement résultent des situations diverses dans les esprits ; les uns s'y opposent en se tenant obstinément renfermés dans leurs vieilles limites, et qualifient arbitrairement de surnaturel tous les faits qui leur paraissent extraordinaires, sans vouloir étudier les lois de la nature nouvellement connues auxquelles ils se rattachent ; d'autres, éblouis de ces brillantes découvertes et entraînés par leur enthousiasme au-delà des limites, tombent dans l'excès contraire ; ils voudraient supprimer toute espèce de démarcation, et rattacher l'ordre surnaturel tout entier à des lois de la nature. Ces deux excès se conçoivent et sont le résultat de la légèreté avec laquelle ceux qui n'ont qu'une idée fixe et des connaissances limitées à cette idée, s'égarent dans leurs jugements.

C'est ce que l'on a vu à l'occasion du magnétisme.

Mais Dieu est au-dessus de tout cela ; il n'astreint pas toutes ses œuvres à ces sortes de qualifications, et peut, quand il le veut, les manifester dans le même fait sous les deux aspects à la fois. Ainsi nous voyons tous les jours des faits qui, sans atteindre les sommités du surnaturel, sans être ce qu'on appelle des miracles, en ce qu'ils ne sortent pas des voies ordinaires, n'en sont pas moins des actes bien sensibles d'une action particulière et spéciale de la divinité. Peu de personnes aujourd'hui veulent considérer ces voies de la Providence, quoiqu'elles soient un sujet admirable de méditation dans les petits détails de la vie privée ; le très-grand nombre ne croit même pas à l'exercice de cette action supérieure, comme si tout était conduit par le mouvement machinal d'un aveugle destin. Mais parmi ceux qui se révoltent le plus contre l'idée de l'intervention divine, il n'en est peut-être aucun qui ne l'ait reconnue dans quelque instant de sa vie, en l'implo-

rant par la prière ; qui n'ait ainsi sollicité en sa faveur un acte spécial de la divinité , un changement
au cours ordinaire des choses à l'occasion d'une maladie grave , d'un vif sujet d'inquiétude , d'un
danger prochain, en un mot dans ces circonstances
critiques où quiconque est frappé par l'adversité ,
n'a d'autre ressource que de recourir à la bonté divine pour détourner de dessus lui ou de dessus ceux
qui lui sont chers, un malheur imminent; l'exercice de
cette action supérieure aux lois mêmes de la nature ,
est une vérité universellement reconnue , d'une antiquité égale à celle de l'exercice de la prière qui l'a
sollicitée dans tous les temps et dans tous les pays ,
et qui en a recueilli des effets plus ou moins carac-
térisés , depuis les premiers degrés de l'ordre providentiel jusqu'au miracle. Quiconque a déjà parcouru une portion un peu considérable de sa carrière, et a pu observer et réfléchir , en a dû remarquer les effets en mille circonstances.

Puisque ces effets existent partout, on les retrouve
dans le magnétisme comme ailleurs , et il y en aurait davantage s'il était pratiqué par des personnes
animées de l'esprit de foi et de prière , et si on dé-
veloppait chez les somnambules ces sentiments
élevés auxquels ils se trouvent naturellement portés
en raison de leur isolement. Ceci nous explique pourquoi on raconte dans le magnétisme des faits qui
semblent excéder les limites de l'ordre naturel, et

qui ont même quelque chose de surnaturel ; c'est que cet état, comme toutes les autres situations de la vie, participe à cette action providentielle dont l'impiété repousse la croyance, mais qui n'en est pas moins généralement étendue sur nous par la bonté divine, et dont nous éprouvons les effets sensibles en beaucoup de circonstances. Ces faits sont peu connus, parce que peu de personnes osent les publier à cause de l'ignorance et des préjugés qui ne permettent pas encore de les accueillir.

Ceci nous amène à parler de l'extase. L'extase religieuse dans laquelle l'âme se trouve en quelque façon affranchie du corps, et dont beaucoup de saints ont été et sont encore favorisés (1), est un état produit par l'action divine, dans un recueillement parfait, où l'on éprouve des effets surnaturels.

L'état de concentration et d'élévation, produit par l'affranchissement où l'âme se trouve de la surcharge des sens, dans le somnambulisme, est une prédisposition qui la rend plus apte à profiter des faveurs divines, et si les somnambules étaient des saints, on en verrait souvent chez eux les précieux effets ; plusieurs même, sans être pour cela bien recommandables, en ont été favorisés jusqu'à un certain degré.

Mais dans l'état de somnambulisme, pas plus que

(1) Voyez les faits cités à ce sujet par M. Léon Boré, dans un ouvrage récemment publié.

dans celui de veille, il ne faut se livrer aveuglé-
ment à la vive impression que peut produire la vue
d'un état supérieur; si on traitait ces sujets avec trop
de liberté, et surtout si l'amour-propre n'était pas
irrévocablement banni, on serait tenté quelquefois
de prendre des rêves pour des révélations, et des
illusions pour des réalités ; il faut, dans ces matières,
beaucoup de prudence et de retenue, et pour ne pas
s'égarer, prendre toujours la foi pour boussole.

Il y a dans le genre extatique, des faits du plus
haut intérêt que l'incrédulité repousse encore, mais
qui se feront jour malgré elle et malgré tous ces caractères pusillanimes qu'elle traîne à sa remorque, et
lorsque la postérité aura porté son jugement contre
elle, ceux qui craignaient le plus ses traits seront
les premiers à applaudir et à replacer avec honneur
dans l'histoire des milliers de faits que le rationalisme avait prétendu en faire retrancher.

CHAPITRE VII.

—

THÉORIE DE L'HOMME, FORMÉE DE LA CONCORDANCE DES VÉRITÉS RÉVÉ-
LÉES AVEC LES TÉMOIGNAGES DES SOMNAMBULES RECUEILLIS DANS CET
OUVRAGE.

L'homme ayant été placé au point de contact du
ciel et de la terre, comme l'anneau qui doit unir les
deux mondes, renferme, par cela même, des analogies avec tout ce dont il doit être le nœud. Ainsi,
d'une part, il tient à l'ordre céleste par son âme,
que Dieu a douée de l'immortalité pour qu'elle continue de lui rendre à jamais le culte qui est sa fonction spéciale, et qu'elle puisse recevoir une récompense digne de celui qu'elle sert, éternelle comme
lui, et la participation au bonheur suprême qui

26

émane de lui ; de l'autre part, il tient à l'ordre terrestre par ses facultés inférieures, parce que pour
être le Pontife du monde, son représentant près de
Dieu, il fallait être aussi de même nature que ce qu'il
renferme, et que tous ces divers éléments fussent
comme fondus en lui dans l'unité d'un même être ;
il fallait qu'il habitât le monde pendant la durée du
sacerdoce qu'il y exerce, qu'il en fût le point cul-
minant, le propriétaire, le roi, qu'il en élaborât la
surface, qu'il en recueillît les produits ; il fallait surtout que, placé entre les deux mondes et participant
à tous les deux, il sût faire le discernement de l'un
et de l'autre, qu'il ne s'attachât pas à celui qu'il ne
doit habiter que passagèrement, mais à celui qui
doit faire son bonheur éternel. L'homme est donc
comme le sommaire de la création, il la représente
toute entière dans sa personne, car c'est lui qui connaît Dieu et qui l'adore, c'est lui qui voit ses œuvres
et qui les admire, c'est lui qui élève des temples à sa
gloire, et si le Créateur, en terminant son ouvrage,
n'y avait pas apposé son sceau, le monde, dénué
de tout rapport moral avec son auteur, eût été stig-
matisé d'un caractère d'ingratitude et de stupi-
dité.

C'est pourquoi l'homme possède la nature matérielle, la nature animale et la nature immortelle ; il
renferme dans son essence les trois qualifications
d'êtres, désignés par saint Augustin, *qui sunt, sen-*

tiant, et discernant; il a le corps, l'instinct et l'âme, il végète, perçoit et réfléchit.

Nous allons jeter un aperçu rapide sur chacun de ces éléments constitutifs, et de leur ensemble nous formerons la théorie de l'homme.

1° Le corps, la nature corporelle que nous possédons, végète, à notre insu, par l'effet de ce principe de vie (1) qui produit la végétation des plantes et l'état normal de tout ce qui est animé. C'est Dieu qui a constitué ce service d'une manière aussi parfaite qu'impénétrable à nos investigations. Le fluide en est l'élément, il est cette lumière créée le premier jour pour être le grand réservoir de la vie des êtres et l'instrument de la puissance divine sur chacun d'eux, durant toute la suite des siècles. Ce fluide, modifié dans l'homme, est plus parfait que dans les autres corps ; il agit directement sur les organes et est le principal acteur des services qu'ils rendent à l'intelligence, car il est le moyen par lequel toutes les impressions des sens se transmettent au cerveau (2). L'organisation de la vie est dans les êtres vivants ce qu'on appelle la nature, c'est-à-dire, ce principe de vie qui lutte contre tout ce qui fait obstacle à la santé, et qui, plus que tous les remèdes, concourt à son maintien ou à sa restauration ; c'est

(1) Voir pag. 249.

(2) Voir pag. 11, 42, 49, 227, 271, ci-dessus.

par lui que l'action magnétique est si puissante et si salutaire. Ainsi, quand on dit que la nature a beaucoup fait pour sauver un malade, on doit entendre par cette expression l'action de ce principe de vie (1) qui conserve et régénère tous les êtres; lorsqu'elle s'affaiblit, l'individu languit et finit par mourir quand les rouages sur lesquels elle s'exerçait ne peuvent plus faire leurs fonctions. Ceci nous explique pourquoi en voit des malades guérir, bien que soumis à des traitements opposés, et le corps se plier à tous les genres de médications; cela vient de la puissance du principe de vie qui, nonobstant la diversité des moyens, triomphe de la maladie, comme très-souvent il aurait pu le faire sans leur concours. Le grand art de la médecine serait de bien étudier la nature et le mécanisme de son action, de l'aider par le magnétisme et par ces moyens appropriés à ses besoins, mais d'être sobre de remèdes; autrement on met le corps dans leur dépendance et on affaiblit le principe de vie. On le fortifie au contraire par une vie bien réglée, en évitant toute espèce d'excès; avec ces règles d'hygiène exactement suivies, on aurait bien rarement besoin de recourir à la médecine.

2° L'instinct (2). Outre le principe de vie, il y en a encore chez nous un autre que j'appellerai l'instinct,

(1) Voir pag. 249, 273, 277.
(2) Voir pag. 249, 250, 251.

qui est commun à l'homme et aux animaux ; chez ces
derniers il remplace l'âme et sert à chacun d'eux
pour tout ce qui constitue le degré d'intelligence dont
le Créateur les a doués. Il est immatériel et n'est pas
immortel, parce qu'il n'a rien qui émane de la divinité, rien qui doive établir avec elle des rapports
pour une autre vie. En réfléchissant bien sur tout ce
qui constitue notre être, nous reconnaissons en nous
cet instinct entièrement distinct de notre âme, et
nous distinguons les attributions de l'un et de l'autre.
L'instinct est l'agent de tout ce qu'on fait machinalement, de ce qu'on appelle la routine ; il y a une multitude de choses que nous faisons ainsi, sans la participation de l'âme, quoique ce ne soit pas toujours
des actes du corps, mais des actes que l'intelligence
seule a pu rendre possibles, dont l'instinct a hérité,
que l'habitude lui fait ensuite exercer seul. Ainsi,
quand je lis tout-à-fait mentalement, et que je songe
à autre chose, ce n'est pas mon âme qui lit, puisque
ses pensées sont bien loin de là, ce n'est pas non plus
mon corps, car il en est incapable, c'est mon instinct, cette faculté voisine de mon âme, mais qui
n'est pas elle, bien qu'elle fasse en mainte occasion
un service qui semblerait devoir lui appartenir ; et si
dans ce que je lis, il se trouve quelque chose de
nature à réveiller l'attention, la voisine rappelle
l'âme qui arrive à l'instant, et qui est obligée, pour
se remettre au courant, de recommencer la lecture

qui a été faite en son absence. Il y a encore bien d'autres circonstances où l'instinct agit seul sans le concours de l'âme, je me contente de citer cet exemple. On appelle cela n'être pas tout entier à ce que l'on fait, parce qu'il n'y a qu'une partie de soi-même. L'âme aime assez à vagabonder pendant que l'instinct fait son ouvrage, elle est alors distraite. La mémoire appartient aussi à cette catégorie; les animaux la possèdent comme nous, elle ne peut être une prérogative de la matière, car elle nous représente quelquefois les choses les plus métaphysiques, les plus abstraites; elle est aussi très-distincte de notre âme, car elle lui est souvent bien étrangère, surtout chez les enfants; elle est donc une des facultés de l'instinct animal.

L'instinct étant intermédiaire entre le corps et l'âme, porte l'âme à être sensible aux impressions des sens; mais elle lui est très-supérieure en raison de sa nature; quand elle lui cède, c'est qu'elle le veut bien, et c'est la conséquence d'un désordre. Cette dérogation à l'ordre primitif, qui date de son origine, a sur toute l'espèce humaine la plus funeste influence; elle rend l'homme inconcevable à lui-même, à cause des contre-sens qu'elle produit en lui; de ces deux volontés qui se combattent, la religion a pour but de remédier à ce désordre, et de rendre à l'âme sa supériorité sur l'instinct animal.

3º L'âme. L'âme immatérielle et immortelle, créée

à l'image de Dieu, placée un peu au-dessous de la
situation des anges, est d'une nature supérieure à
tout ce qui existe ici-bas ; elle est immortelle, parce
qu'elle est le souffle de la divinité, et qu'elle est destinée à lui être unie éternellement, si elle n'y met
point d'obstacle (1). « Elle ne participe pas à la na-
» ture de Dieu, elle ne procède pas de Dieu, elle en
» émane comme l'odeur qui émane de la rose ; elle
» ne possède de la nature céleste que l'immortalité...
» En sortant des mains de Dieu, elle était en relation
» directe avec lui... et maintenant elle oublie si vite
» ce Créateur pour s'adonner aux penchants qui lui
» viennent du corps. » C'est pourquoi elle ne jouit
plus de la clarté céleste qu'elle possédait à son origine ; en se séparant de Dieu, elle a perdu ce reflet
auquel elle devait tout son éclat ; dans l'état où elle
se trouve abaissée, elle ne jouit plus de ses facultés
natives, ni de la supériorité qui appartient à sa nature immortelle ; elle a perdu la prééminence de sa
position, elle a sans cesse à lutter, et trop souvent
avec désavantage, contre l'instinct qui tend à la dominer ; il arrive donc que ces deux parties inté-
grantes de notre être, toutes deux spirituelles, se
livrent des combats comme si c'était des êtres différents. La voix de la conscience est celle de l'âme,
la tendance des passions est celle de l'instinct. « Cer-

(1) Voir pag. 66, 67, 72, 77, 257, ci-dessus.

tainement les facultés qui existent en nous sont bien distinctes de l'âme !... S'il n'existait pas chez nous des instincts, des penchants de nature tout opposée, toute différente de celle de notre âme, nous obéirions certainement à l'impulsion vers le bien que nous recevons d'elle, et certes l'on ne verrait pas les crimes et les vices que l'on rencontre dans la société. »

Cet ascendant de la nature animale est un effet du désordre primitif ; « notre âme avait été associée à l'instinct pour que nous eussions le mérite de lutter contre lui avec les inspirations du bien qui nous viennent de la conscience. » Elle n'a point rempli ce mandat, et maintenant elle a besoin de secours extraordinaires pour reconquérir la prééminence qui lui appartient, pour ne pas tomber dans cette multitude d'erreurs et d'écarts, où la jettent de faux aperçus et des déceptions.

Ici se révèle tout ce qui est dans l'ordre de la grâce, tout ce qui contribue à la restauration spirituelle de l'homme, à sa réunion avec la divinité. C'est à relever l'âme et à lui rendre sa supériorité sur les diverses parties de notre être, que l'action du christianisme consiste, en empêchant que l'homme créé pour le ciel, quoique passagèrement placé sur la terre, ne devienne trop animal et trop terrestre dans ses tendances et ses affections, et en remédiant à cette séparation entre Dieu et elle, qui lui a fait perdre ses premières prérogatives. « Notre union avec la raison universelle, dit Malebranche, est extrêmement affaiblie par la dépendance où nous nous sommes mis de notre corps, car notre esprit est tellement placé entre Dieu qui nous éclaire et le corps qui nous aveugle, que plus il est uni à l'un, plus c'est une nécessité qu'il le soit moins à l'autre (1). Plus l'âme s'isole du corps, plus elle s'élève, et devient apte à recevoir les clartés supérieures (2).

Il existe un autre ordre de restauration secondaire de notre âme, dont l'étude fait partie des sciences naturelles; c'est celle de cet état qui, en isolant l'âme du corps, lui rend une partie de ses hautes facultés, pendant la durée de cet isolement. Ce phénomène psychologique se manifeste dans les circonstances où l'âme se trouve dégagée du corps jusqu'à un certain point, et principalement dans le somnambulisme magnétique « où les facultés morales, « par l'isolement où elles se trouvent, n'étant plus

(1) *Entretiens métaphysiques*, tom. I, pag. 200. 6me entretien.

(2) L'âme, disait Socrate à Simmias, ne raisonne-t-elle pas mieux que jamais, quand elle n'est troublée ni par la vue, ni par l'ouïe, ni par la douleur, ni par la volupté, et que renfermée en elle-même et laissant là le corps sans avoir avec lui aucune communication, autant que cela lui est possible, .. elle s'attache à ce qui est, pour le connaître. (Phédon de Platon tom. II, pag. 170, édition de 1689.)

»faussées par l'impression qu'elles reçoivent des
»objets extérieurs, acquièrent un développement
»beaucoup plus grand que celui qu'elles recevaient
»dans l'état de veille... Dans cet état, l'âme du som-
»nambule, se trouvant pour ainsi dire dégagée de
»son enveloppe terrestre, recouvre à un degré assez
»élevé (1) quelques-unes des facultés attachées à
»l'immortalité. — Elle n'est plus abrutie et comme
»absorbée par les sens qui la retiennent captive; elle
»ne sort pas des organes du corps pour voir, c'est
»par elle-même et immédiatement qu'elle voit (2).
»L'âme est dans le corps, le corps s'amincit et
»l'âme lance sa clarté par tous les organes (3). Les
»facultés somnambuliques ne se rencontrent que
»très-rarement; car un petit nombre d'individus pos-
»sède des sens assez souples pour permettre ainsi
»à l'âme de s'échapper à moitié et de rayonner
»à travers une légère tunique (4)...'»

On conçoit facilement quels doivent être la puissance et les avantages de l'action exercée par le magnétisme, lorsqu'on sait que le magnétisme est ce
principe de vie qui maintient la santé, et assure le
service des organes, qu'ainsi en le mettant en action
on emploie le moyen le plus actif par lequel on puisse

(1) Voir pag. 44.
(2) Voir pag. 327.
(3) Voir pag. 229.
(4) Voir pag. 68.

agir sur un individu ; c'est par les rapports qu'il établit et par le mouvement qu'on lui communique, qu'on peut rendre de la vitalité à un malade, doubler ses forces, combattre le principe morbide qui l'affecte, enfin rétablir chez lui l'équilibre de la santé.

Dans le somnambulisme magnétique, à ces effets s'en joignent d'autres d'un ordre plus élevé ; l'action de l'âme du magnétiseur s'exerçant sur celle du magnétisé, l'aide à se dégager jusqu'à un certain point des autres parties constitutives de son être, et à se relever presque jusqu'au degré où il était primitivement. Ce résultat a lieu surtout quand le principe spirituel domine chez un magnétiseur ; c'est pourquoi l'élévation que la religion donne à l'âme, contribue beaucoup à augmenter sa lucidité, surtout quand ces dispositions se rencontrent à la fois chez le magnétiseur et chez le somnambule. L'âme de ce dernier se trouvant alors rapprochée de la divinité céleste, jouit d'aperçus élevés et de sentiments religieux d'une manière tout à fait nouvelle pour lui.

Il est difficile, dans l'état de veille, de se faire une idée de la situation où se trouve le somnambule, des perceptions dont il jouit, de leur nature, de leur variété, de leur étendue ; mais cette difficulté n'a rien de particulier, c'est celle qu'on éprouve à l'égard de ce qu'on n'a jamais vu ; c'est celle d'un aveugle né qui entend tous les jours parler de la lumière, des couleurs, de la beauté d'un tableau, de la richesse d'un point de vue ; ce serait celle d'un sourd-muet qui lirait un traité sur la musique ; quand à ce qui est d'expliquer mathématiquement comment tous ces effets se réalisent, la difficulté est la même pour tout le monde, car nous ne pouvons avoir que des notions bien superficielles des choses que nous éprouvons et dont nous sommes habituellement les acteurs ou les témoins ; tout est mystère ici-bas pour notre faible intelligence ; nous ne savons comment nous voyons, comment nous entendons, comment nous sentons, comment nous vivons ; personne ne comprend les merveilles de la végétation et de la reproduction ; le mystère ne cesse pour nous que quand nous cessons de vouloir le pénétrer, et qu'habitués à voir continuellement ce qu'il y a de plus inexplicable, nous n'y pensons plus, et nous disons : cela est, parce que Dieu l'a fait ainsi ; nous n'allons pas au-delà du fait, nous nous y retranchons même, et nous nous servons ensuite d'un fait dont la cause n'est pas comprise pour en expliquer, par analogie, un autre que nous ne comprenons pas davantage ; ceux qui prétendent en faire plus ne font rien, seulement ils qualifient des lois de la nature, les diverses sortes de faits ; ils leur donnent un nom, et se persuadent qu'avec ces lois et ces dénominations, ils ont tout expliqué. Il ne sera pas difficile de faire au magnétisme la même faveur ; si on la lui a refusée jusqu'à présent, c'est qu'on ne lui a pas encore accordé le droit de cité avec ses priviléges, et qu'on a conservé à son égard des exigences exagérées; mais lorsqu'il se sera avancé avec une multitude innombrable de faits, il finira par conquérir la place qui lui appartient parmi les sciences naturelles; il jouira des mêmes priviléges, et on convertira en axiomes le résultat des faits qu'il aura fournis, sans qu'on songe à en chercher l'explication.

Ainsi personne ne peut comprendre l'union de l'âme et du corps; mais que nous la comprenions ou non, il n'est pas moins vrai qu'elle existe, et que ces substances, quoique d'une nature très-différente, forment en nous un seul et même être. Ici le fluide magnétique ou vital, est à l'égard de tout notre être ce qu'est le fluide lumineux par rapport à nos yeux, ce qu'est le son pour nos oreilles, ce qu'est la sensibilité pour tout le système nerveux; seulement il est plus que tout cela, puisqu'il est une des parties constitutives de notre personne, il est sa vie, le lien de l'âme et du corps, et lorsqu'il sera évaporé par la mort, le lien sera dissous.

Ceci posé, il serait à peu près inutile pour la science en elle-même de chercher à expliquer certaines choses pour aider à les croire, puisque bientôt la puissance des faits les aura converties en axiomes. Cependant je crois devoir exposer ici comment je me rends compte de l'identité qui existe entre l'idée complète et l'expression, et pourquoi ceux des somnambules qui parviennent aux idées complètes, reçoivent en même temps que la connaissance des choses, celle des expressions nécessaires pour les désigner, telles que celles des plantes, des médicaments, des maladies, des diverses parties du corps, ce qu'ils ignorent complétement dans l'état de veille.

Lorsque Dieu créa le monde, il le créa par sa parole, par la manifestation de sa volonté. On peut dire que l'univers fut la réalisation de la pensée divine par l'expression, et que pour Dieu, exprimer c'est créer. Lorsqu'il créa l'homme, il fit quelque chose de plus, il l'anima de son souffle divin, alors l'homme a pensé, et a exprimé ses pensées par la parole (1), parce qu'il avait été créé à l'image de Dieu, parcequ'il avait reçu cette inspiration divine dont aucun être ici bas n'a été favorisé, car c'est de lui seul qu'il est écrit : *Inspiravit in faciem ejus spiraculum vitæ.* Et quelles pensées que celles qui émanaient vers lui de cette source suprême ! Elles renfermaient les connaissances les plus étendues, les plus élevées, et devinrent l'origine de ces traditions antiques que nous ont transmises la religion naturelle et les bases de la civilisation.

Dieu a délégué à cet ordre physique qu'on nomme

(1) Cette expression n'était pas une création, mais l'hommage rendu au Créateur à la vue de ses œuvres.

nature, tout ce qui concerne la transmission et le maintien de l'existence; mais le développement de la vie véritable, celui des plus éminentes facultés de l'âme, celui par lequel l'homme devient le chef-d'œuvre de la création, n'a lieu que par l'éducation, par cette parole primitivement inspirée qui traverse toutes les générations, qui les lie et en forme l'admirable ensemble de la société. C'est pourquoi il est écrit que l'homme ne vit pas seulement de pain, mais de toute parole émanée de Dieu.

La parole, ainsi que la vérité dont elle est l'expression, a donc été le premier apanage dont sa nature immortelle a été douée; si ensuite les hommes sont nés dans l'ignorance de l'une et de l'autre, et si la manifestation des pensées privées du reflet divin a été trop souvent celle de l'erreur et du mensonge, c'est que notre âme s'étant abaissée par ses affections terrestres jusqu'à la religion inférieure, ses facultés ont été enveloppées de brouillards, et que la lumière divine a cessé de se projeter sur elles. Cet état de dégénération est un fait dont la religion nous révèle la cause, et qui est la base de ses doctrines comme de celles des somnambules; aujourd'hui il faut tout apprendre; mais il y a encore chez nous un genre de réminiscence qui constate l'existence d'un état antérieur, et, comme l'a remarqué Fontenelle, quand on apprend la vérité, il semble qu'on ne fait que s'en ressouvenir.

Lors donc que l'âme se trouve dans des situations où, en raison de son dégagement des sens, elle voit scintiller quelques rayons de sa lumière primitive, ses connaissances et l'expression qui leur convient se présentent simultanément chez elle, comme au jour de sa création ; car rien de ce qui est immortel ne peut cesser de subsister, des facultés de cette nature peuvent être enveloppées et sans action comme pendant le sommeil, et pendant le songe de la vie, mais toujours elles peuvent donner signe d'existence quand Dieu le permet, et au degré qui lui plaît.

C'est ce qui arrive dans certains cas exceptionnels, lorsque l'âme, percevant des connaissances qui lui sont étrangères dans l'état de veille, perçoit en même temps les termes nécessaires pour les exprimer, bien que ces termes lui soient également inconnus ; ce fait est une connaissance de l'identité qui existe entre l'idée et l'expression ; quand la pensée est complétement réalisée, l'une est inséparable de l'autre, car on parle en soi-même sa pensée par l'effet de son développement ; lors donc que l'idée se présente avec la précision et la netteté qui lui appartenaient dans l'état primitif, elle doit être complète et par conséquent revêtue de l'expression qui lui appartient. Le somnambule ignorait l'expression dans son état de veille, mais il ignorait aussi la chose ; l'espèce d'inspiration qui donne la manifesta-

tion de l'idée et celle de l'expression, est un phénomène nouveau, mais le fait ne serait pas entièrement
accompli si l'expression manquait à l'idée ; ce défaut n'a lieu que chez les somnambules dont la lucidité n'est pas entièrement développée. Si nous avions
conservé quelque souvenir de l'état primitif, cela
nous semblerait aussi naturel qu'aux somnambules
qui en jouissent, parce que chez eux l'expression est
inhérente à la pensée, elle en est le complément
nécessaire, et l'un n'est pas plus difficile que
l'autre (1).

De même que le Verbe divin est un, et co-éternel
avec la pensée suprême, de même dans l'homme
créé à son image, l'expression et la pensée étaient
identiques lorsqu'il sortit des mains du Créateur.
Aujourd'hui que notre âme est enveloppée, qu'elle
ne naît plus avec la parole, qu'il faut qu'elle l'apprenne, l'idée se fait sentir d'abord dans un état où
elle n'est pas complétée ; il faut un travail pour achever de la découvrir dans son entier, un temps de recueillement pour la sortir de dessous ses enveloppes,
pour qu'elle se revête des expressions qui lui appartiennent et qu'elle acquière tout son développement.

Sans doute, dans notre état habituel où le moral
est déchu, où nos aperçus sont restreints dans le

_____

(1) Voyez pag. 107 et 108, ci-dessus.

petit cercle de ce que nous éprouvons, nous nous faisons difficilement une idée de la situation primitive; mais quelque rétréci que soit devenu l'horison de notre intelligence, le principe que je viens de signaler n'existe pas moins, et, si nous avons plus de peine à faire arriver nos idées à l'état complet, il n'en est pas moins certain que cet état est la condition essentielle de l'expression de la pensée, de cette faculté avec laquelle l'homme a été créé pour propager cette parole du Verbe créateur du monde moral, et fonder une société immense avec ces milliards d'individus semés dans tous les pays et dans tous les siècles.

Les faits magnétiques, en aggrandissant le cercle de nos connaissances, en donnant à nos idées un grand développement, nous enrichissent d'un ensemble de doctrines qui ne font qu'un même tout avec les dogmes révélés, et dont l'accord est tellement parfait qu'ils peuvent s'expliquer les uns par les autres; cela est ainsi, parce que la vérité est une; c'est un dôme magnifique appuyé sur la terre, élevé jusqu'au ciel, mais dont nos faibles aperçus ne peuvent encore découvrir toute l'étendue et la richesse.

FIN.

TABLE DES MATIERES.

ERRATA.

Page 88, ligne 17 : de même nature, *lisez :* d'une autre nature.

Page 264, ligne 1 : de l'innovation, *lisez :* de l'irradiation.

Page 411, lignes 19 et 20, de la divinité céleste, *lisez :* de la
divinité et des intelligences célestes.

Page 414, ligne 24 : antiques que nous ont transmises la religion naturelle et les bases de la civilisation, *lisez :* antiques qui
furent les bases premières de la religion et de la sociabilité.

Page 415, ligne 18, la religion inférieure, *lisez :* la région
inférieure.

Page 416, ligne 18, est une connaissance, *lisez :* est une conséquence.